U0361756

面向新工科的电工电子信息基础课程系列教材

教育部高等学校电工电子基础课程教学指导分委员会推荐教材

航空通信

庞宝茂 主编 / 石 磊 副主编 / 魏家华 李 伟 编著

清华大学出版社

北京

内 容 简 介

本书全面系统地阐述现代航空通信的基本原理和基本技术,包括航空通信信道中的大小尺度衰落特性与抗衰落技术、信源编解码和信道编解码技术、调制解调技术、抗干扰技术以及无线通信网络接入协议等。在阐述航空通信主要传输系统的基础上,对当前军用航空和民用航空中广泛应用的典型航空数据链系统进行较为系统的介绍。

本书技术涵盖面广,系统性、实用性强,理论分析深入浅出,通俗易懂。本书可作为航空类高等院校通信专业本科生和研究生教材,也可供其他高校信息与通信工程专业师生以及航空通信领域的工程技术人员参考。

图书在版编目(CIP)数据

航空通信/庞宝茂主编. —北京:清华大学出版社,2023.8
面向新工科的电工电子信息基础课程系列教材
ISBN 978-7-302-63471-3

Ⅰ. ①航… Ⅱ. ①庞… Ⅲ. ①航空通信—高等学校—教材 Ⅳ. ①V243.1

中国国家版本馆 CIP 数据核字(2023)第 083739 号

责任编辑:文 怡
封面设计:王昭红
责任校对:韩天竹
责任印制:刘海龙

出版发行:清华大学出版社
    网   址:http://www.tup.com.cn,http://www.wqbook.com
    地   址:北京清华大学学研大厦 A 座   邮 编:100084
    社 总 机:010-83470000   邮 购:010-62786544
    投稿与读者服务:010-62776969,c-service@tup.tsinghua.edu.cn
    质量反馈:010-62772015,zhiliang@tup.tsinghua.edu.cn
    课件下载:http://www.tup.com.cn,010-83470236
印 装 者:三河市铭诚印务有限公司
经 销:全国新华书店
开 本:185mm×260mm 印 张:19   字 数:428 千字
版 次:2023 年 8 月第 1 版   印 次:2023 年 8 月第 1 次印刷
印 数:1~1500
定 价:69.00 元

产品编号:099377-01

宣传片

  航空通信是空中运输和空中作战中的信息、指令传输的统称,用于完成消息、情报、文字、指令、图像等信息的传输和交换。航空通信通过多种信息传输链路和网络结构进行话音和数据的交互,将相关的终端节点联系在一起,实现空域以及战场态势的监视、侦察和预警等信息的实时传递和分发,从而高效地组织高密度的运输和密集型协同作战。

  航空通信是航空飞行器与其他通信终端的信息传输,属于无线通信范畴。航空通信以信息论、系统论为基础,采用模拟传输、数字传输和组网技术,通过标准化的信号处理和数据格式将所涉及的地面(海面)平台、空中平台、卫星平台以及飞行器内部功能单元有机地联系在一起,以达到信息资源高度共享的目的。

  当前,我国的航空事业正处于高速自主发展阶段,航空领域的信息化、网络化、自动化水平不断提高,新的航空通信体系有待建立。因此,提高航空领域相关的专业人员对航空通信技术和当前典型系统的认识,将有助于我国新型航空通信技术的应用和新体系的建立。

  本书内容立足于从技术基础到技术应用,全面介绍航空通信基本原理和基本技术,紧密结合航空通信系统的发展和学术界的相关研究,保证全书内容的全面性、系统性和实用性。在选材上,本书关心航空通信领域涉及的基本理论、技术和原理,以及航空通信系统和航空数据链的最新技术,内容上力求突出重点、丰富新颖、深入浅出、通俗易懂。

  全书共9章,第1章介绍航空通信的基本概念;第2章对航空无线信道中的信号衰落特性和航空信道模型进行分析;第3、4章介绍航空通信中常用的编解码技术和调制解调技术;第5章介绍航空通信中常用的抗干扰技术;第6章介绍航空通信中涉及的网络接入协议;第7章介绍典型的航空通信信息传输系统,主要包括航空短波传输系统、航空超短波传输系统和航空卫星传输系统;第8、9章分别介绍当前应用广泛的军用和民用航空通信数据链系统。

  全书由庞宝茂主编,石磊副主编,第5章和第6章分别由魏家华和李伟编写,其余章节由庞宝茂编写,李涛泳、张博等参与了教材内容和知识框架的讨论,石磊负责全书统稿和审核。本书的编写得到了空军工程大学信息与导航学院的支持,在此一并表示感谢。

  本书在编写构思和选材过程中,参阅大量的国内外文献资料,在此向原作者表示敬意和感谢。

  由于作者水平有限,书中难免存在不足之处,恳请广大读者批评指正。

作 者

2023 年 7 月

目录

教学大纲

第1章 绪论 ……………………………………………… 1
1.1 航空通信概述 ……………………………………… 2
1.1.1 航空通信概念 ……………………………… 2
1.1.2 航空通信系统 ……………………………… 2
1.1.3 航空数据链 ………………………………… 3
1.2 航空通信发展历程 ………………………………… 4
1.3 航空通信使用频段 ………………………………… 5
1.4 航空通信分类 ……………………………………… 6
1.5 航空通信发展趋势 ………………………………… 9
习题 ……………………………………………………… 10
第2章 航空通信信道特性与抗衰落技术 ……………… 11
2.1 无线信道及其传输特性 …………………………… 12
2.1.1 无线电波传播方式 ………………………… 12
2.1.2 无线信道传播效应 ………………………… 14
2.2 大尺度衰落 ………………………………………… 15
2.2.1 自由空间传播损耗 ………………………… 16
2.2.2 多径传播损耗 ……………………………… 17
2.2.3 绕射损耗 …………………………………… 19
2.2.4 散射损耗 …………………………………… 21
2.2.5 实际路径传播损耗 ………………………… 22
2.3 小尺度衰落 ………………………………………… 23
2.3.1 无线信道的小尺度衰落特性 ……………… 23
2.3.2 多径信道的冲激响应模型 ………………… 24
2.3.3 多普勒频移 ………………………………… 25
2.3.4 多径时变信道参数 ………………………… 26
2.3.5 小尺度衰落信道类型 ……………………… 29
2.3.6 衰落信道统计特性 ………………………… 32
2.4 航空通信信道模型 ………………………………… 34
2.4.1 飞行场景下的航空通信信道模型 ………… 34
2.4.2 起降场景下的航空通信信道模型 ………… 36

目录

  2.4.3 航空通信信道参数 ·· 37

 2.5 航空通信中的抗衰落技术 ·· 37

  2.5.1 概述 ·· 37

  2.5.2 均衡技术 ·· 38

  2.5.3 分集接收技术 ·· 43

  2.5.4 Rake 接收技术 ·· 47

  2.5.5 交织技术 ·· 49

 习题 ·· 50

第 3 章 航空通信编解码技术 ·· **51**

 3.1 信源与信源编码 ·· 52

  3.1.1 信源及其分类 ·· 52

  3.1.2 信源编码及其分类 ·· 52

 3.2 话音编码 ·· 54

  3.2.1 波形编码 ·· 54

  3.2.2 参量编码 ·· 55

  3.2.3 混合编码 ·· 56

 3.3 数据压缩编码 ·· 57

  3.3.1 预测编码 ·· 57

  3.3.2 统计编码 ·· 59

  3.3.3 变换编码 ·· 64

 3.4 信道编码概述 ·· 65

  3.4.1 差错控制方式 ·· 65

  3.4.2 信道编码基本原理 ·· 66

  3.4.3 信道编码分类 ·· 66

 3.5 线性分组码 ·· 67

  3.5.1 线性分组码基本概念 ·· 67

  3.5.2 汉明码 ·· 68

  3.5.3 循环码 ·· 68

  3.5.4 BCH 码 ··· 68

  3.5.5 RS 码 ·· 70

 3.6 卷积码 ·· 70

  3.6.1 卷积码基本概念 ·· 70

3.6.2 卷积码的编译码原理 ·········· 71

3.7 高性能信道编码 ·········· 76

3.7.1 Turbo 码 ·········· 76

3.7.2 LDPC 码 ·········· 78

3.7.3 TCM 码 ·········· 81

习题 ·········· 84

第 4 章 航空通信调制解调技术 ·········· **85**

4.1 调制技术概述 ·········· 86

4.1.1 调制技术基本概念 ·········· 86

4.1.2 调制技术分类 ·········· 86

4.2 模拟调制技术 ·········· 87

4.2.1 幅度调制 ·········· 87

4.2.2 角度调制 ·········· 89

4.2.3 各种模拟调制系统的比较 ·········· 90

4.3 数字调制技术概述 ·········· 91

4.4 最小频移键控 ·········· 93

4.4.1 MSK 调制原理 ·········· 93

4.4.2 MSK 信号的调制与解调 ·········· 95

4.4.3 MSK 信号的频谱特性 ·········· 97

4.4.4 改进型的 MSK——GMSK ·········· 97

4.5 四相相移键控调制 ·········· 99

4.5.1 四相绝对相移键控 ·········· 99

4.5.2 四相相对相移键控 ·········· 101

4.5.3 交错四相相移键控 ·········· 104

4.5.4 π/4-DQPSK 调制 ·········· 105

4.6 高性能数字调制技术 ·········· 109

4.6.1 正交振幅调制 ·········· 109

4.6.2 OFDM 技术 ·········· 112

习题 ·········· 117

第 5 章 航空通信抗干扰技术 ·········· **118**

5.1 通信对抗 ·········· 119

5.1.1 通信对抗概念 ·········· 119

目录

5.1.2 通信对抗发展阶段 ················ 120

5.1.3 通信干扰类型 ···················· 120

5.1.4 通信抗干扰技术 ·················· 121

5.2 扩频通信技术 ························ 122

5.2.1 扩频通信概念 ···················· 122

5.2.2 扩频通信理论基础 ················ 123

5.2.3 扩频通信基本原理 ················ 124

5.2.4 扩频系统性能指标 ················ 125

5.3 直接序列扩频抗干扰技术 ············ 126

5.3.1 直接序列扩频系统基本原理 ········ 126

5.3.2 直接序列扩频系统数学分析 ········ 127

5.3.3 直接序列扩频系统射频带宽和处理增益 ···· 130

5.3.4 直接序列扩频系统相关解扩 ········ 131

5.3.5 直接序列扩频系统抗干扰和抗截获能力 ···· 132

5.4 跳频扩频抗干扰技术 ················ 133

5.4.1 跳频系统基本原理 ················ 133

5.4.2 跳频系统数学分析 ················ 134

5.4.3 跳频系统处理增益 ················ 136

5.4.4 跳频系统跳频图案 ················ 136

5.5 其他扩频抗干扰技术 ················ 137

5.5.1 软扩频技术 ······················ 137

5.5.2 跳时扩频技术 ···················· 138

5.5.3 混合扩频技术 ···················· 139

5.6 伪随机序列 ························ 141

5.6.1 相关性的概念 ···················· 141

5.6.2 m 序列 ·························· 142

5.6.3 Gold 序列 ························ 145

5.6.4 Walsh 码 ·························· 147

5.7 自适应阵列抗干扰技术 ·············· 148

5.7.1 自适应阵列处理数学模型 ·········· 148

5.7.2 相干阵与非相干阵、窄带信号与宽带信号 ···· 149

5.7.3 阵列信号模型 ···················· 150

目录

5.7.4 阵列方向图 ···················· 151

5.7.5 确知波束形成 ················· 151

习题 ·································· 153

第6章 航空通信网络接入协议 ········ **155**

6.1 无线通信网络体系结构 ········· 156

  6.1.1 无线通信协议基本概念 ········· 156

  6.1.2 开放系统互联参考模型 ········· 156

  6.1.3 TCP/IP 协议模型 ············· 158

  6.1.4 MAC 协议 ·················· 159

6.2 无线信道多址接入原理 ········· 160

  6.2.1 多址接入基本原理 ············· 160

  6.2.2 多址接入技术分类 ············· 160

  6.2.3 多址接入与多路复用 ··········· 161

6.3 固定分配多址接入技术 ········· 162

  6.3.1 频分多址 ·················· 162

  6.3.2 时分多址 ·················· 163

  6.3.3 码分多址 ·················· 166

  6.3.4 空分多址 ·················· 169

  6.3.5 固定分配 MAC 协议特点 ······· 169

6.4 随机竞争多址接入技术 ········· 170

  6.4.1 ALOHA 协议 ··············· 170

  6.4.2 CSMA 协议 ················ 171

6.5 预约多址接入技术 ············· 175

  6.5.1 轮询协议 ·················· 175

  6.5.2 令牌传递协议 ··············· 176

6.6 多址接入协议性能分析 ········· 176

6.7 新型多址接入技术简介 ········· 177

  6.7.1 串行干扰消除 SIC 技术 ········· 178

  6.7.2 功率域非正交多址接入技术 ······ 179

  6.7.3 稀疏码多址接入技术 ··········· 180

  6.7.4 图样分割非正交多址接入 ······· 182

  6.7.5 非正交多址接入技术比较 ······· 183

目录

习题 ………………………………………………………………………………… 184

第 7 章 典型航空通信系统 …………………………………………………………… **185**

7.1 航空短波通信系统 …………………………………………………………… 186

   7.1.1 短波通信概述 …………………………………………………… 186

   7.1.2 电离层 …………………………………………………………… 187

   7.1.3 短波天波传播特性 ……………………………………………… 189

   7.1.4 短波数据通信技术 ……………………………………………… 192

   7.1.5 航空短波通信电台 ……………………………………………… 198

7.2 航空超短波通信系统 ………………………………………………………… 199

   7.2.1 航空超短波通信发展阶段 ……………………………………… 200

   7.2.2 航空超短波通信系统设计 ……………………………………… 201

   7.2.3 航空超短波通信电台 …………………………………………… 205

   7.2.4 超短波航空通信发展趋势 ……………………………………… 208

7.3 航空卫星通信系统 …………………………………………………………… 209

   7.3.1 航空卫星通信发展阶段 ………………………………………… 209

   7.3.2 卫星运行轨道 …………………………………………………… 210

   7.3.3 卫星通信系统 …………………………………………………… 212

   7.3.4 航空卫星通信系统构成 ………………………………………… 218

   7.3.5 航空卫星通信系统实例 ………………………………………… 222

习题 ………………………………………………………………………………… 226

第 8 章 军用航空数据链系统 ……………………………………………………… **227**

8.1 军用航空数据链概述 ………………………………………………………… 228

   8.1.1 数据链概念 ……………………………………………………… 228

   8.1.2 数据链分类 ……………………………………………………… 230

   8.1.3 航空数据链系统 ………………………………………………… 231

8.2 Link-4A 战术数据链 ………………………………………………………… 233

   8.2.1 Link-4A 数据链概述 …………………………………………… 233

   8.2.2 Link-4A 数据链功能 …………………………………………… 234

   8.2.3 Link-4A 数据链结构 …………………………………………… 235

   8.2.4 Link-4A 数据链消息传输格式 ………………………………… 236

8.3 Link-11 战术数据链 ………………………………………………………… 237

   8.3.1 Link-11 数据链概述 …………………………………………… 237

8.3.2　Link-11 数据链功能 ·· 238

8.3.3　Link-11 数据链结构 ·· 238

8.3.4　Link-11 数据链网络工作模式 ······························ 240

8.3.5　Link-11 数据链消息传输格式 ······························ 241

8.3.6　Link-11 与 Link-4A 的性能比较 ··························· 242

8.4　Link-16 战术数据链 ·· 243

8.4.1　Link-16 数据链概述 ·· 243

8.4.2　Link-16 系统组成 ··· 243

8.4.3　Link-16 网络工作模式 ·· 244

8.4.4　Link-16 数据链传输波形 ····································· 246

8.4.5　Link-16 消息传输格式 ·· 248

8.4.6　Link-16 数据链终端设备 ····································· 250

8.4.7　Link-16 数据链性能特点 ····································· 251

8.5　Link-22 战术数据链 ·· 252

8.5.1　Link-22 数据链概述 ·· 252

8.5.2　Link-22 系统结构 ··· 253

8.5.3　Link-22 数据链网络工作模式 ································ 254

8.5.4　Link-22 数据链功能特点 ····································· 256

8.6　通用数据链 ··· 256

8.6.1　通用数据链概述 ··· 256

8.6.2　CDL 系统组成 ·· 257

8.6.3　CDL 网络工作模式 ·· 258

8.7　数据链发展趋势 ·· 259

习题 ·· 261

第 9 章　民用航空数据链系统 ·· **262**

9.1　空中交通管制 ··· 263

9.1.1　空中交通管制发展阶段 ····································· 263

9.1.2　空中交通管制区域 ·· 264

9.1.3　空管监视系统 ··· 265

9.2　空管监视雷达系统 ··· 265

9.2.1　一次雷达 ·· 266

9.2.2　二次雷达 ·· 266

目录

　　　　9.2.3　空管 S 模式二次雷达系统 ……………………………………… 269

　9.3　空管 ADS-B 数据链系统 ………………………………………………… 271

　　　　9.3.1　ADS 数据链系统 ………………………………………………… 271

　　　　9.3.2　ADS-B 系统组成与工作原理 ……………………………………… 272

　　　　9.3.3　支持 ADS-B 服务的数据链技术 …………………………………… 273

　　　　9.3.4　ADS-B 功能和特点 ……………………………………………… 274

　　　　9.3.5　ADS-B 应用状况 ………………………………………………… 275

　9.4　飞机通信寻址与报告系统 ……………………………………………… 275

　　　　9.4.1　ACARS 概述 ……………………………………………………… 275

　　　　9.4.2　ACARS 组成 ……………………………………………………… 277

　　　　9.4.3　ACARS 报文类型及结构 ………………………………………… 278

　　　　9.4.4　ACARS 物理层通信技术 ………………………………………… 280

　　　　9.4.5　ACARS 链路控制技术 …………………………………………… 282

　　　　9.4.6　ACARS 的特点与应用 …………………………………………… 283

　　　　9.4.7　VDL-2 数据链系统简介 ………………………………………… 283

　9.5　航空电信网 ……………………………………………………………… 285

　　　　9.5.1　航空电信网概念与特点 …………………………………………… 285

　　　　9.5.2　航空电信网结构 …………………………………………………… 285

　　　　9.5.3　子网络通信连接关系 ……………………………………………… 287

习题 ……………………………………………………………………………… 288

参考文献 ………………………………………………………………………… 289

第1章

绪论

视频

1.1 航空通信概述

1.1.1 航空通信概念

"航空"是人类在地球大气层中的活动,所使用的飞机、直升机、飞艇和气球等飞行器统称为航空器。"航天"是人类冲出地球大气层到宇宙太空中活动,即宇宙航行,所使用的是航天器及其运载火箭。关于航空与航天高度分界,国际航空联合会定义了大气层和太空的界线,称其为"卡门线",高度为100km。实际上,飞机的飞行高度一般不会超过30km,所以距离地面30～100km的空域为航空与航天的接合部,称为"临近空间",是人类尚未大规模开发的区域。

民用航空和军用航空领域对航空通信这一概念有不同的解释。《国际民航航空公约》对民用航空通信的解释是"航空部门之间利用电信设备进行联系,以传递飞机飞行动态、空中交通管制指示、气象情报和航空运输业务信息等的一种飞行保障业务"。《中国人民解放军军语》中对军事航空通信的解释是"在空中航空器之间,航空器与地面部队或舰船之间建立的通信,包括空空通信、地空通信和海空通信"。概括地说,航空通信是空中运输和空中作战中的信息、指令传输的统称,用于完成消息、情报、文字、指令、图像等信息的传输和交换。航空通信是航空飞行器与其他通信终端的信息传输,本质上属于无线通信范畴。

1.1.2 航空通信系统

航空通信是由一系列平台设备实现的,完成航空通信所需的一切技术设备和传输媒介统称为航空通信系统。典型的发送设备和接收设备是各种类型的电台,单向通信系统框图如图1-1所示。双向通信系统包含至少两套收发设备,可同时收发信息。

图 1-1 单向通信系统框图

信息源的功能是将待传输的话音、报文、图像、数据等消息转换为包含大量低频分量的基带信号。信息源可以是模拟信号,也可以是数字信号,模拟信号可以通过模/数(A/D)转换为数字信号。

发送设备的功能是将基带信号转换为适合信道传输的信号形式,并根据传输距离和传输机理按照一定的传输功率发送到传输介质。信号变换基本的方式是信源编码、信道编码和调制。

信道是指从发送设备到接收设备之间的通道。航空通信的信道通常为无线信道,无线信号在传输过程中不可避免地会存在衰落和干扰。

接收设备的功能主要是完成解调、解码、解密等,其任务是从经信道传输后有损伤的接收信号中恢复出相应的基带信号。

收信端是指将恢复的信号转换为相应的消息,如话音、图像、态势信息等。

收发双方(通信节点)实现双向通信的技术称为双工技术。传统上,通信工作方式分为单工、半双工和全双工。其中,单工系统是指通信节点只能进行接收或发射的操作,如寻呼系统;半双工系统是指通信节点可以进行收发双向传输,但是在某一时刻只能进行接收或发射,如对讲机;全双工系统是指通信节点能够同时进行接收和发射,如无线电话系统。传统的双工模式包括频分双工(Frequency Division Duplex,FDD)和时分双工(Time Division Duplex,TDD),前者为发射和接收设置不同的频率,较适合大功率、大覆盖、快速移动场合,后者为接收和发射设置不同的时隙,通信双方交替轮流发送信息,较适合低功率、微小区、慢速移动场合。近年来兴起了一种新的全双工技术——同频同时全双工(Co-frequency Co-time Full Duplex,CCFD),该技术在相同的时间和频率资源上进行发射和接收,通过干扰消除的方法降低发射和接收链路之间的干扰。传统航空话音通信系统以及航空数据链系统中广泛采用半双工技术。

在民用航空飞行活动中,地面高频(HF)、甚高频/超高频(VHF/UHF)频段电台、卫星地面站,以及空中航空器搭载的 HF、VHF/UHF 电台、卫星终端等设备,构成了典型的民用航空通信系统。这些航空通信系统可以传输模拟话音、数字话音以及窄带和宽带数据等业务。在军用航空方面,现代战争中各类作战力量遂行作战任务,需要从战略预警、侦察情报、信息通信、测绘导航、气象海洋、战略投送、指挥保障、战场管理、工程保障、后装保障、核生化防护等领域实施保障,信息通信发挥着重要的作战保障作用。典型的军事航空通信系统包括短波对空通信系统、超短波对空通信系统、航空卫星通信系统等。

1.1.3 航空数据链

随着航空技术的发展,飞机的飞行高度不断攀升,飞行速度不断提高(低速→亚声速→声速→超声速),雷达、卫星等传感器平台广泛应用,使得空中态势与控制信息的种类和信息量迅速增加;尤其在军事上,导弹、无人机等新颖航空作战平台逐渐出现,作战平台类型不断增多,战场态势越来越复杂,对信息传输要求越来越高。因此,单纯依靠话音传输,不管是模拟还是数字形式都远远达不到大容量、多类型、高速运动场景下的通信需求,需要采用自动化程度更高的数据通信来完成。20 世纪 50 年代后,计算机技术出现并迅速应用,同时数字通信技术也有了较大发展。在这些技术的支持下,航空数据链应运而生。

航空数据链有民用和军用之分,民用数据链应用于民用航空领域,军用数据链应用于战场作战领域。

民用航空数据链实质上是一个通信信息管理系统,采用无线网络的通信方式与协议,完成地面管理系统以及飞行器之间的数据交互,从而为机组人员、地面管制人员、航空公司调度人员提供及时安全的飞行信息,提高运营效率。飞机通信寻址与报告系统(ACARS)、广播式自动相关监视系统(ADS-B)等典型民用航空数据链/空管监视系统广泛用于空中交通管理、空域监视,以及飞行气象情报广播。

军用数据链是把链接数字化战场上的不同类型的作战平台链接起来,按照一定的消息格式和通信协议,利用先进的信息传输、组网通信和信息融合技术,全方位地处理、传输和分发战术信息,从而极大地提高部队在联合作战中的协同作战指挥能力,增强部队的整体作战效能。军用数据链有宽带数据链、战术数据链和专用数据链之分,其中著名的是美军(北约)广泛使用的战术数据链 Link-4A、Link-11、Link-16、Link-22 等。

网络化是现代航空通信的特征,大量通信终端同时参与通信,应用领域越来越广。因此,航空通信系统不但包括航空通信的基本技术(调制解调、编解码、信道建模、抗衰落抗干扰等技术),还涉及航空通信网络技术、航空通信系统应用等各方面。本书第 2～6章讨论航空通信基本技术,第 7～9 章介绍典型的航空通信系统和航空数据链。

视频

1.2　航空通信发展历程

1837 年莫尔斯发明了电报,1876 年贝尔发明了电话,1864 年麦克斯韦从理论上证明了电磁波的存在,1887 年赫兹用实验证实了这一理论,接着马可尼等利用电磁波做了远距离通信的试验并获得了成功,从此通信进入了电通信时代。20 世纪 30 年代尤其是 50年代以后,在通信理论上形成了香农信息论、纠错编码理论、调制理论、信号检测理论、信号与噪声理论、信号统计特性理论等,这些理论使现代通信理论日臻完善。尤其是晶体管、集成电路相继问世后,数字通信技术发展迅猛,相继出现了脉冲通信、微波通信、卫星通信、光纤通信等。计算机的问世,不仅使通信技术中的许多环节实现了微机控制与管理,而且使通信的对象由人与人之间扩大到人与机器、机器与机器之间,通过传输系统和交换系统将大量终端连接起来,形成一种综合性的现代通信网。

20 世纪初,莱特兄弟发明了现代意义上的飞机,人类的飞行事业迈向了快速发展时期。此后,航空领域的无线电通信则与航空产业一起走上了技术进步与应用发展的快车道。但是总的来说,航空通信的发展是落后于个人通信的。

1917 年左右,人们在飞机上使用中波电台首次实现了航空话音通信,但是并没有广泛推广使用。1926 年,短波电台开始应用于飞机,从而开启了新的航空话音通信模式。但是由于短波信道的时变以及易受噪声影响的特点,短波通信很难达成高质量的、稳定可靠的通信,影响了短波通信在航空通信中的广泛应用。从 1942 年开始,第二次世界大战主要参战国对歼击机机载通信电台进行了升级,开始使用超短波频段的电台进行航空通信。超短波信道与短波信道相比具有参数稳定的特点,通信质量好,自此超短波通信广泛应用于航空飞行中,并成为军用和民用主要的航空通信方式。这一时期,无论是军用还是民用,航空通信主要采用话音通信模式,地面指挥人员通过话音指挥飞行员驾驶飞机飞行。

第二次世界大战后,世界航空产业迎来了新的发展,航空通信也开启了新的时代。特别是 1947 年国际民航组织(International Civil Aviation Organization,ICAO)成立,为全球航空无线电通信秩序的建立提供了契机。1947 年,世界无线电大会规范了航空无线电通信使用的频段,使航空通信技术发展与系统建设走向了规范化发展的道路。

第二次世界大战后航空通信的发展可分为两种路线:民用航空飞行中,航空话音通信长期使用双边带调幅体制,信道间隔由宽(200kHz)逐渐向窄(25kHz/8.33kHz)发展;航空数据通信使用频段不断扩展,带宽不断提高,广泛应用于各类寻址报告以及监视系统中。

军用方面,话音通信一直是不可或缺的航空通信方式。早期,航空话音通信的调制方式是调幅、调频等模拟方式。后来出于电子对抗需要,扩频、跳频等抗干扰方式应用到航空通信中。随着作战飞机的种类、数量增多和飞行速度的不断提高以及其他新型作战平台的出现,导致作战态势、指挥控制等信息量迅速增加,单纯依靠指挥领航人员的话音指挥远远达不到现代战争对通信保障的需求,因此,航空数据链应运而生并且获得飞速的发展。

1.3 航空通信使用频段

根据《中华人民共和国无线电频率划分规定》,把频率 3000GHz 以下的电磁频谱划分为 14 个频段。主要频段划分如表 1-1 所示。

表 1-1 无线电频段与波段划分与命名

波段名称	频段名称	频率范围	波长范围	主 要 应 用
超长波	甚低频(VLF)	3～30kHz	100～10km	电话通信、海岸潜艇通信、远距离通信导航
长波	低频(LF)	30～300kHz	10～1km	中距离通信、远距离导航、信标、电力线通信
中波	中频(MF)	300kHz～3MHz	1km～100m	船用通信、调幅广播、业余无线电、移动通信
短波	高频(HF)	3～30MHz	100～10m	短波广播、远距离短波通信、军事短波通信
超短波	甚高频(VHF)	30～300MHz	10～1m	电离层散射、调频广播、电视、空中管制、导航
分米波	特高频(UHF)	300MHz～3GHz	1m～10cm	小容量微波中继、电视、卫星和空间雷达、雷达
厘米波	超高频(SHF)	3～30GHz	10～1cm	大容量微波中继、电视、卫星和空间雷达、雷达
毫米波	极高频(EHF)	30～300GHz	1cm～1mm	雷达、微波中继、卫星通信、射电天文学

另外,美国电气和电子工程师协会(Institute of Electrical and Electronics Engineers, IEEE)制定并颁布了 IEEE 521—2002 标准,将通常应用于雷达的部分微波频段进一步细分,并已成为无线通信行业常用的频段描述方法,其具体划分如表 1-2 所示。

表 1-2 IEEE 521—2002 标准对频段的划分

频段名称	频率范围/GHz	频段名称	频率范围/GHz
L 频段	1～2	Ku 频段	12～18
S 频段	2～4	K 频段	18～27
C 频段	4～8	Ka 频段	27～40
X 频段	8～12	毫米频段	40～300

在航空通信领域,当前主要使用的是短波、超短波和卫星频段,随着航空通信系统的不断发展,已经可用的航空通信频段包括 HF 频段(2.9～29.975MHz)、VHF 频段(30～88MHz、108～174MHz)、V/UHF 频段(225～399.975MHz)、L 频段(960～1215MHz)、S 频段(2.7～3.1GHz,3.4～3.8GHz)、C 频段(5～5.25GHz)、Ku 频段(10.7～

12.75GHz)、K 频段(19～22GHz)。

视频

1.4 航空通信分类

1. 按应用领域分类

航空通信按应用领域可分为民用航空通信和军用航空通信。

航空通信在民用运输和军事战场中普遍应用是一种重要的无线电通信。民用航空通信应用于民航飞机的指挥调度和交通管制,军事航空通信应用于作战飞机的指挥引导。虽然两种航空通信的基本作用相同,但是由于应用领域的不同,两者在飞行速度、飞行轨迹、机动性、协同性、飞行目的等方面存在很大的差别,因此两种系统的功能、结构和性能指标不同。

(1) 民用航空通信平台主要是运输机;而军用航空通信平台的类型多样,有运输机、歼击机、无人机、航空武器等。

(2) 民用航空通信节点移动速度低,一般是亚声速(马赫数小于 1);军用航空通信节点移动速度从亚声速(马赫数为 0.8)到超声速(马赫数为 1～2)到高超声速武器(马赫数为 3 以上)。

(3) 民航飞机通常在固定航线上飞行;军用航空飞行平台的机动性很高。

(4) 民用航空主要在飞机进出港时出现一定的管理控制信息,进入航路以后管控信息明显减少;军用航空通信系统中的管控信息种类多、流量高,在作战过程中,需要指挥员不断对交战平台实时指挥引导及控制,在保证我方平台安全的同时,精确拦截或打击敌方平台。

(5) 民用航空通信更关注信息的完整性,对时效性要求低;军用航空通信要求信息的时效性高,以满足侦察、指控和作战要求。

2. 按信号类型分类

航空通信按信号类型可分为话音通信与数据通信两种。

航空话音通信是传统的航空通信业务,可分为模拟话音通信与数字话音通信。模拟通信体制通常包括调幅、调频、单边带、双边带等,在航空话音通信中主要使用调幅和调频两种模式,塔台、对空台、航空管制台等航空话音通信系统均使用调幅模式的话音通信。另外,随着数字通信技术的出现,数字话音技术具有话音质量高、抗噪声性能好、便于加密等优点,逐渐应用于航空话音通信系统中,例如在军用航空通信系统中基于数字话音技术的扩频、跳频抗干扰航空话音通信。

航空数据通信是近年来发展迅猛的一种航空通信业务,主要用于各类军、民用航空数据链系统,以及空中管制、导航、定位、遥感、测控等系统中。航空数据通信通常采用相移键控(PSK)、网络编码调制(TCM)等数字调制技术,信道带宽从每秒几千比特到每秒几十兆比特,采用短波、超短波、卫星等通信手段,传输指挥控制指令、态势情报、武器协同、遥测信息等数据,具有通信容量大、可靠性高、时效性好等特点。航空数据链是典型的航空数据通信系统,它是以数据通信系统为纽带,将指挥控制系统(简称指控系统)、空中武器平台以及传感器有机链接,构建支撑体系化作战的信息网络,已成为空中武器平台战斗力提升的高效倍增器。

3. 按业务类型分类

航空通信按业务类型可分为航空固定通信、航空移动通信、航空通播及航空无线电导航。

航空固定通信是指在特定的两地之间,为保证航行安全和航空业务正常、高效、经济运行而进行的通信。根据承载业务类型不同,航空固定通信有数据通信网和话音通信网两类业务,数据通信网络主要用于传输和交换飞行计划、航行情报、航空气象及地面台之间交换的通报,话音通信网络主要用于管制部门之间的管制确认、管制移交、飞行计划调整等实时性要求较强的话音传输。中国民航固定通信系统主要包括甚小孔径终端(Very Small Aperture Terminal,VSAT)卫星网络、数字数据网络(Digital Data Network,DDN)、帧中继网络(Frame Relay Network,FRN)及分组数据网络(Packet Data Network,PDN)、管制移动通信网络以及机场平面移动通信网络。

航空移动通信是指飞行员与地面管制人员、航空公司调度人员及飞行员与飞行员之间的无线电通信,承载航空移动业务的通信系统称为航空移动通信系统。按照国际民航组织规定,航空移动通信系统提供四类通信服务,分别为空中交通服务(Air Traffic Service,ATS)、航空运行控制(Aeronautical Operation Control,AOC)、航空行政管理(Aeronautical Administrative Control,AAC)、航空旅客通信(Aeronautical Passenger Communication,APC)。目前,民航典型航空移动通信系统包括甚高频话音通信系统、高频话音通信系统、飞机通信寻址与报告系统(ACARS)、甚高频数据链(VHF Data Link,VDL)系统、航空移动卫星通信系统等。军用航空移动通信系统用于各种参战平台之间传输态势信息、平台信息和指控信息,典型的有各种军用数据链,如北约的 Link-4、Link-11、Link-16 等。

航空通播是指按特定频率,以定时广播的方式,发送有关气象情况、机场着陆条件、进场条件等航行资料。常见的航空广播服务为自动终端情报服务(Automatic Terminal Information Service,ATIS)系统。飞行员通常在和地面管制员建立联系前收听自动终端情报服务系统的通播,以了解机场的相关情况,减少飞机驾驶员与地面管制员之间话音通信的工作量。正常情况下机场通播信息每小时更新一次,天气变化信息可随时更新。

航空无线电导航是通过地面无线电设施为飞机提供方位、距离等信息,以便确定飞机位置,引导飞机飞行。

4. 按使用频段分类

航空通信按使用频段可分为短波通信、超短波通信、卫星通信、激光通信等。图 1-2 给出了航空移动通信链路的部署概览。

航空超短波(VHF)通信使用的频段为 $30\sim300$MHz(军用航空通信通常向上扩展至 400MHz),该频段电磁波为直线传播方式。航空超短波通信的优点是视距传播特性好,可用频带宽,通信信道稳定,传输速率高,通信质量较好,可靠性和可用性远高于 HF 通信。航空超短波通信主要用于近中程距离的数据传输,是航空移动通信的主流,航空遥

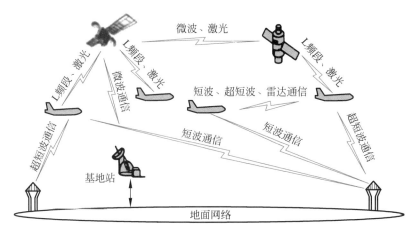

图 1-2　航空移动通信链路部署概览

测遥控、空中交通管理系统、数据链传输都是基于超短波通信建立起来并逐渐融合其他通信方式的,民用航空数据链的 VDL 系统、联合战术信息分发系统(Joint Tactical Information Distribution System,JTIDS)也都是基于超短波通信进行部署的。超短波通信在未来全球互联互通的航空通信网络中仍将占据重要地位。

航空短波通信使用 3～30MHz 频段(军用航空通信通常向下扩展至 1.6MHz),该频段电磁波可利用电离层反射(天波)机理进行传播,从而实现超视距通信。航空短波通信是历史悠久的通信方式,系统具有设备简单、使用方便、机动灵活、成本低廉、抗毁性强等优点,常用来实施超视距远程航空通信。短波通信的抗毁性和简单灵活性可以作为有效的应急通信方式,在军事应用中具有不可替代的地位,尤其是第三代短波通信系统的研究和应用提高了短波通信的有效性,使短波通信系统在远程航空通信中的地位得到了提高。

航空卫星通信是利用通信卫星作为中继站来实现地面与航空器之间的超视距航空通信,通常使用微波波段。航空卫星通信是 20 世纪 80 年代的主要远程通信系统,具有覆盖范围广、通信模式多样、通信容量大、信道稳定和机动性好等特点。卫星传输链路特性容易导致其易被干扰、窃听和损毁,不能做到全时段、全空域、全电磁环境使用,可使用短波通信系统作为应急互补的远程通信系统。

航空激光通信结合了光纤通信与微波通信的优点,既保证了通信大容量、抗干扰和保密传输能力,又可以通过大气媒介传输,满足自由空间传输的需求。自由空间激光通信无电磁干扰、组网灵活、通信可靠性高、保密性好、通信容量大、机动性好、抗干扰能力强、信息不易被截获,甚至在核辐射下也能正常工作,而且跟踪精度高、体积小、重量轻,可传输多种速率的话音、数据、图像,与现代军事航空通信应用需求非常匹配。其主要应用领域:星际间通信链路,用于卫星与卫星、卫星与飞机、卫星与地面之间的信息传输;空中通信链路,用于飞机与飞机、飞机与卫星、飞机与地面之间的信息传输;地面通信链路,用于岛屿与海岸、江河两岸、地面与空天平台之间的信息传输;水下通信链路,用于水下摄影、潜艇与空中平台之间的信息传输。

另外,航空通信按空间方位可分为地空、海空和空空通信,按通信距离可分为视距、超视距和中继航空通信,按抗干扰模式可分为常规航空通信和抗干扰航空通信,等等。

1.5 航空通信发展趋势

航空通信的发展是基于当前应用系统的演进和革新,主要表现在短波通信新体制的建立、超短波通信的开放式体系建设、卫星通信的保密化和抗毁性研究、数据链和航空电信网的开放互联、综合体系构建。

1. 航空短波通信

航空短波通信发展的主题是 3G 自动链路建立(3G-Automatic Link Establish,3G-ALE)、高速跳频和短波自适应组网。在装备体制上实现数字化、短波网络系统、高速跳频抗干扰体制转变;在工艺和设计上更新短波通信系统的收发设备和终端设备,提高信息传输的可靠性和有效性,并不断增强系统的智能业务处理能力。

2. 航空超短波通信

随着数字通信技术的发展,尤其是软件无线电技术和跳频技术的应用,航空超短波通信将向通用、开放的结构发展,以兼容不同频带和体制的超短波通信。通用开放结构紧跟商业框架体系结构发展,同时也为各种军用新技术的应用提供一个独立于设备的结构平台,并满足航管和战术需求。针对部分拥塞频带,应用信道窄带化和正交频分复用(OFDM)技术。跳频技术的应用将增强军事航空通信的可靠性和有效性;高速跳频可提高超短波通信的抗干扰、抗侦听性能;宽带调频可有效增加通信信号的隐蔽性;实时自适应跳频可有效应对阻塞干扰和点频干扰,提高通信的连续性。

3. 航空卫星通信

航空卫星通信作为远程、宽带航空通信的主要方式,未来需要面对通信容量增加、卫星机载平台复杂化和多样化、通信保密和抗干扰等的需求,因此,在完善航空卫星通信系统的过程中,需要重点发展大型和小型机载卫星通信站的系统化设计、机载卫星站与地面网络的互联互通技术、航空卫星通信的抗干扰抗截获技术、机载卫星平台的高增益天线设计和快速捕获跟踪能力。

4. 航空数据链

航空数据链逐步朝着综合化、网络化、高速化和互联互通方向发展。综合化表现在逐步朝着支持多种作战平台、多军种联合作战和盟军协同作战方向发展。数据链网络化不但能保证信息的快速、可靠传输,而且可以增强点到多点和多点到多点的网络传输性能,使其能够在中心节点和多个用户节点之间进行高效、全双工、短时延的网络数据传输,满足网络中心战需要的数据链。不管是民用航空还是军用航空,现代航空通信要求传输海量信息,数据链信息传输高速化势在必行。尤其是军事航空通信,由于现代战争作战区域广阔,作战节奏转换极快,作战信息需求海量,需要数据链在兼容现有装备的基础上,积极开发新的频率资源,拓展数据链带宽,提高数据传输速率,增大系统信息容量,不断提升数据分发能力。多链路协同作战是指多个数据链通过共享指挥和控制处理器,构成完整的联合数据链体系,为作战指挥提供同一完整的战术信息。美国空军提出的

"空中互联网",其思想就是将各种不同数据链路的空中平台连接起来。

5. 航空电信网络

航空电信网络(Aeronautical Telecommunication Network,ATN)是未来新航行体系的神经网络,主要功能是为行政部门、航空管制部门和操作人员进行数据通信服务。航空电信网络将朝着通用化、多平台化和开放体系结构方向发展。从使用频段上看,随着航空通信业务需求的不断增加,航空电信网使用频段也将逐步扩展,覆盖到 VHF 频段、L 频段、C 频段甚至 Ku 频段和 Ka 频段。

习题

1. 简述航空通信的基本概念。
2. 简述频分双工、时分双工和同频同时全双工的概念和各自的优劣。
3. 简述军用航空数据链的概念。
4. 简述航空通信的分类方法。
5. 简述航空通信发展趋势。

第2章

航空通信信道特性与抗衰落技术

无线信道的传输特性直接决定通信系统的性能。信号在信道中的传输特性受环境的影响非常大,会产生各种衰落现象,并且是随机变化的。航空通信无疑属于无线通信范畴,本章在讨论无线信道的衰落特性,包括大尺度衰落和小尺度衰落特性、衰落信道的类型等的基础上,给出航空通信信道的各种模型,最后介绍常见的信道抗衰落技术。

2.1 无线信道及其传输特性

2.1.1 无线电波传播方式

无线通信系统中,发送设备和接收设备之间的无线信道特性非常复杂,电磁波从发射天线到接收天线之间有地波传播、对流层电波传播、电离层电波传播、外层空间传播四种传播方式。

1. 地波传播

无线电波沿着地球表面的传播称为地波传播。其主要用于低频频段和甚低频频段。无线电波的波长比较长,具有较强的绕射能力,可以绕射地面上比较大的障碍物。它的主要优点是传输损耗小,作用距离远,受电离层扰动影响小,传播情况稳定,具有较强的穿透土壤和海水的能力;缺点是大气噪声电平高,工作频带窄。

中低频段和甚低频频段主要采用地波传播。地波传播情况主要取决于地面条件,地面的性质、地物地貌都对地波传播产生很大的影响。主要表现在地面的不平坦性和地面的地质情况。前者对电波传播的影响与无线电波的波长有关,如对于长波(波长 1～10km)来说,除了高山外都可将地面看成是平坦的;对于分米波(波长 10cm～1m)、厘米波(波长 1～10cm)来说,即使是水面上的小波浪或田野上丛生的植物,也应看成地面有严重的不平度,对电波传播有不同程度的阻碍作用。而后者则是从地面土壤的电气性质(地面的电参数)来研究其对电波传播的影响。

地波传播的特点是电波波长越长,传播损耗越小。因此超长波、长波、中波沿地表面可以传很远的距离,而短波、超短波及波长更短的电波沿地表面传播时,衰减很快,作用距离近。地面电导率越大,电波场强衰减越慢,但当电波在土壤或海水中间传播时,电导率越大对电波的吸收越严重,场强衰减也就越快。波长越长,在地下或海水中传播得越远。例如:在干土中,中波(300m)衰减到 1/1000 时,传播距离为 115m;而超长波(30km)衰减到 1/1000 时,传播距离为 1151m。在海水中,中波(300m)衰减到 1/1000时,传播距离为 1.74m;而超长波(30km)衰减到 1/1000 时,传播距离为 17.4m。另外,地面曲率和地面的障碍对电波传播有绕射损耗,绕射损耗与地形的起伏度和波长的比值有关,障碍物的高度与波长的比值越大,则绕射损耗越大。一般来说,长波绕射能力最强,中波次之,短波较小,而超短波绕射能力很弱。

由于地表面的电性能和地貌地物等比较稳定,并且基本上不受气候条件的影响,因此传输信号也比较稳定,这是地面波传播的突出优点。应该指出,地波的损耗与波的极化方式有很大关系,水平极化波比垂直极化波传播损耗高 60dB 左右,因此地面波传播采用垂直极化波。这种传播方式主要用于远距离无线电导航、标准频率和时间信号的广播以及对潜通信等,军用短波超短波等小型移动电台进行近距离通信也应用这种传播方式。

2. 对流层电波传播

无线电波在对流层中传播称为对流层电波传播。对流层主要影响 VHF 以上频段的无线电波传播。视距传播(Line of Sight,LoS,包括地空传播)和散射传播是对流层电波传播的主要形式。

视距传播也称为直射波传播,是指发射天线和接收天线之间没有物理遮挡,无线电波沿直线进行传播。其主要特点是:传播距离限于视距范围,一般为 10～50km;频率越高,受地形地物影响越大;微波衰落现象严重;10GHz 以上无线电波大气吸收和雨衰严重。视距传播主要用于微波中继通信,甚高频、超高频广播、电视,以及移动通信和雷达。由于地球阻挡,视距传播最远通信距离与收发天线高度以及地球半径相关。

在对流层中介质呈现不均匀性,这种不均匀性对无线电波具有散射作用。散射传播就是利用这种散射特性来实现的超视距传播。100MHz～10GHz 频段的无线电波可以利用散射传播进行超视距通信,单跳距离可达 300～800km。

此外,对流层中还存在大气折射、波导传播、多径传播、大气吸收,以及水汽凝结体和其他大气微粒的吸收。

3. 电离层电波传播

电离层电波传播是指无线电波利用电离层对电波的反射或散射特性进行的传播。通常,按照传播机制可分为以下三种传播:

(1) 电离层反射传播:又称为天波传播,主要利用电离层中聚集的大量电离气体对频率低的无线电波具有反射特性进行传播。频率低的无线电波不能穿越电离层,而被电离层反射回地面。电离层主要影响 HF 及以下频段的传播。其主要特点是传播损耗小,能以小功率进行远距离传播;但是衰落现象严重,短波受电离层扰动影响大。它主要用于中、短波远距离通信。

(2) 电离层散射传播:如果电离层是平滑的均匀层,VHF 频段以上的无线电波通过电离层将不会产生起伏。但实际上在电离层的所有高度上都存在复杂的不均匀结构,使得无线电波通过电离层时会发生散射。通常,不均匀结构距离地面的高度为 90～110km,常用频段为 30～60MHz。它的主要特点是:传输损耗大,传输带宽窄,衰落现象严重;单跳距离可达 1000～2000km,受电离层骚扰影响小;在地磁暴和极光的骚扰期间,短波通信中断时,仍然能够正常工作。

(3) 流星余迹传播:在宇宙空间存在大量的物质碎片和尘埃,它们进入地球大气层后,与空气剧烈摩擦、灼热、熔化形成光柱,这种大气现象称为流星。这些宇宙物质称为流星体。重量大的流星体称为陨石,重量小的流星体称为流星微粒。流星微粒在与大气分子摩擦燃烧过程中,蒸发出高能分子与空气中的分子、原子相碰撞,使之强烈电离。在 80～120km 的高度,流星经过的路径会留下一条细而长的电离气体圆柱,称为流星电离余迹。流星余迹电离度很高,足以反射 VHF 频段无线电波。地面流星余迹通信系统一般使用 40～50MHz 频率,通信距离远达 2000km。机载流星余迹通信系统受飞机环境影响,可将工作频率提高到70MHz。

4.外层空间传播

以人造地球卫星、宇宙飞船等航天器为服务对象,无线电波主要在外层空间进行传播。包括地-空或空-空之间的传播。由于外层空间近似于真空状态,无线电波在其中传播时,基本上可当作在自由空间中的传播。其最大特点是:传播距离远,传播损耗大;在进行地-空之间传播时,受到对流层、电离层、地球磁场以及宇宙空间各种辐射波和高速离子的影响;卫星通信存在星蚀和日凌中断现象。它主要用于卫星通信、宇宙通信以及无线电探测、遥控等空间业务。

典型的电波传播方式如图2-1所示。

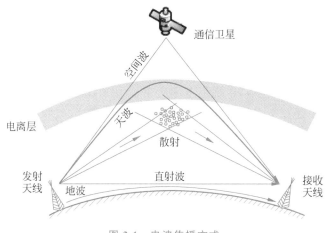

图2-1 电波传播方式

2.1.2 无线信道传播效应

无线信道是基于电磁波在空间传播来实现信息传输的,传输路径的空间约束性很差,传输路径中出现的各种障碍物,使得电波传播过程中存在反射、绕射和散射等传播机制,到达接收端的信号将是多条路径分量的叠加。用户终端所处状态随机变化,将对电磁波的传播造成时有时无的障碍,导致信道通断的间歇性。概括起来,无线信道信号传输过程中存在下面四种传播效应。

1.多径效应

无线信道中,由于接收者所处地理环境的复杂性,使得接收到的信号不仅有直射波的主径信号,还有从不同建筑物反射及绕射过来的多条不同路径的信号。电磁波经过不同路径传播后,它们到达时的信号强度、到达时间及到达时的载波相位都不一样,而所接收到的信号是各路径信号的矢量和,各路径之间也会产生相互干扰,从而使得原来的信号失真,或者产生错误,称这种现象为多径效应。例如,电磁波沿两条不同的路径传播,而两条路径的长度正好相差λ/2,则两路信号到达终点时正好相互抵消了(波峰与波谷重合)。对于模拟通信,多径效应将导致模拟信号的失真;对于数字通信,多径效应将使信号波形展宽(时延扩展),引起码间串扰,从而产生误码。

2. 阴影效应

无线通信系统中,传播路径上遇到高大建筑物、树林、地形起伏等障碍物的阻挡而在接收区域上形成半盲区(阴影区),当接收机移动到这些阴影区域时,虽然接收机与发射机之间的距离没有变化,但平均接收信号电平会发生变化。移动台(如飞机、汽车等)在运动情况下,随着移动台位置不断变化,接收点场强中值将起伏变化,这种现象称为阴影效应或阴影衰落。阴影效应是产生接收信号慢衰落的主要原因。

3. 多普勒效应

多普勒效应是一种常见的波动现象,比如,一辆汽车朝我们呼啸而来时,听起来汽车汽笛的音调(频率)升高,当汽车远离我们而去时,听起来汽笛的音调会降低,这是声波的多普勒效应。电磁波也存在多普勒效应,移动台相对于波源的移动将导致接收频率的改变,从而影响接收效果。多普勒效应使得信道具有时变特性,虽然由于移动速度的限制,频率偏移不会太大,但这会给通信带来影响,为了避免这种影响,不得不在技术上加以各种考虑。

4. 远近效应

码分多址(CDMA)通信系统依靠不同的伪随机码来区分不同终端用户,这些终端用户使用同一频率与同一台站进行通信,这样必将出现离站点近的终端用户的强信号压制离站点远的用户的弱信号,这种现象称为远近效应。一般采用功率控制的方法加以解决,即要求移动终端的发射功率具有功率自动调整的能力,当通信距离改变时能自动进行信号功率的调整。

无线信道的传输特性直接影响到无线通信的质量。无线信道传输特性的研究主要针对三个问题:①某个特定频段和某种特定环境中,电磁波传播和接收信号的物理机制是什么;②从发射机到接收机,信号功率的路径损耗是多少;③接收信号的幅度、相位、多径分量到达的时间和功率是怎样分布的,统计特性如何。这样就可以针对信号衰落特性,研究相应的抗衰落技术。本节主要讨论无线信道的大尺度衰落和小尺度衰落两种衰落特性。

2.2 大尺度衰落

大尺度衰落描述的是发射机与接收机之间长距离(几百米或几千米)上接收信号强度的缓慢变化。电波传播过程中,随着传播距离的增加,发射功率的辐射扩散及信道的传播特性将带来路径损耗;多径效应、阴影效应、气象因素等也将影响接收信号电平。因此,大尺度衰落不仅取决于传播距离,还与传播中的地形、地貌、电磁波频率以及收发天线高度等因素密切相关。

大尺度衰落主要由路径损耗和阴影衰落引起,两者均不随时间变化,可认为是静态因素。一般来说,大尺度衰落可以由天线分集和功率控制得到补偿。

大尺度衰落主要用于预测平均信号场强并估计无线覆盖范围,是无线通信网络规划设计中需要考虑的重要因素。在预测无线传播的大尺度路径损耗方面,人们完成了大量的研究工作,建立了适合不同传播环境、不同应用场合的预测模型。

2.2.1 自由空间传播损耗

自由空间传播是指电波在理想的、均匀的、各向同性的介质中传播。电波在自由空间中传播不发生反射、折射、散射和吸收现象,只存在电磁波能量扩散而引起的传播损耗。自由空间传播模型用于预测接收机与发射机之间,在完全无阻挡的视距路径上传播时的接收信号场强。卫星通信系统和微波视距通信是典型的自由空间传播。

在自由空间传播方式下,由发射机发出的电磁波以球面波的形式在各向同性的介质(空气)中向四面八方传播。当发射机和接收机的距离较远时,到达接收机的电磁波可以近似认为是平面波。设发射天线的辐射功率为 P_t,则距发射机 d 处的天线的接收功率 P_r 可由富莱斯(Friis)公式给出:

$$P_r = \left(\frac{\lambda}{4\pi d}\right)^2 P_t \tag{2-1}$$

式中假定收发天线都是各方向具有相同增益的理想全向天线。全向天线通常作为无线通信系统的参考天线,工程上使用更多的是定向天线,若发射天线的增益为 G_t,接收天线的增益为 G_r,则式(2-1)可修正为

$$P_r = \left(\frac{\lambda}{4\pi d}\right)^2 G_t G_r P_t \tag{2-2}$$

由 Friis 公式可知,接收功率衰减与距离和频率的平方成反比。

可以用有效全向辐射功率(Effective Isotropic Radiated Power,EIRP)表示实际天线的辐射能力,EIRP 定义为发射机输出功率和天线增益的乘积,即

$$EIRP = P_t G_t \tag{2-3}$$

例如,一台 100W(50dBm)的发射机连接到增益为 9dB 的天线上,系统传输线和接头损耗为 3dB,则 EIRP=50dBm+9dB-3dB=56dBm(400W)。这里的 EIRP=400W 并不是说发射机馈给天线的功率增加了,而是说如果采用全向天线,在该方向上达到相同的辐射效果,需要的等效功率是 400W。

自由空间路径损耗表示信号能量的衰减,通常以分贝(dB)的形式表示,定义为有效发射功率与接收功率之间的差值,单位为 dB 的正值。当不包括天线增益时,自由空间路径损耗为

$$L_p(dB) = 10\lg\frac{P_t}{P_r} = -10\lg\left(\frac{\lambda}{4\pi d}\right)^2 = 32.44 + 20\lg d(km) + 20\lg f(MHz) \tag{2-4}$$

当包括天线增益时,自由空间路径损耗为

$$L_p(dB) = 10\lg\frac{P_t}{P_r} = -10\lg\left(\frac{\lambda}{4\pi d}\right)^2 G_t G_r$$

$$= 32.44 + 20\lg d(km) + 20\lg f(MHz) - G_t(dB) - G_r(dB) \tag{2-5}$$

接收功率为

$$P_r(dBW) = P_r(dBW) - L_p(dB) \tag{2-6}$$

上述分析明确了接收功率和损耗与通信距离之间的关系。若已知某参考距离 d_0 处的接收功率和损耗,则可由下列的关系式可以得出 d 处的接收功率和损耗:

$$P_r(d) = P_r(d_0) \left(\frac{d_0}{d}\right)^2 \tag{2-7}$$

$$L_p(d) = L_p(d_0) + 20\lg\frac{d}{d_0} \tag{2-8}$$

【例 2-1】 某发射机通过天线发射的功率为 10W,工作频率为 900MHz,发射天线增益为 2,接收天线增益为 3,收发天线间距为 10km,试求接收天线接收功率和路径损耗。

解:已知 $P_t = 10\text{W}, G_t = 2, G_r = 3, d = 10\text{km}, f = 900\text{MHz}$,则有

$$\lambda = \frac{c}{f} = \frac{3 \times 10^8}{900 \times 10^6} = \frac{1}{3}(\text{m})$$

接收天线的接收功率为

$$P_r = P_t G_t G_r \frac{\lambda^2}{(4\pi d)^2} = 10 \times 2 \times 3 \times \frac{(1/3)^2}{(4\pi \times 10 \times 10^3)^2} = 4.23 \times 10^{-10}(\text{W})$$

自由空间传播路径损耗为

$$L_p(\text{dB}) = 10\lg\frac{P_t}{P_r} = 10\lg\left(\frac{10}{4.23 \times 10^{-10}}\right) = 103.74(\text{dB})$$

【例 2-2】 设发射天线和接收天线增益均为 1,工作频率相同,传播距离 d_1、d_2 满足 $d_2 = 2d_1$。则这两种情况下传播损耗相差多少?若传播距离相同,工作频率变为原来的 2 倍,则传输损耗相差多少?

解:传播距离 d_1、d_2 对应的传播损耗分别为

$$L_p(d_1) = 32.45 + 20\lg d_1 + 20\lg f$$
$$L_p(d_1) = 32.45 + 20\lg d_2 + 20\lg f$$

则两者传播损耗相差为

$$L_p(d_1) - L_p(d_2) = 20\lg d_2 - 20\lg d_1 = 20\lg d_2/d_1 = 20\lg 2 \approx 6(\text{dB})$$

可见,传播距离增加 1 倍,传播损耗会增加大约 6dB。

同理,若传播距离相同,而工作频率是原来的 2 倍,则传播损耗增加约 6dB。

2.2.2 多径传播损耗

1. 双径传播模型

电磁波传播的路径中会出现各种障碍物,当电磁波遇到比波长大得多的物体(如地球表面、高山、建筑物面等)时会发生发射,反射使得接收到的信号不仅有直射波的主径信号,还有经障碍物反射过来的多条不同路径的信号,因此,实际多径传播环境是非常复杂的。在研究传播问题时往往将其简化,仅考虑空间直射路径和地面反射路径这种简单的双径模型。在开阔地区,双径传播模型很接近移动信道,该模型在预测几千米范围内的大尺度信号比较准确。

图 2-2 给出了平面大地的双径传播模型。接收点的场强可表示为

$$E = E_0[1 + R\exp(\mathrm{j}\Delta\varphi)] \tag{2-9}$$

式中：E_0 为自由空间（直射波）接收点的场强；R 为地面发射系数；$\Delta\varphi$ 为接收点处直射波和发射波的相位差。

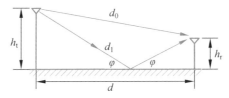

图 2-2　双径传播模型

若直射波和反射波的路径差 $\Delta d = d_1 - d_2$，则有

$$\begin{cases} d_0^2 = (h_t - h_r)^2 + d^2 \\ d_1^2 = (h_t + h_r)^2 + d^2 \end{cases} \tag{2-10}$$

式中：h_1、h_2 分别为发射天线和接收天线的高度。

若电磁波的波长为 λ，则相位差为

$$\Delta\varphi = \Delta d \cdot 2\pi/\lambda$$

若发射和接收天线的距离 $d \gg h_1 + h_2$ 时，则上式可简化为

$$\Delta\varphi = (2\pi/\lambda)(2h_t h_r/d) \tag{2-11}$$

已知接收点的场强为 E，则接收点的信号功率为

$$P_r = \frac{|E_0|^2}{2\eta_0} = |E_0[1 + R\exp(\mathrm{j}\Delta\varphi)]|^2/2\eta_0 \tag{2-12}$$

式中：η_0 为自由空间特性阻抗。

因为

$$|E_0|^2/2\eta_0 = P_t[1/(4\pi d/\lambda)]^2$$

考虑到在移动环境下，$R \approx -1$，$\Delta\varphi \ll 1\mathrm{rad}$，上式可进一步写为

$$\begin{aligned} P_r &= P_t\left[\frac{1}{4\pi d/\lambda}\right]^2 |[1 + R\exp(\mathrm{j}\Delta\varphi)]^2| \\ &= P_t\left[\frac{1}{4\pi d/\lambda}\right]^2 |1 - \cos\Delta\varphi - \mathrm{j}\sin\Delta\varphi|^2 \approx P_t\left[\frac{1}{4\pi d/\lambda}\right]^2 \Delta\varphi^2 \end{aligned} \tag{2-13}$$

将式（2-11）代入式（2-13），可得

$$P_r \approx P_t(h_t h_r)^2/d^4 \tag{2-14}$$

上式表明，接收点的信号强度与距离的 4 次方成反比。

路径损耗为

$$L_p(\mathrm{dB}) = 40\lg d - 10\lg G_t - 10\lg G_r - 20\lg h_t - 20\lg h_r \tag{2-15}$$

式中：d、h_t、h_r 的单位为 m。

由式（2-14）可见，当收发距离很大时，接收机的接收功率随距离 4 次方衰减，这比自由空间中的衰减要快得多，且此时接收功率与信号的频率无关。

2. 多径传播模型

当存在建筑物和起伏地形时,接收信号中将包含经建筑物等反射的电波,此时,可用三径、四径等多径传播模型描述移动信道。考虑到 N 条路径,式(2-13)可写为

$$P_r = P_t \left[\frac{\lambda}{4\pi d} \right]^2 G_t G_r \left| 1 + \sum_{i=1}^{N-1} R_i \exp(\mathrm{j}\Delta\varphi_i) \right|^2 \tag{2-16}$$

这里需要根据实际传播环境计算出各路径反射电波的 R_i 和 $\Delta\varphi_i$。当采用三径模型且仅考虑一个反射体时,根据基地站、移动台和与建筑物反射波之间的相互位置以及建筑物表面材料可求出建筑物反射波的反射系数和相位差。随着路径数的增加,电场强度变化的不规则性逐渐增大,此时已不能用公式准确地计算出接收信号的功率,必须用统计的方法分析。

2.2.3 绕射损耗

1. 菲涅耳区

当接收机和发射机之间的无线路径被尖锐的边缘阻挡时会发生绕射,绕射使得无线电信号绕地球曲线表面传播且能够传播到阻挡物后面。尽管接收机移动到阻挡物的阴影区时接收场强衰减非常迅速,但是绕射场依然存在并常常具有足够的强度。另外,地面曲率和地面的障碍物对电波传播有绕射损耗,绕射损耗与地形的起伏度和波长的比值有关,障碍物的高度与波长的比值越大,绕射损耗就越大。一般来说,长波绕射能力最强,中波绕射能力次之,短波绕射能力较小,超短波绕射能力很弱。

绕射现象可用惠更斯-菲涅耳原理解释。波阵面上所有点都可作为产生次级波的点源,该点源在波阵面的所有方向上不是等辐射的,在波阵面的向前方向上辐射更强。绕射由次级波的传播进入阴影区而形成,在围绕阻挡物的空间中,阴影区绕射波场强是围绕阻挡物所有次级波的矢量和。

图 2-3 中,在 P' 点处的次级波波前中,只有夹角为 θ 的次级波能到达接收点 R。在 P 点,$\theta=180°$,对于扩展波前上的其他点,角度 θ 将在 $0°\sim180°$ 变化。θ 的变化决定了到达接

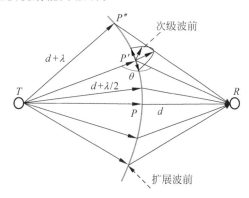

图 2-3 对惠更斯-菲涅耳原理的说明

收点辐射能量的大小,显然 P'' 点的二次辐射波对 R 点处接收信号电平的贡献小于 P' 点。

若经由 P' 点的间接路径比经由 P 点的直接路径长 $\lambda/2$,则这两条路径到达 R 点后,由于相位差 180° 而相互抵消。若间接路径长度再增加 $\lambda/2$,则通过这条间接路径的信号到达 R 点与直接路径信号是同相叠加的,间接路径继续增加,经这条路径的信号就会在接收点 R 处交替抵消和叠加。

上述现象可以用菲涅耳区解释。障碍物阻挡了传输路径,在发射机和接收机之间的

附加路径延迟为 $\lambda/2$ 的整数倍 $n\lambda/2$ 的所有点构成一簇椭球,椭球代表菲涅耳区,发射点和接收点位于椭圆体的两个焦点上。图 2-4 中 P 为第 n 阶椭球面上的点,则 P 点到 T、R 点的距离之和与 T、R 间的直线距离之差满足

$$\Delta d = (r_1 + r_2) - (d_1 + d_2) = n\lambda/2 \tag{2-17}$$

$$r_1 = \sqrt{d_1^2 + h_n^2} = d_1\sqrt{1 + \left(\frac{h_n}{d_1}\right)^2} \approx d_1\left[1 + \frac{1}{2}\left(\frac{h_n}{d_1}\right)^2\right]$$

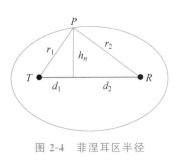

图 2-4 菲涅耳区半径

同理,有

$$r_2 = \approx d_2\left[1 + \frac{1}{2}\left(\frac{h_n}{d_2}\right)^2\right]$$

所以

$$\Delta d = \frac{h_n^2}{2}\left(\frac{1}{d_1} + \frac{1}{d_2}\right) = \frac{n\lambda}{2}$$

从而得到 n 阶菲涅耳区半径为

$$h_n = \sqrt{\frac{n\lambda d_1 d_2}{d_1 + d_2}} \tag{2-18}$$

当 $n=1$ 时,可得到第一菲涅耳区半径。由式(2-18)可知,菲涅耳区半径不仅与波长 λ 有关,还与障碍物的位置有关。当障碍物在收发两端中间位置时,菲涅耳区半径最大。

一般情况下,当阻挡体不阻挡第一菲涅耳区时,绕射损耗最小,绕射影响可以忽略不计。事实上,设计微波链路的一个基本准则是,只要 55% 的第一菲涅耳区保持无阻挡,其他菲涅耳区的情况可以基本不影响绕射损耗。

2. 绕射损耗

在实际情况中,直射波常会被各种障碍物阻挡,障碍物引起的附加传播损耗称为绕射损耗。在实际计算绕射损耗时,很难给出精确的结果。为了估算方便,常利用一些经典的绕射模型,如刃形绕射模型和多重刃形绕射模型等。其中刃形绕射传播有负高度模式和正高度模式两种,如图 2-5 所示。

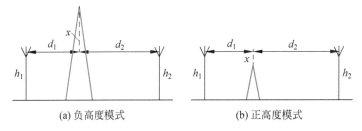

(a) 负高度模式　　　　　(b) 正高度模式

图 2-5 刃形传播的两种模式

图 2-5 中,x 表示障碍物顶点到直射线的距离,称为菲涅耳余隙。在负高度模式下 x 为负值,在正高度模式下 x 为正值。根据菲涅耳衍射定律,障碍物引起的附加损耗与菲涅耳余隙的关系如图 2-6 所示,纵坐标为由绕射引起的附加损耗,即相对于空间传播损耗

的分贝数。横坐标为 x/x_1,其中 x_1 为第一菲涅耳区半径。

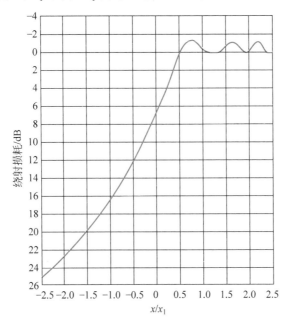

图 2-6 绕射损耗与相对余隙

由图 2-6 可见,当 $x/x_1 > 0.5$ 时,附加损耗为 0dB,即障碍物对直射波传播基本上没有影响。因此,选择天线高度时,根据地形尽可能使服务区各处的菲涅耳余隙 $x_1 > 0.5x_1$,此时,传播损耗接近自由空间的数值。当 $x=0$ 时,即障碍物的峰顶正好在收发连线高度上,附加损耗为 6dB。当 $x < 0$ 时,即障碍物峰顶超过收发连线高度,附加损耗急剧增加。

2.2.4 散射损耗

当无线电波在介质中传播时遇到小于波长的障碍物,且单位体积中障碍物非常多时,就会发生散射。粗糙的表面、树叶及街上各种标志、灯柱等物体,在所有方向上散射能量。在实际的无线通信系统中,接收信号的能量比上述反射模型和绕射模型预测的场强大,是因为散射给接收机提供了额外的能量。

散射常发生在粗糙表面、小物体和其他不规则物体。给定入射角 θ_i,则可以得到表面平整度的参数高度为

$$h_c = \frac{\lambda}{8\sin\theta_i} \tag{2-19}$$

式中：λ 为入射波的波长。

若平面上凸起高度小于 h_c,则可认为该表面是光滑的;反之,认为该表面是粗糙的。计算粗糙表面的反射时需乘以散射损耗系数 ρ_s,以表示减弱的反射场。在表面高度的局部平均值服从高斯分布的情况下,ρ_s 为

$$\rho_s = \exp\left[-8\left(\frac{\pi\sigma_h\sin\theta_i}{\lambda}\right)^2\right] \tag{2-20}$$

式中：σ_h 为表面高度的标准偏差。

存在散射情况时，粗糙表面的反射系数 Γ 可以用散射损耗系数 ρ_s 修正：

$$\Gamma_{rough} = \rho_s\Gamma \tag{2-21}$$

2.2.5 实际路径传播损耗

1. 对数距离路径损耗

基于理论和测试的传播模型指出，平均接收信号的功率随着距离的变化而呈对数衰减，对于任意的 T-R 距离，平均大尺度路径损耗表示为

$$\overline{L}_p(d) = \overline{L}_p(d_0) + 10n\lg\left(\frac{d}{d_0}\right) \tag{2-22}$$

式中：n 为路径损耗指数，表示路径损耗随距离增长的速率；d_0 为近地参考距离，由测试决定；d 为 T-R 距离；$\overline{L}_p$ 为给定 d 值的所有可能路径损耗的整体平均；n 依赖特定的传播环境，在自由空间中 $n=2$，有阻挡物时 n 值变大。

选择自由空间参考距离非常重要，参考距离选择在天线的远场区，以避免远近效应对参考路径损耗的影响。参考路径损耗可由式(2-4)或通过实测给出。表 2-1 列出了不同无线环境下的路径损耗指数。

表 2-1 不同环境下的路径损耗指数

环 境	路径损耗指数
自由空间	2
市区无线传播环境	2.7～3.5
存在阴影衰落的市区无线传播环境	3～5
建筑物内的视距传播	1.6～1.8
被高大建筑物阻挡	4～6
被厂房阻挡	2～3

2. 对数正态阴影损耗

式(2-22)未考虑在相同 T-R 距离，不同位置的情况下传输损耗的差别，其实，即使通信距离相同，由于不同位置的周围环境差别非常大，会导致测试信号与式(2-22)预测的平均结果有很大差异。测试表明，对于任意的 d 值，特定位置的路径损耗为随机正态对数分布，即

$$\overline{L}_p(d) = \overline{L}_p(d_0) + 10n\lg\left(\frac{d}{d_0}\right) + X_\sigma \tag{2-23}$$

式中：X_σ 为零均值的高斯分布随机变量(dB)；σ 为标准偏差(dB)。

对数正态分布描述了在传播路径上具有相同 T-R 距离时不同的随机阴影效果，这种现象称为对数正态阴影。对数正态阴影意味着在特定 T-R 距离的测试信号电平是式(2-22)的平均值的高斯分布。这样利用高斯分布可以方便地分析阴影的随机效应。

近地参考距离 d_0、路径损耗指数 n 和标准偏差 σ 统计地描述了特定 T-R 距离位置

上的路径损耗模型。该模型可用于无线系统设计和分析过程,从而对任意位置的接收功率进行计算机仿真。

2.3 小尺度衰落

2.3.1 无线信道的小尺度衰落特性

小尺度衰落描述的是短距离或短时间内接收信号强度的快速起伏变化。接收机不移动,或者只在很短的距离上或很短时间内移动时,对大尺度路径损耗的影响可以忽略不计,但是将引起接收信号幅度、相位或多径时延快速起伏变化,从而影响接收信号的稳定性。

小尺度衰落主要由多径效应和多普勒效应引起,两者均随时间变化,可认为是动态因素。因此,想要完全消除小尺度衰落的影响是不现实的,只能采取措施进行缓解。目前,在无线通信系统中,已经采取多种抗衰落措施以减小多径传播的影响,如各种分集技术、均衡技术、信道交织技术、匹配滤波技术等。

无线信道中许多物理因素会影响小尺度衰落,主要包括多径传播、移动台的运动、环境物体的运动以及信号的传输带宽。

1. 多径传播

信道中反射物的存在,使同一传输信号沿两个或多个多径路径传播,以微小的时间差到达接收机,多径波的信号相互干涉将引起接收信号幅度、相位及时间的急剧变化。这种变化(衰落)的严重程度取决于多径波的强度、相对传播时间以及传播信号的强度。多径传播常延长信号到达接收机所用的时间,从而带来码间串扰。

2. 移动台的运动

移动台与基地站之间的相对运动会引起随机的频率调制,这是多径分量存在的多普勒频移现象引起的。多普勒频移是正频移或负频移取决于移动接收机是朝向还是背向基地站运动。

3. 环境物体的运动

如果无线信道中的物体处于运动状态,就会引起时变的多普勒频移。若环境物体以大于移动台的速度运动,那么这种运动将对小尺度衰落起决定作用;否则,可仅考虑移动台运动速度的影响,而忽略环境物体运动速度的影响。

4. 信号的传输带宽

如果无线信号的传输带宽大于多径信道带宽,接收信号就会失真,但是本地接收机的信号强度不会衰落很多(小尺度衰落不占主导地位)。后续分析将会看到,信道带宽可用相关带宽来度量,它与信道的多径结构有关。若传输信号带宽比信道带宽窄,信号幅度就会迅速改变,但信号不会出现时间失真;否则,将会出现频率选择性衰落。所以,小尺度信号衰落强度的统计特性与多径信道的特定幅度、时延及传输信号的带宽有关。

2.3.2 多径信道的冲激响应模型

移动无线信号的小尺度变化与移动无线信道的冲激响应直接相关。冲激响应是包含了所有用于模拟和分析信道中任何类型的无线传播的信息,这是因为移动无线信道可以建模为一个具有时变冲激响应特性的线性滤波器,其中的时变是接收机的空间运动所引起的。信道的滤波特性以任意时刻到达的多径波为基础,其幅度与时延之和影响信道滤波特性。冲激响应是信道的一个重要特性,可用于预测和比较不同移动通信系统的性能,以及某一特定移动信道条件下的传输带宽。

为了说明移动无线信道可建模为具有时变冲激响应特性的线性滤波器,可以考察时变是接收机空间运动所引起的例子,如图 2-7 所示。

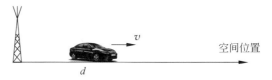

图 2-7　移动无线信道模型

图 2-7 中,移动台以恒定速率 v 向距离 d 处的位置运动。由于移动台空间位置的变化引起不同的多径波具有不同的传播时延,因此信道的冲激响应就成为移动台位置的函数,即信道冲激响应为 $h(d,t)$。令 $x(t)$ 为传输的带通信号波形,则位置 d 处的接收信号可表示为

$$y(d,t) = y(vt,t) = \int_{-\infty}^{t} x(\tau)h(d,t-\tau)\mathrm{d}\tau = \int_{-\infty}^{t} x(\tau)h(vt,t-\tau)\mathrm{d}\tau \quad (2\text{-}24)$$

因为 v 为常数,$y(vt,t)$ 仅为 t 的函数,因此有

$$y(t) = \int_{-\infty}^{t} x(\tau)h(vt,t-\tau)\mathrm{d}\tau = x(t) * h(d,t) \quad (2\text{-}25)$$

由上式可以看出,移动无线信道可以建模为一个随时间和距离变化的线性时变信道。

在短时间和短距离情况下,v 可看作恒定值,完全可以用 t 和 τ 的函数 $h(t,\tau)$ 表示时变多径无线信道的冲激响应,其中变量 t 代表运动产生的时间变化,τ 代表在特定 t 值下信道的多径时延,也可认为 τ 是时间的增量。若将多径信道看成一个带宽受限的带通信道,$h(t,\tau)$ 为其基带冲激响应,则接收信号 $y(t)$ 可表示为发送信号 $x(t)$ 与信道冲激响应的卷积,即

$$y(t) = \int_{-\infty}^{t} x(\tau)h(t,\tau)\mathrm{d}\tau = x(t) * h(t,\tau) \quad (2\text{-}26)$$

多径信道的接收信号由许多被减弱、有时延、有相移的传输信号组成,其基带冲激响应模型可表示为

$$h(t,\tau) = \sum_{i=0}^{N-1} a_i(t,\tau)\exp[\mathrm{j}(2\pi f_c\tau_i(t) + \varphi_i(t,\tau))]\delta(\tau - \tau_i(t)) \quad (2\text{-}27)$$

式中:$a_i(t,\tau)$、$\tau_i(t)$ 分别为在 t 时刻第 i 个多径分量的实际幅度和附加时延,$2\pi f_c\tau_i(t) +$

$\varphi_i(t,\tau)$ 表示第 i 个多径分量在自由空间传播造成的相移,再加上在信道中的附加时延。

在实际的无线通信系统中,通常采用信道测量技术来测出多径信道的冲激响应。

不同带宽的两种信号通过相同的多径信道,具有完全不同的小尺度衰落特性。这里仅给出结论:当传输信号带宽远大于信道带宽时,多径结构在任何时刻都可被接收机分离。但是,若传输信号带宽很窄(如基带信号的持续时间比信道附加时延大很多),那么多径不能被接收机分离,许多未分离的多径分量的相移会导致大幅度信号衰落。

2.3.3 多普勒频移

多普勒效应表征接收端接收到的信号频率因为和发送端的相对运动而产生的变化。相向运动时,信号频率增加,频偏为正;背向运动时,信号频率减少,频偏为负。由于相对运动前后,信号传播的距离发生了变化,距离差引起了相位差,最终引起了频率差。所以,求出相对运动前后的信号传播距离差,即可推导得到多普勒频移。

如图 2-8 所示,基地站位于点 O,飞机从以恒定速度 v 在 Δt 时间内从 A 点运动至 B 点。当 Δt 是一个微小的时间间隔时,AB 间距离很短,使得 OA 和 OB 远大于 AB。此时,$\angle AOB$ 近似为 $0°$。飞机运动前后的信号传播距离差,即为从 B 点向 OA 做等腰三角形的映射,令映射点为 D。此时,距离差即为线段 AD。由于 $\angle AOB \approx 0$,所以 $\angle ADB \approx 90°$。

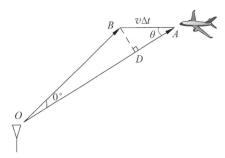

图 2-8　多普勒频移示意图

设信号传播方向与飞机运动方向夹角为 θ,则距离差 $AD=AB\cos\theta=v\Delta t\cos\theta$,由距离差造成的接收信号相位的变化值为

$$\Delta\varphi=\frac{AD}{\lambda}\cdot 2\pi=\frac{v\Delta t\cos\theta}{\lambda}\cdot 2\pi \tag{2-28}$$

由此可得出频率变化值,即多普勒频移为

$$f_D=\frac{\Delta\varphi}{2\pi\Delta t}=\frac{v}{\lambda}\cos\theta \tag{2-29}$$

最大多普勒频移为

$$f_m=\max(f_d)=v/\lambda=vf_c/c$$

式中:f_c 为载波频率;c 为光速。

【**例 2-3**】　超短波电台发射机载波频率为 300MHz,飞机飞行速度为 900km/h,试分别计算下面三种运动情况下飞机接收信号载波频率:

(1)飞机沿直线朝向发射机运动;

(2)飞机沿直线背向发射机运动;

(3)飞机运动方向与入射波方向成直角。

解:多普勒频移 $f_D=\dfrac{v}{\lambda}\cos\theta$,此处 $v=900\text{km/h}=250\text{m/s}$,$f_c=900\text{MHz}$,$\lambda=c/f_c=1\text{m}$。

(1)飞机沿直线朝向发射机运动,$\theta=0°$,则 $f_D=250\text{Hz}=0.00025\text{MHz}$,接收信号频

率 $f_1 = f_c + f_D = 300.00025(\text{MHz})$；

（2）飞机沿直线背向发射机运动，$\theta = 180°$，则 $f_D = -250\text{Hz} = -0.00025\text{MHz}$，接收信号频率 $f_2 = f_c + f_D = 299.99925(\text{MHz})$；

（3）飞机运动方向与入射波方向成直角，$\theta = 90°$，则 $f_D = 0$，接收信号频率 $f_3 = f_c + f_D = 300(\text{MHz})$。

2.3.4 多径时变信道参数

为了比较不同多径信道以及总结出一些比较通用的无线系统的设计原则，人们采用了量化多径信道的一些参数。通常，采用时延扩展（时域）和相关带宽（频域）来描述多径效应引起的信道时间色散特性，用多普勒扩展（频域）和相关时间（时域）来描述由于移动台和基地站之间相对运动导致的信道的频率色散特性。

1. 时延扩展和相干带宽

多径效应中，长路径信号分量比短路径信号分量所消耗的时间会增加，它们消耗的时间差称为时延扩展。

根据最大多径时延 $\tau_{\max}$ 和发送信号码元周期 T_s 之间的关系，多径效应在时域上表现为码元自身失真和符号间干扰（Inter Symbol Interference，ISI）两种现象，如图 2-9 所示。

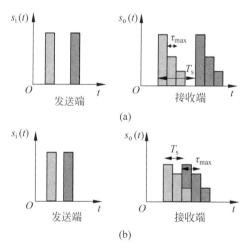

图 2-9 多径效应时域表现

当 $\tau_{\max} \ll T_s$ 时，一个码元的绝大多数多径分量均在码元持续时间内到达，只会引起单个码元自身的失真。信号的最大时延扩展虽然仍可能造成相邻码元的重叠，但并不严重。

当 $\tau_{\max} \gg T_s$ 时，码元的时延扩展超出了单个码元的持续时间，不仅对码元自身产生影响，也会影响相邻码元的取值，称为码间串扰现象。

多径信道的时延扩展通常用平均附加时延 $\bar{\tau}$ 扩展和最小均方根（RMS）时延扩展 σ_τ 定量描述。平均附加时延扩展和 RMS 时延扩展是由一个功率延迟分布定义的。功率延迟分布来源于本地连续冲激响应的测量值取短时或空间平均。一般情况下,在一个大尺度区域移动通信系统中,多径信道参数的统计来源于许多本地区域的测量值,如图 2-10所示。

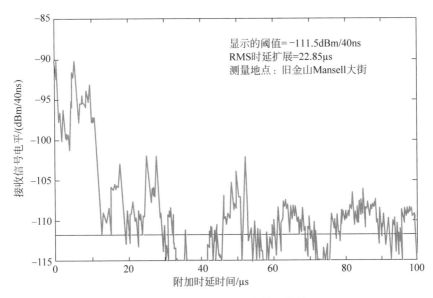

图 2-10 多径功率延迟分布的测量结果

平均附加时延是功率延迟分布的一阶矩,定义为

$$\bar{\tau} = \frac{\sum\limits_{k} P(\tau_k) \tau_k}{\sum\limits_{k} P(\tau_k)} \tag{2-30}$$

RMS 时延扩展为功率延迟分布的二阶矩的平方根,定义为

$$\sigma_\tau = \sqrt{\overline{\tau^2} - \bar{\tau}^2} \tag{2-31}$$

式中

$$\overline{\tau^2} = \frac{\sum\limits_{k} P(\tau_k) \tau_k^2}{\sum\limits_{k} P(\tau_k)}$$

【例 2-4】 根据图 2-11 所示的功率延迟分布,计算 RMS 延迟扩展。如果使用 BPSK 调制,在不使用均衡器的情况下,通过此信道传输的最大比特速率是多少?

解:根据 $P = 10^{\frac{P_{dB}}{10}}$,可得到 $P = 10^{\frac{0}{10}} = 1$,即功率值为 1 个单位。

$$\bar{\tau} = \frac{\sum\limits_{k} P(\tau_k) \tau_k}{\sum\limits_{k} P(\tau_k)} = \frac{1 \times 0 + 1 \times 1}{1 + 1} = 0.5(\mu s)$$

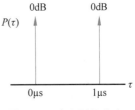

图 2-11 功率延迟分布

$$\overline{\tau^2} = \frac{\sum_k P(\tau_k)\tau_k^2}{\sum_k P(\tau_k)} = \frac{1\times 0^2 + 1\times 1^2}{1+1} = 0.5(\mu s^2)$$

$$\sigma_\tau = \sqrt{\overline{\tau^2} - (\bar{\tau})^2} = \sqrt{0.5 - 0.5^2} = 0.5(\mu s)$$

要不使用均衡器,则要求 $\dfrac{\sigma_\tau}{T_s} \leqslant 0.1$,故 $T_s \geqslant 5\mu s$。

对于二进制数字传输,比特速率与符号速率相同,最大比特速率为

$$R_b = R_s = \frac{1}{T_s} = 0.2\times 10^6 (b/s)$$

时延扩展描述的是多径传播效应造成信道时域特性上的变化,而相关带宽 B_c 则是多径效应在信道频域特性上的变化。相干带宽是从 RMS 时延扩展得出的一个确定关系值,它是在一定范围内的频率的统计测量值,建立在信道平坦(在该信道上,所有频率分量均以几乎相同的增益及线性相位通过)的基础上。换句话说,相干带宽是指一特定的频率范围,在该范围内,两个频率分量有很强的幅度相关性。

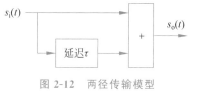

图 2-12 两径传输模型

以典型的两径信道模型为例进行分析。如图 2-12 所示,当信道输入信号为 $s_i(t)$ 时,可得输出信号

$$s_o(t) = s_i(t) + s_i(t-\tau)$$

将上式变换到频域,则有

$$s_o(\omega) = s_i(\omega) + s_i(\omega)e^{-j\omega\tau}$$

信道幅频特性为

$$H(\omega) - \frac{s_o(\omega)}{s_i(\omega)} = 1 + e^{-j\omega\tau}$$

从而可得

$$\begin{aligned}
|H(\omega)| &= |1 + e^{-j\omega\Delta\tau}| = |1 + \cos\omega\Delta\tau - j\sin\omega\Delta\tau| \\
&= \sqrt{(1+\cos\omega\Delta\tau)^2 + (\sin\omega\Delta\tau)^2} \\
&= 2\left|\cos\frac{\omega\Delta\tau}{2}\right|
\end{aligned} \tag{2-32}$$

幅频特性曲线如图 2-13 所示。

定义多径信道的相干带宽 $B_c = 1/\tau_{\max}$,它表示信道幅频特性曲线上相邻两个零点之间的频率间隔。在该带宽范围内,信道幅频特性近似保持恒定。

工程上,相干带宽也可用频率相关函数表征。当频率相关系数 $\rho > 0.9$ 时,$B_c \approx 1/50\sigma_\tau$;如果将定义放宽至 $\rho > 0.5$ 时,$B_c \approx 1/5\sigma_\tau$。

【例 2-5】 计算图 2-14 中所给出的多径分布的平均附加时延和均方根时延扩展。设幅度相

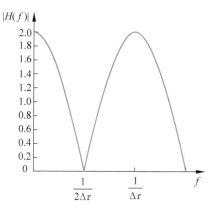

图 2-13 两径模型幅频特性

关值为 50%,则该系统在不使用均衡器的条件下对带宽为 30kHz 的先进的移动电话服务(AMPS)或 200kHz 的全球移动通信(GSM)系统是否合适?

解:根据题意可得

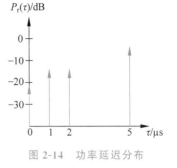

图 2-14　功率延迟分布

$$\bar{\tau} = \frac{\sum_k P(\tau_k)\tau_k}{\sum_k P(\tau_k)} = \frac{0.01\times0+0.1\times1+0.1\times2+1\times5}{0.01+0.1+0.1+1}$$

$$= 4.38(\mu s)$$

$$\overline{\tau^2} = \frac{\sum_k P(\tau_k)\tau_k^2}{\sum_k P(\tau_k)} = \frac{0.01\times0+0.1\times1+0.1\times4+1\times25}{0.01+0.1+0.1+1} = 21.07(\mu s^2)$$

$$\sigma_\tau = \sqrt{\overline{\tau^2}-(\bar{\tau})^2} = \sqrt{21.07-4.38^2} = 1.37(\mu s)$$

$$B_c = \frac{1}{5\sigma_\tau} = 146(kHz)$$

因为 30kHz<B_c<200kHz,所以 AMPS 不需要均衡器,GSM 需要均衡器。

2. 多普勒扩展和相干时间

由于收发双方之间的相对运动,接收信号在频域上产生多普勒频移现象(也称频率色散),使得无线信道具有时变特性。多普勒扩展和相干时间是描述小尺度内时变特性的两个参数。

多普勒扩展是频谱展宽的一个度量值,通常用最大多普勒频移代替,即

$$B_D = f_m = \frac{v}{\lambda} \tag{2-33}$$

相干时间为多普勒扩展在时域上的表示,用于在时域上描述信道频率色散的时变特性。它与最大多普勒频移成反比,即

$$T_c \approx \frac{1}{f_m} \tag{2-34}$$

相干时间是信道冲激响应维持不变的时间间隔的统计平均值,在此间隔内,两个到达信号有很强的幅度相关性。时间间隔大于 T_c 的两个到达信号受信道的影响各不相同,也就是说,若基带信号带宽的倒数大于信道的相干时间,则传输中基带信号就可能发生改变,导致接收机信号失真。

若相干时间定义为时间相关函数大于 0.5 的时间段长度,则相干时间近似为

$$T_c \approx \frac{9}{16\pi f_m} \tag{2-35}$$

2.3.5　小尺度衰落信道类型

信号通过移动无线信道传播时,其衰落类型取决于发送信号特性和信道特性。信号参数(带宽、符号周期)和信道参数(RMS 延迟扩展和多普勒扩展)之间的关系决定了不

同的发送信号将经历不同的衰落类型。移动无线信道中的时间色散和频率色散机制可能导致四种显著的效应。多径特性引起的时间色散,将导致发送信号产生平坦衰落或频率选择性衰落;移动台移动引起的频率色散将导致信道时间选择性衰落,即快衰落和慢衰落。

1. 平坦衰落信道

当发送信号的带宽 B 远小于无线信道的相干带宽 B_c,或发送信号的码元周期 T_s 远大于无线信道的时延扩展 σ_τ 时,即信道参数和发送信号参数满足

$$\begin{cases} B \ll B_c \\ T_s \gg \sigma_\tau \end{cases} \tag{2-36}$$

则此时的无线信道为平坦衰落信道。若 $T_s \geqslant 10\sigma_\tau$,则认为信道是平坦衰落的。

平坦衰落信道在发送信号的带宽内具有恒定的幅度增益和线性相位响应特性。信号经平坦衰落信道传播后其频谱特性保持不变,但接收端接收到的信号其幅度随着信道增益的起伏而变化,因此平坦衰落信道也称为非色散信道或幅度变化信道。

2. 频率选择性衰落信道

当发送信号的带宽 B_s 大于无线信道的相干带宽 B_c,或发送信号的码元周期 T_s 小于无线信道的时延扩展 σ_τ 时,即信道参数和发送信号参数满足

$$\begin{cases} B_s > B_c \\ T_s < \sigma_\tau \end{cases} \tag{2-37}$$

则此时的无线信道为频率选择性衰落信道。

信号经过频率选择性衰落信道传播后,由于信道的频率选择性,信号的不同频率成分将获得不同的增益,信号的相位也会发生变化,从而使发送信号产生频率选择性衰落,导致接收端信号发生失真。频率选择性衰落信道的建模比平坦衰落信道的建模更加复杂,因为它可以看成由多个具有不同时延的平坦衰落信道组合而成。

3. 快衰落信道

当发送信号的码元周期 T_s 大于无线信道的相干时间 T_c,或信号的带宽 B_s 小于多普勒扩展 B_d 时,即信道参数和发送信号参数满足

$$\begin{cases} T_s > T_c \\ B_s < B_d \end{cases} \tag{2-38}$$

则此时无线信道的冲激响应在一个码元持续时间内就发生变化,称为快衰落信道。

在快衰落信道中,多普勒扩展引起的频率色散(时间选择性衰落)使接收端接收信号失真,并且多普勒扩展越大,接收信号失真越严重。

4. 慢衰落信道

当发送信号的码元周期 T_s 远小于信道的相干时间 T_c,或信号的带宽 B_s 远大于多普勒扩展 B_d 时,即信道参数和发送信号参数满足

$$\begin{cases} T_s \ll T_c \\ B_s \gg B_d \end{cases} \tag{2-39}$$

则此时信道的冲激响应的变化比要传送的信号码元周期要低得多,信道呈现慢衰落特性,称为慢衰落信道。

当移动台、基地站、路径反射体之间相对运动速度较小时,信道的多普勒扩展就小,此时就可能满足慢衰落的条件。在慢衰落信道中,可以认为信道参数在一个或多个信号码元周期内是稳定的。

对于一个快衰落信道或慢衰落信道,它同时又可能是频率选择性衰落信道或平坦衰落信道。当慢衰落信道的相干带宽小于发送信号带宽时,慢衰落信道会同时呈现出频率选择性衰落,这时的信道称为频率选择性慢衰落信道;当慢衰落信道的相干带宽远大于发送信号带宽时,称为平坦慢衰落信道。同样,若快衰落信道的相干带宽小于发送信号带宽,则这时的信道称为频率选择性快衰落信道;反之,称为平坦快衰落信道。

不同多径参数与信道衰落类型之间的关系如图 2-15 所示。

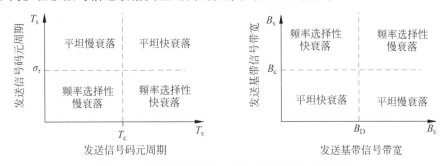

图 2-15　不同多径参数与信道衰落类型之间的关系

简单概括信道的衰落特性如下:

多径传播引起的时间扩展和运动引起的信道时变特性在时域描述和频域描述上是一一对应的,通常称其为对偶机制。

在时域上,根据最大多径时延 $\tau_{\max}$ 和码元周期 T_s 之间的关系将信道划分为频率选择性衰落信道和平坦衰落信道;在频域上,根据信道衰落速率 $1/T_c$ 与码元速率 $1/T_s$ 之间的关系将信道划分为快衰落信道和慢衰落信道。

在频域上,根据相干带宽 B_c 和信道带宽 $B_s(B_s \approx 1/T_s)$ 之间的关系将信道划分为频率选择性衰落信道和平坦衰落信道;在时域上,根据信道相干时间 T_c 和码元周期 T_s 之间的关系将信道划分为快衰落信道和慢衰落信道。

为了有利于信号传输,总是希望避免出现频率选择性衰落和快衰落,这就需要 $\tau_{\max} < T_s < T_c$。随着通信技术的发展,信息传输速率越来越快,也就是码元周期 T_s 越来越小,通常都能满足 $T_s < T_c$,即信道是慢衰落的;但是,这种情况下不能满足 $\tau_{\max} < T_s$,信道就会发生频率选择性衰落,目前对抗频率选择性衰落的主要方法有均衡技术、正交频分复用(OFDM)技术、跳频技术等。

注意,有关小尺度衰落的频域和时域的特性划分是以码元周期 T_s 或者码元速率 $1/T_s$ 做参照的。同样的传输信道,对于码元速率较高的通信系统是频率选择性衰落信道,对于码元速率较低的通信系统是平坦衰落信道。因此,必须以具体的系统参数作参照,才能对信道的传输特性做出准确的判断和归类。

2.3.6 衰落信道统计特性

1. 瑞利分布

瑞利(Rayleigh)分布常用来描述平坦衰落信号的接收包络或独立多径分量接收包络的时变统计特性的一种分布类型。众所周知,两个正交高斯噪声信号之和的包络服从瑞利分布,图 2-16 给出了一个典型的瑞利分布的信号包络。

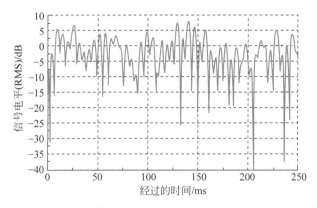

图 2-16　900MHz 的典型瑞利衰落包络(接收机的速率为 120km/h)

由于航空移动无线信道具有多径传播特性,发射机发送的信号经过多条不同的路径到达接收端,假设多径信道共有 N 条路径,且各条路径对信号的衰落是相互独立的,则接收机接收到的信号是多个路径的合成波。设发送信号 $s(t)=A\cos\omega_c t$,则经多径传播后得到的合成波为

$$r(t)=\sum_{i=1}^{N}a_i(t)\cos(\omega_c t+\varphi_i(t))$$

$$=\sum_{i=1}^{N}[a_i(t)\cos\varphi_i(t)]\cos\omega_c t-\sum_{i=1}^{N}[a_i(t)\sin\varphi_i(t)]\sin\omega_c t$$

$$=\sum_{i=1}^{N}a_I(t)\cos\omega_c t-\sum_{i=1}^{N}a_Q(t)\sin\omega_c t \tag{2-40}$$

令 $X(t)=\sum\limits_{i=1}^{N}a_I(t)$, $Y(t)=\sum\limits_{i=1}^{N}a_Q(t)$,则有

$$r(t)=X(t)\cos\omega_c t-Y(t)\sin\omega_c t=A(t)\cos[\omega_c t+\varphi(t)] \tag{2-41}$$

式中:$A(t)$ 和 $\varphi(t)$ 分别为接收信号的合成包络和相位,且有 $A(t)=\sqrt{X^2(t)+Y^2(t)}$, $\varphi(t)=\arctan\dfrac{Y(t)}{X(t)}$。

当发射机和接收机之间发生相对运动时,多径信道传播的时变特性使得接收信号的同相分量和正交分量之和的幅度也是时变的。$X(t)$ 和 $Y(t)$ 都是相互独立的随机变量之和，根据中心极限定理，当 N 足够大时，可以认为 $X(t)$ 和 $Y(t)$ 趋于高斯分布，且均值为 0、方差为 σ^2。显然，接收信号的包络 $A(t)$ 服从瑞利分布，它是一个时间的函数，相位服从 $0 \sim 2\pi$ 的均匀分布，即

$$f(a) = \frac{a}{\sigma^2}\exp\left(-\frac{a^2}{2\sigma^2}\right), \quad 0 \leqslant a < \infty$$

$$f(\varphi) = 1/2\pi, \quad 0 \leqslant \varphi \leqslant 2\pi \tag{2-42}$$

式中：$f(a)$、$f(\varphi)$ 分别为信道输出信号幅度和相位的概率密度；σ^2 为正态随机变量 $X(t)$ 和 $Y(t)$ 的方差，即 $\sigma_a^2 = \sigma_x^2 = \sigma_y^2 = \sigma^2$。不同 σ 下的瑞利分布概率密度曲线如图 2-17 所示。

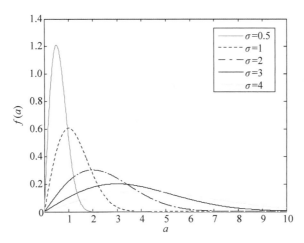

图 2-17　不同 σ 下的瑞利分布概率密度曲线

2. 莱斯分布

莱斯（Rice）分布是在瑞利分布的基础上增加一条直射路径的影响而形成的。当存在视距传播时，小尺度衰落的包络 $a(t)$ 服从莱斯分布，即

$$f(a) = \frac{a}{\sigma^2}\exp\left(-\frac{a^2 + A^2}{2\sigma^2}\right)I_0\left(\frac{aA}{\sigma^2}\right), \quad 0 \leqslant a < \infty \tag{2-43}$$

式中：A 为主信号峰值；$I_0(x)$ 为第一类 0 阶修正贝塞尔函数。

通常用莱斯因子 k 来描述莱斯分布，其定义为主信号概率与多径分量方差之比，即 $k = \dfrac{A^2}{2\sigma^2}$ 或表示为 $k = 10\lg\dfrac{A^2}{2\sigma^2}$（dB）。当 $A \to 0$ 时，$k \to -\infty$，即主信号幅度减小，莱斯分布转变为瑞利分布。因此，瑞利分布是莱斯分布的一个特例，莱斯分布是瑞利分布的一个扩展。因为莱斯信道可以表征视距传输条件下同时具有大量散射路径的无线信道特性，这与航空超短波通信的环境相吻合，所以航空超短波信道通常建模为莱斯信道模型。

不同 k 下的莱斯分布概率密度曲线如图 2-18 所示。

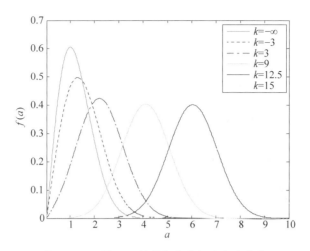

图 2-18 不同 k 下的莱斯分布概率密度曲线

2.4 航空通信信道模型

航空通信信道的建模需要考虑飞机不同的飞行状态和姿态,飞机在飞行(巡航)、起降、滑行和停泊四种不同场景条件下,各自具有的不同信道特征。不同场景下的信道建模可以统一放在莱斯信道模型的框架下,通过系统中的多径效应和多普勒效应来描述的,只是信道的各种特征参数有所差别。例如,对于飞行场景和起降场景,这两种情形下飞机处于高空中,信道通常都具有一条直射波和若干散射波,因为存在视距传播,直射波能量很强,莱斯因子的典型值约为15dB;对于飞机机场滑行场景,散射路径能量变强,莱斯因子的典型值约为6.9dB;对于停泊场景,直射波基本消失,整个通信信道以大量散射波为主,莱斯因子趋于0,莱斯信道将退化为瑞利信道。

对于上述四种场景,除了莱斯因子之外,其他参数如多径延迟分布、最大多径时延、多普勒功率谱分布等均会有所不同。因为滑行、停泊场景与陆地移动无线通信信道相类似,所以下面主要介绍飞机飞行场景和起降场景下的航空信道模型,飞机滑行和停泊两种场景的相关内容可以查阅相关文献。

2.4.1 飞行场景下的航空通信信道模型

飞行场景适用于飞机在空中巡航时进行空地或空空通信的过程,空地通信可视为塔台与飞机的链路,空空通信可视为两架飞机之间的链路。下面从多径效应(衰减和延迟)和多普勒效应两方面分别对飞行场景的信道模型进行描述。

1. 飞行场景下的多径效应

飞行场景下的多径传输包含视线(LoS)路径和若干的反射延迟路径,各散射路径的延迟大致相等,所以也将此情形下的信道模型称为两径模型,一条直射路径,一条服从瑞利分布的散射路径。将 LoS 路径视为常量,反射信道分量视为瑞利分布。测试中发现,飞行场景下,莱斯因子通常取为 2~20dB,当莱斯因子为 2dB 时传输环境最差,且 LoS 路径的峰值和散射分量的峰值差距是 18dB,综合所有的散射功率,两者差距为 15dB,可得到莱斯因子的典型值为 15dB。

经测试,对于地空通信链路,在直射路径和散射路径路程差 $\Delta d = 60\text{km}$ 时,相应的最大多径时延 $\tau_{\text{max}} \approx 200\mu\text{s}$;对于空空通信链路,在直射路径和散射路径路程差 $\Delta d = 300\text{km}$ 时,相应的最大多径时延 $\tau_{\text{max}} \approx 1\text{ms}$ 甚至更高。

飞机飞行场景下,利用飞行高度 h 来估算最大多径时延 τ_{max} 的简单方法。因为在此场景下通信双方之间的距离较远,可以运用简单的几何学分析得出路程差 Δd 和飞机高度 h 之间的关系:对于地空通信链路,$\Delta d \approx h$;对于空空通信链路,$\Delta d \approx 2h$。利用路程差 Δd 和光速 c 可以估算出最大多径延时 $\tau_{\text{max}} \approx \Delta d / h$。假设飞机的飞行高度 $h = 10\text{km}$,就可以估算出,对于地空通信链路 $\tau_{\text{max}} \approx 33\mu\text{s}$,而对于空空通信链路 $\tau_{\text{max}} \approx 66\mu\text{s}$。需要注意的是,这种方法估算出的是典型值,并没有考虑大气波导现象的影响。因此可以得出结论:在飞行场景下,最大多径时延 τ_{max} 与飞行高度 h 成正比。

2. 飞行场景下的多普勒效应

直射路径的多普勒频移可以用公式进行计算,而散射的各路径到达角度与常规的无线移动通信有所不同。

常规无线移动通信中,散射电波的到达角度在二维平面内通常是全向分布的,相应的多普勒功率谱描述方法是 1968 年 Clarke 推导得出的经典二维全向散射多普勒功率谱函数(也称为 Jake 分布):

$$p_{f_{\text{D}}}(f_{\text{D}}) = \begin{cases} \dfrac{1}{\pi f_{\text{D}_{\text{max}}}\sqrt{1 - (f_{\text{D}}f_{\text{D}_{\text{max}}})^2}}, & |f_{\text{D}}| < f_{\text{D}_{\text{max}}} \\ 0, & \text{其他} \end{cases} \tag{2-44}$$

式中:$f_{\text{D}_{\text{max}}}$ 为最大多普勒频移。其多普勒功率谱曲线如图 2-19(a)中的虚线所示。

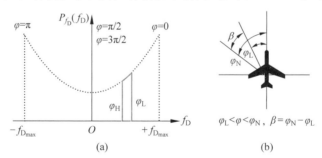

图 2-19　定向二维散射的多普勒功率谱

在飞机飞行场景下,由于收发间距较大以及地球曲率的影响,散射波到达角度不是全向分布的,而是主要集中在角度为 β 的一个窄波束范围内(图 2-19(b)),所有散射波到达角度在 β 内服从均匀分布,并且 β 取值会随着收发之间距离的增加而减小,β 的典型值是 $3.5°$。关于这种定向二维散射的多普勒功率谱,它是全向散射多普勒功率谱函数的一部分,如图 2-19(a)中 φ_{H} 和 φ_{L} 之间的实线所示,可以通过均匀分布的前提条件,以及对式(2-44)、最小到达角度 φ_{L} 和最大到达角度 φ_{H} 做函数变换得到。其具体表达式需要在下面三种情形中做出选择：

（1）当 $0 \leqslant \varphi_L \leqslant \varphi_H \leqslant \pi$ 时，有

$$p_{f_D}(f_D) = \begin{cases} \dfrac{1}{(\varphi_H - \varphi_L) f_{D_{max}} \sqrt{1 - (f_D f_{D_{max}})^2}}, & f_{D_{max}} \cos\varphi_H < f_D < f_{D_{max}} \cos\varphi_L \\ 0, & \text{其他} \end{cases}$$

(2-45)

（2）当 $\pi \leqslant \varphi_L \leqslant \varphi_H \leqslant 2\pi$ 时，有

$$p_{f_D}(f_D) = \begin{cases} \dfrac{1}{(\varphi_H - \varphi_L) f_{D_{max}} \sqrt{1 - (f_D f_{D_{max}})^2}}, & f_{D_{max}} \cos\varphi_L < f_D < f_{D_{max}} \cos\varphi_H \\ 0, & \text{其他} \end{cases}$$

(2-46)

（3）其他情况时，需要根据取值的可能性对上面两式进行综合加权。

假设散射是高斯分布的三维散射，以上模型可以更加逼近实际。波束宽度随发送端到接收端距离增加而减小，最坏的情形是 LoS 路径与机头方向一致，此时多普勒频移最大。

2.4.2 起降场景下的航空通信信道模型

起降场景模型适用于描述飞机与地面之间在起飞或者降落阶段的地空通信过程。飞机在起飞和降落阶段与地面非常接近，主要是和机场的塔台进行通信。起飞和降落阶段航空链路是专用的，两个情形信道模型参数基本相同，只是多普勒频移是反向的。起降场景与飞行场景的相同之处在于，两者都具有一条能量较强的直射路径和若干散射路径；不同之处在于，飞行场景的各散射路径的延迟大致相等，而起降场景的散射路径延迟特性服从指数分布。起降场景下，莱斯因子通常取为 9～20dB，其典型值仍为 15dB。与飞行阶段一样，可从多径效应和多普勒效应两方面对起降场景的信道模型进行描述。

1. 起降场景下的多径效应

起降场景下，可以假设在机场附近存在 LoS 路径，其余的传输路径就是主要由机场附近建筑物导致的散射（可建模为瑞利过程），总体可建模为莱斯信道。测试得到的莱斯因子的取值范围为 15～18dB。

起降场景下，飞机与机场仍有一定的距离，因此一般假设散射路径的最大多径时延典型值为 $\tau_{max} \approx 7\mu s$，相当于 $\Delta d = 2100m$ 的路程差，其极限值小于巡航场景。延迟功率谱可以由两径场景转换为乡村场景特征。

单边延迟功率谱服从指数分布，即

$$p_\tau(\tau) = \begin{cases} \dfrac{\exp(-\tau/\tau_{slope})}{\tau_{slope}\left[1 - \exp(-\tau_{max}/\tau_{slope})\right]}, & 0 < \tau < \tau_{max} \\ 0, & \text{其他} \end{cases}$$

(2-47)

起降场景下，式中的 $\tau_{slope} = 1\mu s$，散射路径的延迟在区间 $(0, \tau_{max}]$ 上呈指数分布。

2. 起降场景下的多普勒效应

起降场景下，飞机到达机场的速度为 25～150m/s，通信信号衰落速率较快。散射方

向是有方向性的,且是到达飞机的前端,散射分量的波束宽度大于飞行场景,但小于滑行场景。塔台位于机场中,因此散射分量是机场区域的建筑物、飞机和障碍物引起的。LoS路径为直接到达飞机的前端,θ 为 0°或 180°,可以利用公式对直射路径的多普勒频移进行计算;对于散射路径,因为此时收发距离比较近,散射路径的波束宽度变大,通常 β 取为180°,最小到达角的典型取值为 $-90°$,最大到达角的典型取值为 90°。

图 2-20 给出了着陆场景下的多普勒功率谱和延迟功率谱分布。

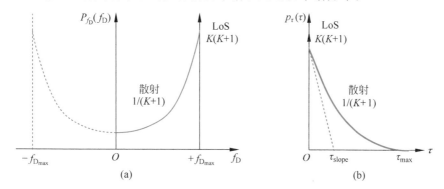

图 2-20 着陆场景下的多普勒功率谱和延迟功率谱

2.4.3 航空通信信道参数

表 2-2 列举了典型的航空场景参数。由于航空通信系统必须在任何苛刻环境中是可用的、可靠的,因此所有的参数都是在最差状态时给出。对于飞行场景,括号内为空空链路参数。

表 2-2 典型的航空场景参数

技术参数	飞行场景	到达场景	滑行场景	停泊场景
飞行速度/(m/s)	0～5.5	0～15	25～150	17～440(620)
最大延迟/s	7.0×10^{-6}	0.7×10^{-6}	7.0×10^{-6}	$33(66) \times 10^{-6}$
回波路径数	20	20	20	20
莱斯因子/dB	—	6.9	9～20	9～20
$f_{D_{LoS}}/f_{D_{max}}$	—	0.7	1.0	1.0
波束起始角/(°)	0.0	0.0	-90.0	178.25
波束结束角/(°)	360	360	$+90$	181.75
数学模型	指数	指数	指数	两径
斜率	1.0×10^{-6}	$1/9.2 \times 10^{-6}$	1.0×10^{-6}	—

2.5 航空通信中的抗衰落技术

2.5.1 概述

在航空通信中,航空器与航空器、航空器与地面之间按照通信时有无直射路径,可将信道分为莱斯信道和瑞利信道。航空器低空飞行时的通信与传统的地面移动通信、中高空通信相比虽有类似之处,但是较地面移动通信,由于航空器移动速度较快,会产生很大的多普勒频移,使信道参数快速变化,较中高空通信,由于航空器飞行高度较低,通信仰角较小,多径效应相对比较明显,信号衰落严重。因此,针对低空信道快速时变以及频率选择性的衰落特点,要在低空信道中实现宽带信号的高可靠传输,必须研究并采用适合低空信道的抗衰落技术。

均衡、分集和信道编码三种技术都可用于改进小尺度时间和空间中接收信号的质量和链路性能,使瞬时误码率(BER)最小,它们既可单独使用又可以组合使用。

均衡技术可以补偿时分信道中多径效应产生的符号间干扰(ISI)。如果调制带宽超过了无线信道的相干带宽,将会产生码间串扰,并且调制脉冲将会产生时域扩展,从而进入相邻符号。而在接收机内的均衡器可对信道中的幅度和延迟特性进行补偿。由于无线信道的未知性和时变性,均衡器必须是自适应的。

分集技术是在接收端通过对接收信号的过采样来改善无线通信链路的质量的,无须改变通用空中接口或者增加发射功率和带宽。均衡技术用来削弱符号间干扰的影响,而分集技术通常用来减少接收时由于移动造成的衰落的深度和持续时间,通常用在基地站和移动接收机。

信道编码技术是通过在发送的消息中加入冗余数据位来提高链路性能。当信道发生一个瞬时衰落时,同样可以在接收机中恢复数据。信道编码技术将在第3章进行介绍。

此外,扩频、Rake接收、交织、抗衰落性能好的调制解调、功率控制等技术,也都具有抗衰落功能。下面分别介绍均衡技术、分集接收技术、Rake接收技术和交织技术。

2.5.2 均衡技术

1. 均衡原理

无线通信系统中,无线信道的多径传播、衰落等影响会使接收端产生严重的码间干扰,码间干扰会使被传输的信号产生畸变,从而导致接收时产生误码。为了克服码间干扰,提高通信系统的性能,在接收端需采用均衡技术来有效地解决码间干扰问题。均衡是指对信道特性的均衡,即接收端滤波器产生与信道相反的特性,用来减小或消除信道的时变多径传播特性引起的码间干扰。在无线通信系统中,通过接收端插入一种可调(或不可调)滤波器来校正或补偿系统特性,减小码间串扰的影响,这种起补偿作用的滤波器称为均衡器。无线信道均衡框图如图2-21所示。

图 2-21　无线信道均衡框图

实现均衡的途径有很多,目前主要有频域均衡和时域均衡两种途径。频域均衡主要是从频域角度出发,使总的传输函数满足无失真传输条件,它是通过分别校正系统的幅频特性和群迟延特性来实现的。时域均衡主要是从时域响应考虑,使包含均衡器在内的整个系统总的冲激响应满足无码间干扰的条件。时域均衡实现起来比频域均衡更方便,性能一般也要优于频域均衡,故在时变的无线通信特别是移动信道中几乎都采用时域均衡的实现方式。下面主要讨论时域均衡。

时域均衡器位于接收滤波器和抽样判决器之间,它的基本设计思想是将接收滤波器输出端抽样时刻上存在码间串扰的响应波形变换成抽样时刻上无码间串扰的响应波形。时域均衡在原理上分为线性均衡器和非线性均衡器两种类型,这两类的差别主要在于均衡器的输出如何用于均衡器序列的控制(反馈)。通常,模拟信号经过接收机中的判决器,然后由判决器进行限幅或门限操作,判定信号的数字逻辑值(0 或 1)。如果这一逻辑值未被应用于均衡器的反馈逻辑中,那么均衡器是线性的;如果判决结果应用于反馈逻辑中,并帮助改变了均衡器的后续输出,那么均衡器是非线性的。

两种类型的均衡器均可分为多种结构,而每一种结构的实现又可根据特定的性能和准则采用多种自适应调整滤波器参数的算法。根据时域均衡器的使用类型、结构和算法的不同,对均衡器进行的分类如图 2-22 所示。下面主要介绍几种典型的时域均衡器。

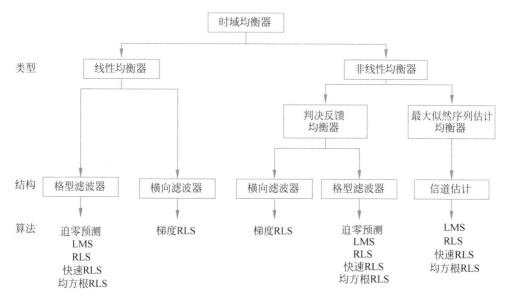

图 2-22 时域均衡器分类

注:LMS——最小均方;RLS——递归最小二乘。

2. 线性均衡器

线性均衡器,滤波器中的抽头加权系数为线性关系;非线性均衡器,抽头加权系数为非线性关系。在线性均衡器中,常用的是线性横向(LTE)均衡器,如图 2-23 所示,它由 $2N+1$ 个抽头延迟线组成,以符号 $C_{-N}, C_{-(N-1)}, \cdots, C_0, \cdots, C_{N-1}, C_N$ 表示各节的抽头增益系数,级与级之间的延时时间间隔均等于一个码元间隔 T_s,它将所收到的信号的当前值和过去值按滤波器系数进行线性叠加,并将生成的和作为输出。

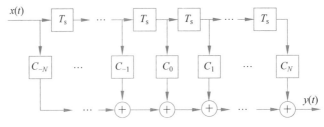

图 2-23　线性横向均衡器

根据线性系统的分析原理,线性横向均衡器的冲激响应为

$$h_{eq}(t) = \sum_{n=-\infty}^{\infty} c_n \delta(t - nT_s) \tag{2-48}$$

当输入为 $x(t)$ 时,其输出为

$$y(t) = x(t) * h_{eq}(t) = \sum_{i=-N}^{N} c_i x(t - iT_s) \tag{2-49}$$

因此,输出的第 k 个样值为

$$y_k = \sum_{i=-N}^{N} c_i x_{k-i} \tag{2-50}$$

式(2-50)说明,均衡器输出在第 k 个抽样时刻上的抽样值 y_k 将由 $2N+1$ 个 C_n 与 x_{k-n} 乘积之和来决定。显然,要消除码间串扰,除 y_0 之外的 y_k 都属于拖尾对其他码元判决产生的干扰,应设法调整 c_i 使其余 y_k 都接近于 0。理论上,当 $N \to \infty$ 时,可消除所有码间干扰,这实际上是无法做到的,也没有必要。因此,采用某种准则作为依据从而将码间干扰减小到不妨碍判决时刻的正确性即可,常用的准则有峰值失真准则和均方失真准则。峰值失真准则定义为

$$D = \frac{1}{y_0} \sum_{\substack{k=-\infty \\ k \neq 0}}^{\infty} |y_k| \tag{2-51}$$

峰值失真是码间干扰绝对值与有用信号之比。显然,设计时应使 D 最小,即对于完全消除码干串扰的均衡器而言,应有 $D=0$;对于码间干扰不为零的场合,希望 D 有最小值。

均方失真准则定义为

$$e^2 = \frac{1}{y_0^2} \sum_{\substack{k=-\infty \\ k \neq 0}}^{\infty} y_k^2 \tag{2-52}$$

其物理意义与峰值失真准则相似。

下面的例题以 3 抽头横向滤波器为例,说明横向均衡器消除码间串扰的工作原理。

【例 2-6】　假定滤波器的一个输入码元 $x(t)$ 在抽样时刻 t_0 达到最大值 $x_0=1$,而在相邻码元的抽样时刻 t_{-1} 和 t_1 的码间串扰值分别为 $x_{-1}=1/4$ 和 $x_1=1/2$。采用 3 抽头

均衡器来均衡,经调试,得此滤波器的 3 抽头增益系数为

$$C_{-1} = -1/4, \quad C_0 = +1, \quad C_1 = -1/2$$

计算调整后的滤波器输出波形 $y(t)$。

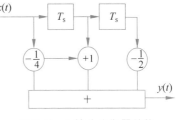

图 2-24　3 抽头均衡器结构

解:参考图 2-23,可以设计出如图 2-24 所示的均衡器。

通过计算可得到各抽样点上的值如下:

$$y_{-2} = \sum_{i=-1}^{1} C_i x_{-2-i} = C_{-1}x_{-1} + C_0 x_{-2} + C_1 x_{-3} = -\frac{1}{16}$$

$$y_{-1} = \sum_{i=-1}^{1} C_i x_{-1-i} = C_{-1}x_0 + C_0 x_{-1} + C_1 x_{-2} = 0$$

$$y_0 = \sum_{i=-1}^{1} C_i x_{0-i} = C_{-1}x_1 + C_0 x_0 + C_1 x_{-1} = \frac{3}{4}$$

$$y_1 = \sum_{i=-1}^{1} C_i x_{1-i} = C_{-1}x_2 + C_0 x_1 + C_1 x_0 = 0$$

$$y_2 = \sum_{i=-1}^{1} C_i x_{2-i} = C_{-1}x_3 + C_0 x_2 + C_1 x_1 = -\frac{1}{4}$$

由以上结果可见,输出波形的最大值 y_0 降低为 3/4,相邻抽样点上消除了码间串扰,即 $y_{-1} = y_1 = 0$,但在其他点上又产生了串扰,即 y_{-2} 和 y_2。这说明,用有限长的横向均衡器有效减小码间串扰是可能的,但完全消除是不可能的。

3. 非线性均衡器

线性均衡器适合传输特性较好的有线信道。对无线通信来说,当信道中存在深度衰落而使信号产生严重失真时,线性均衡器会对出现深度衰落的频谱部分及周边的频谱产生很大的增益,从而增加了这段频谱的噪声,以致线性均衡器不能取得满意的效果,这时采用非线性均衡器处理效果比较好。常用的非线性算法有判决反馈均衡(DFE)、最大似然符号检测(MLSD)及最大似然序列估计均衡(MLSE)。

判决反馈均衡器的结构如图 2-25 所示。它由两个横向滤波器和一个判决器构成,两个横向滤波器为前向滤波器和反馈滤波器,其中前向滤波器是一个一般的线性均衡器,前向滤波器的输入是接收序列,反馈滤波器的输入是已判决的序列。判决反馈均衡器根据接收到的序列预测前向滤波器输出中噪声和残留的码间串扰,然后从中减去反馈滤波器输出,从而消除这些干扰,其中码间干扰是由硬判决之后的信号计算出来的,这样就从反馈信号中消除了加性噪声。与线性均衡器相比,判决反馈均衡器的错误概率要小。

最大似然序列估计均衡器最早是由 Forney 提出的,他设计了一个基本的最大似然序列估计结构,并采用了 Viterbi 算法实现。最大似然序列估计均衡器结构如图 2-26 所示。它通过在算法中使用冲激响应模拟器,并利用信道冲激响应估计器的结果,检测所有可能的数据序列,选择概率最大的数据序列作为输出。最大似然序列估计均衡器是在

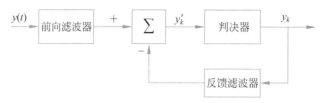

图 2-25　判决反馈均衡器结构

数据序列错误概率最小意义下的最佳均衡,这就需要知道信道特性,以便计算判决的度量值。

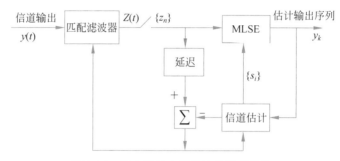

图 2-26　最大似然序列估计均衡器结构

4. 自适应均衡器

由于无线信道的衰落具有随机性和时变性,这就要求均衡器必须能够实时地跟踪无线信道的随机时变特性,这种均衡器称为自适应均衡器。均衡器的自适应均衡算法包括最小均方误差(Lowest Mean Square Error,LMSE)算法、递归最小二乘(Recursive Least Square,RLS)算法、快速递归最小二乘算法、平方根递归最小二乘算法、梯度递归最小二乘算法、最大似然比算法、快速卡尔曼算法等。在比较这些算法时,主要考虑算法的快速收敛特性、跟踪快速时变信道特性和尽可能小的运算量。

自适应均衡器有训练方式自适应均衡工作状态和跟踪方式自适应均衡状态。在训练方式工作状态中,发送已知的测试序列启动均衡器并使之迅速收敛,完成抽头系数加权的初始化。在跟踪方式工作状态中,均衡器直接利用通信中传输的数字信号的判决形成误差信号,并依据自适应算法跟踪调节抽头系数,它能自动适应信道的随机变化,保持在最佳均衡准则下的信道均衡。在实际系统中,为了便于均衡器收敛,常在传输的数字信号中设置专门的训练序列。

国内外的研究人员还在不断地寻找收敛速度快、计算复杂度小、均衡性能好、结构简单、易于实现、容错能力强的新型自适应均衡器。国内在水声通信中对自适应均衡算法进行了深入研究,提出了多种适合水下通信的自适应均衡算法。但是,在航空通信领域适合信道快速变化的实时自适应均衡器还没有很好的实用方案,是目前航空通信,特别是低空信道传输领域的重要研究方向。

5. 盲均衡器

近年来,盲均衡在无线通信和信号处理领域受到了普遍关注,盲均衡技术是指均衡器能够不借助训练序列,仅利用接收序列本身的先验信息来均衡信道特性。盲均衡利用发送信号的已知统计特性对信道进行自适应均衡,通过使均衡器输出的统计特性与接收信号的已知统计特性相匹配来调整均衡器的参数,使其输出序列尽量逼近发送序列。盲均衡的原理框图如图 2-27 所示。图中:$x(n)$ 为发送序列;$h(n)$ 为传输信道的冲激响应(包括发射滤波器、传输媒介和接收滤波器的综合作用);$n(n)$ 为信道叠加噪声;$w(n)$ 为盲均衡器的冲激响应;$y(n)$ 为经过信道的接收序列,也是盲均衡器的输入序列;$\tilde{x}(n)$ 为恢度序列;$\hat{x}(n)$ 为经过均衡后的恢复序列。

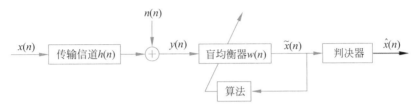

图 2-27　盲均衡的原理框图

目前,比较成熟的盲均衡算法有基于 Bussgang 技术的盲均衡算法、基于神经网络理论的盲均衡算法、恒模盲均衡算法、多模盲均衡算法、盲最大似然序列估计算法和基于高阶统计特性的盲均衡算法。盲均衡技术是一种新兴自适应均衡技术,它能有效地补偿信道的非理想特性,获得更好的均衡性,而且不必发送训练序列,有效地提高了信道效率。

2.5.3　分集接收技术

分集接收技术是一种典型的抗多径衰落技术,它是通信中的一种用相对低的投资就可以大幅度改进无线链路性能的接收技术。与均衡不同,分集技术不需要发射机发送训练序列,从而节省了开销,因此分集技术在短波通信、移动通信等领域中得到了广泛应用。

大尺度衰落是周围环境地形和地物导致无线电波出现阴影区所引起的。在阴影区,移动台接收到的信号强度会低于在自由空间传播时的强度。大尺度衰落表现为对数-正态分布,在市区中,其分布的标准偏差约为 10dB。如果在期望覆盖的区域内有阴影区,我们可以设置多个站点天线,采用同播方式覆盖,移动台通过选择一个信号不在阴影区中的站点天线,这样就可以从本质上改善前向链路的信噪比。由于设置的多个基地站分隔较远,因而称为宏分集。对于反向链路,基地站接收信号时,选择信号最强的站点,从而改善反向链路的信号质量。

小尺度衰落特性是移动台附近的复杂的反射以及移动台运动引起的,通常将导致小距离范围内信号强度的瑞利衰落分布。为了防止发生深度衰落,可以采用微分集技术来处理快速变化的信号。其基本思想是接收端按照某种方式使它收到的携带同一信息的多个信号衰落特性相互独立,并对多个信号进行特定的处理,从而提高接收信号的信噪比来实现抗衰落。分集接收使得接收机中的瞬时信噪比和平均信噪比都有所提高,通常可以提高 20～30dB。本节讨论的分集技术指的是微分集。

从本质上讲,分集接收技术包含有两重含义:一是分散接收,使接收机能够获得多个统计独立的、携带同一信息的衰落信号;二是集中处理,即接收机将收到的多个统计独立的衰落信号进行适当的合并,以降低衰落的影响,改善系统性能。

1. 分集方式

为了在接收端得到多个互相独立或基本独立的接收信号,一般可利用不同路径、不同频率、不同角度、不同极化、不同时间等接收手段来获取。因此,分集方式分为空间分集、时间分集、频率分集、极化分集、角度分集等多种方式。

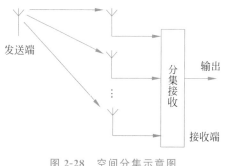

图 2-28　空间分集示意图

1)空间分集

理论上,如果天线间的间隔距离等于或大于半个波长,那么从不同的天线上收到的信号包络基本是非相关的,因此采用空间分集技术来降低多径衰落成为可能。

空间分集又称天线分集,它是用多个天线接收同一信号的不同路径分量。发送端采用一副天线,接收机至少需要两副天线,其基本结构如图 2-28 所示。

当分集天线的间距小于 3m 时,两副天线互相处于对方的近场区内,这将导致天线的方向图发生畸变,因此,空间分集的天线间距要求大于 3m。实际上,为了保证接收到的各信号相互独立,各接收天线之间的距离必须分隔足够远,通常是波长的 12~18 倍。

空间分集技术既可用于基地站,也可用于移动台,还可以同时用于两者。

2)频率分集

在相干带宽之外的频率是不相关的,而不相关信道产生同样衰落的概率是各自产生衰落概率的乘积,所以不相关信道很少会出现同样的衰落。频率分集是指利用多个载波信号传输同一信息,只要载波频率的间隔大于信道的相干带宽,接收端所接收到信号的衰落就是相互独立的。载波频率的间隔应满足

$$\Delta f > B_c = \frac{1}{\tau_{max}} \tag{2-53}$$

式中:Δf 为载波频率间隔;B_c 为相干带宽;τ_{max} 为最大多径时延。

频率分集技术经常用在——频分复用(FDM)方式的视距通信中。在实际应用中,$1:N$ 保护交换方式有一个频道是空闲的,但只是名义上的空闲,实际上是一个备用频道,可以用来提供和同一链路上 N 个载频中任一个载频间的频率分集切换,当需要分集时,相应的业务被切换到备用频率上。

OFDM 调制和接入技术利用频率分集来提供跨越较大带宽的带有差错控制编码的同步调制信号。这样,当有频道产生衰落时,该组合的信号仍可被解调。

3)时间分集

时间分集是将同一信号在超过信道相干时间的时间间隔重复发送信号,以便让再次收到的信号具有独立的衰落特性。因此,时间分集的时间间隔应满足

$$\Delta t > T_c \tag{2-54}$$

式中:Δt 为时间间隔;T_c 为相干时间。

时间分集技术已经大量用于扩频 CDMA 的 Rake 接收机中,由多径信道提供传输冗余信息。通过对接收到的 CDMA 信号的若干个副本(不同的副本经历了不同的多径时延)进行解调,这种 Rake 接收机能够及时地对这些副本进行排列,从而在接收机中对原始信号做出较好的估计。

4)极化分集

极化分集是在发送端和接收端分别装有垂直极化和水平极化两副天线(也可是 +45° 和 −45° 极化),这样就可以得到两路衰落特性不相关的信号。因此,极化分集也可称为空间分集的一种特殊情况。

2. 合并方式

合并是根据某种方式将接收端分集接收到的多个衰落特性相互独立的信号相加后合并输出,从而获得分集增益。

假设 N 个输入信号分别为 $r_1(t), r_2(t), \cdots, r_N(t)$,则合并器的输出信号为

$$r(t) = a_1 r_1(t) + a_2 r_2(t) + \cdots + a_N r_N(t) = \sum_{k=1}^{N} a_k r_k(t) \tag{2-55}$$

式中:a_k 为第 k 路信号的加权系数。

根据加权系数的不同,合并方式主要有选择式合并、等增益合并和最大比合并。

1)选择式合并

选择式合并是从 N 个分散接收的信号先送入选择逻辑,选择逻辑再从 N 个接收信号中选取信噪比最大的一个作为接收信号输出。以空间分集为例,选择式合并的原理框图如图 2-29 所示。

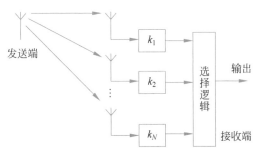

图 2-29 选择式合并的原理框图

选择式合并的平均输出信噪比为

$$\bar{r}_M = \bar{r}_0 \sum_{k=1}^{N} \frac{1}{k} \tag{2-56}$$

合并增益为

$$G_M = \frac{\bar{r}_M}{\bar{r}_0} = \sum_{k=1}^{N} \frac{1}{k} \tag{2-57}$$

式中:$\bar{r}_M$ 为合并器平均输出信噪比;$\bar{r}_0$ 为支路信号最大平均信噪比。

对选择式合并,每增加一条分集路径,对合并增益的贡献仅为总分集支路的倒数倍。

选择式合并总是选择最好的信号,从而提高接收信号平均信噪比。其缺点是只使用

了一条路径的信号,性能达不到最优。这种方法在短波自适应通信的"链路优选"策略中有应用。

2)等增益合并

等增益合并是将各支路信号以相同的支路增益进行直接相加,相加后的信号作为接收信号。等增益合并的原理框图如图 2-30 所示。当加权系数 $k_1=k_2=\cdots=k_N$ 时,即为等增益合并。

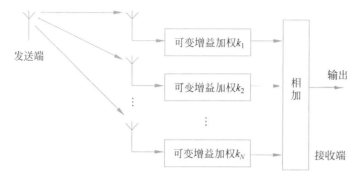

图 2-30　等增益合并的原理框图

假设每条支路的平均噪声功率相等,则等增益合并的平均输出信噪比为

$$\bar{r}_M = \bar{r}\left[1+(N-1)\frac{\pi}{4}\right] \tag{2-58}$$

式中:$\bar{r}$ 为合并前每条支路的平均信噪比。

合并增益为

$$G_M - \frac{\bar{r}_M}{\bar{r}} - 1+(N-1)\frac{\pi}{4} \tag{2-59}$$

等增益合并实现简单,不用估计所有支路信干噪比,支路数达到一定规模时,性能接近最大比合并,是比较常用的一种合并方式。

3)最大比合并

最大比合并为最佳合并方式,可得到最大的输出信噪比。最大比值合并是各分集支路采用相同的衰落增益求加权然后再合并,这个权值与本支路的信噪比成正比,信噪比越大,加权系数越大,对合并后信号的贡献也就越大。若每条支路的平均噪声功率相等,则可证明当各支路加权系数 $a_k=A_k/\sigma^2$ 时(其中 A_k 为第 k 条支路信号的幅度,σ^2 为每条支路噪声平均功率),分集合并后的平均输出信噪比最大。最大比值合并后的平均输出信噪比为

$$\bar{r}_M = N\bar{r} \tag{2-60}$$

合并增益为

$$G_M = \frac{\bar{r}_M}{\bar{r}} = N \tag{2-61}$$

可见,合并增益与分集支路数 N 成正比。

由上述可见:最大比合并性能最好,但需要计算各支路的信噪比,实现比较复杂;选择式合并最简单,但其性能最差;等增益合并实现起来难度适中,其性能接近最大比值合

并,是比较简单常用的一种合并方式。这三种合并方式的性能分析与比较如图 2-31 所示。

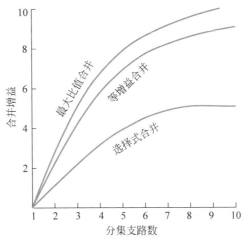

图 2-31 不同合并方式的增益比较

【例 2-7】 某空间分集系统采用 4 重分集,分别计算选择式合并、等增益合并及最大比合并方法的合并增益。

解:由于分集支路数 $N=4$,则选择式合并增益为

$$G_M = \frac{\overline{r}_M}{\overline{r}_0} = \sum_{k=1}^{N} \frac{1}{k} = 1 + \frac{1}{2} + \frac{1}{3} + \frac{1}{4} = \frac{25}{12} \approx 2.08$$

等增益合并增益为

$$G_M = \frac{\overline{r}_M}{\overline{r}} = 1 + (N-1)\frac{\pi}{4} \approx 3.36$$

最大比合并增益为

$$G_M = \frac{\overline{r}_M}{\overline{r}} = N = 4$$

可见,最大比合并增益最大,性能最好;选择式合并增益最小,性能最差。

2.5.4 Rake 接收技术

在码分多址(CDMA)扩频系统中,码片速率通常远大于信道的相关带宽。鉴于传统的调制技术需要用均衡器消除相邻符号间的相互干扰,因而在设计 CDMA 扩频码时,要保证连续码片之间的相关性比较小。无线信道传输中出现的时延扩展,可以看作只是被传送信号的再次传送。若这些多径信号相互间的时延超过了一个码片的长度,则它们将被 CDMA 接收机看成非相关的噪声而不再需要均衡。扩频处理增益使得非相干噪声在解扩后可以忽略。

由于在多径信号中含有可以利用的信息,所以 CDMA 接收机通过合并多径信号来改善接收信号的信噪比。其实 Rake 就是为一个多径信号提供一个单独的相关接收机,从而尽量获得原始信号的一个正确的时移版本。每个相关接收机将在时延上进行调整,

以使得微处理控制器指导不同的相关接收器在不同的时间窗上寻找最佳多径。一个相关器能搜索的时延范围称为一个搜索窗口。图 2-32 给出了 M 支路 Rake 接收机的功能结构图,它是专门为 CDMA 系统设计的分集接收器。其理论基础是:当传播时延超过一个码片周期时,多径信号实际上可看作是互不相关的。

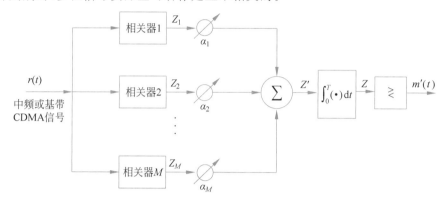

图 2-32　M 支路 Rake 接收机的功能结构框图

使用 Rake 接收机的基本思路是由 Price 和 Green 提出的。在室外环境中多径信号间的延迟通常较大,如果码片速率选择得当,那么可以利用 CDMA 扩频码较低的自相关特性,确保多径信号相互间表现出较好的非相关性。

Rake 接收机利用多个相关器分别检测多径信号中最强的 M 个支路信号,然后对每个相关器的输出进行加权,以提供优于单路相关器的信号检测,在此基础上再进行解调和判决。

为了分析 Rake 接收机的性能,假定 CDMA 接收机中有 M 个相关器,用来截获 M 个最强的多径信号,使用一个加权网络提供相关器输出的线性合并。假设相关器 1 与信号中最强支路 m_1 同步,而另一支路 m_2 的信号到达的时间比支路 m_1 延迟了 τ_1 的时间,此处假设 $\tau_2 - \tau_1$ 大于一个码片时间。这里,第 2 个相关器与支路 m_2 同步,且相关性很强,而与支路 m_1 的相关性很弱。注意,若接收机中只有一个相关器,则一旦这个相关器的输出由于衰落被破坏,接收机就无法做出纠正,从而导致基于单个相关器的判决出现大量误判。而在 Rake 接收机中,若一个相关器的输出由于衰落被破坏,则可以用其他支路做出补救,并且可以通过加权过程进行修复。由于 Rake 接收机提供了对 M 路信号的良好的统计判决,因而它能够克服衰落,改进 CDMA 的接收性能。

从上面分析可以看出,Rake 接收机技术实际上是一种多径分集技术,它不同于传统的空间、时间和频率分集技术,是一种典型的利用信号统计特性与信号处理技术将分集的作用隐含于被传输的信号之中的接收技术,所以又称为隐分集或带内分集。

M 路信号的统计判决参见图 2-32,M 个相关器的输出分别为 $Z_1, Z_2, \cdots, Z_M$,其权重分别为 $\alpha_1, \alpha_2, \cdots, \alpha_M$。权重的大小是由各相关器的输出功率或 SNR 决定的。若输出功率或 SNR 比较小,则相应的权重就小。就像最大比合并一样,总的输出信号为

$$Z' = \sum_{m=1}^{M} \alpha_m Z_m \tag{2-62}$$

权重 α_m 可用相关器的输出信号总功率归一化,系数总和为 1,即

$$\alpha_m = \frac{Z_m^2}{\sum\limits_{m=1}^{M} Z_m^2} \tag{2-63}$$

在研究分集合并时,曾有多种权重系数的生成方法。由于存在多址干扰,多径信号强的支路在相关处理后未必能输出一个强信号,所以不能根据多径信号的强度确定某一支路的权重系数,只有基于相关器的实际输出来选择权重系数才能达到较好的 Rake 接收性能。

2.5.5 交织技术

在无线信道中,比特差错是经常成串发生的,这是由于持续较长的深度衰落谷点会影响到相继一串的比特。但是,传统的信道编码仅在检测和校正单个比特差错以及不太长的比特差错串时才有效。为了解决这一问题,希望找到把一条信息中的连续比特分开的办法,即一条消息中的比特以非连续的方式被传送,使得突发差错信道变为离散信道。这样,即使出现差错,也仅是单个或者只有很短的比特串出现差错,不会导致整个突发脉冲串甚至消息块都无法被解码,这时可再用信道编码的纠错功能来进行纠错,恢复原来的信息。这种方法就是交织编码技术。

从某种意义上说,交织是一种信道改造技术,它通过信号设计将一个原来属于突发差错的有记忆信道改造为一个基本上是独立差错的随机无记忆信道。交织的作用是在不附加任何开销的情况下,使数字通信系统获得时间分集效果。

交织器有分组结构和卷积结构。分组结构是把待编码的 nm 个数据位放入一个 m 行 n 列的矩阵中,即每次对 nm 个数据位进行交织。通常,每行由 n 个数据位组成一个字,而一个深度为 m 的交织器,就是指行数为 m,其结构如图 2-33 所示。由图可见,源比特按列顺序填入交织矩阵中,而在发送时按行读出,这样就产生了对原始数据以 m 位为周期进行分隔的效果,然后发送到信道中去。

图 2-33　交织矩阵(按列写入,按行读出)

经信道传输到达接收机后,解交织器按照相反的顺序按行写入、按列读出,一次处理一行,从而恢复原始数据顺序,并将信道传输中出现的连续突发错离散成单个随机错,再用信道解码来纠正这些错误。

卷积结构的交织器在多数情况下可以替代分组结构的交织器,而且卷积交织器在用于卷积编码时可以取得理想的效果。

因为接收机只有在收到了 nm 位并进行解交织以后才能解码,所以全部的交织器都有一个固有时延。在现实中,当话音时延超过 40ms 将是不可忍受的。因此,所有的无线数据交织器的时延都不超过 40ms。另外,交织器的字长和深度与所用的话音编码器、编码速率和最大容许延时有较大关系。

习题

1. 无线电波有哪些传播方式,各有什么主要特点?

2. 无线信道中存在哪些传播效应?引起这些效应的原因是什么?

3. 什么是大尺度衰落和小尺度衰落,影响这两种衰落的因素分别有哪些?

4. GSM 系统的工作频率为 1.8GHz,基地站发射天线高度为 50m,天线增益为 2,某移动台距离基地站 5km,接收天线高度为 1.5m,接收天线增益为 1。试求:

(1) 自由空间传播损耗(不计天线增益);

(2) 使用双经地面反射模型的情况下,传播路径损耗。

5. 某地面指挥所超短波对空电台天线发射功率为 40W,天线架设高度为 10m,发射天线增益为 3dB,工作频率为 300MHz,某型飞机巡航高度为 8100m,接收天线增益为 0dB,机载电台接收机灵敏度为 −90dBm。试问:在最远通信距离处,理论上飞机能否接收到指挥所的信号?如果发射机功率降为 5W,请重新回答。

6. 简述时延扩展、相关带宽、多普勒扩展、相干时间的概念。

7. 如果某种特定调制方法在 $\sigma_\tau / T_s \leqslant 0.1$ 的任何时间内都能提供合适的 BER 性能,在不使用均衡器的情况下,图中的 RF 多径信道能传输的最小符号间隔和最大符号速率为多少?根据图中的功率延迟分布,计算 90% 和 50% 相关时的相关带宽。

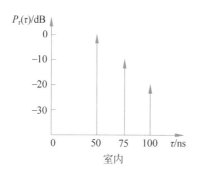
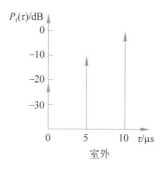

8. 无线信道有哪些衰落类型?这些衰落类型分别是在什么情况下发生的?

9. 无线多径时变信道中,接收信号包络服从什么分布?飞机高空飞行时与地面站之间进行通信,接收信号包络通常服从什么分布?

10. 什么是分集接收技术?分别说明空间分集、时间分集、频率分集、极化分集各自的适用条件?

11. 简述 Rake 接收机技术的基本原理。

12. 简述均衡技术原理。均衡技术怎么分类?各自的特点是什么?

第

3 章

航空通信编解码技术

无线通信系统的技术性能主要从通信的数量和质量两方面度量,一般数量指标用有效性度量,质量指标用可靠性度量。前者主要与信源统计特性有关,后者则主要取决于信道的统计特性。

信源发出的信息通过无线信道进行传输。要实现信源信息的高速率、高可靠地通过无线信道传送给信宿,需要解决两个问题:一是在不失真或允许一定失真的条件下,如何用尽可能少的符号传送信源信息,提高通信的有效性;二是在信道存在噪声和干扰的情况下,如何增强信号的抗噪声和抗干扰能力,提高通信的可靠性。这两方面的问题分别是信源编码和信道编码的主要任务。

本章首先介绍信源和信源编码的概念、分类以及常见的信源编码方法,然后介绍信道编码原理、分类及航空无线通信中分组码、卷积码、Turbo 码、LDPC 码等常用的信道编码技术。

视频

3.1　信源与信源编码

3.1.1　信源及其分类

信源就是信息的来源,可以是人、机器、自然界的物体等。实际信源是由最基本的单个消息(符号)组合而成的,可抽象概括为离散信源和连续信源两大类,文字、电报以及各类数据属于离散信源,而未经数字化的话音、图像则属于连续信源。

离散信源又可分为无记忆信源和有记忆信源。当序列信源中的各个消息互相统计独立时称为离散无记忆信源,当序列信源中各个消息前后有关联时称为离散有记忆信源。

若任意两个不同时刻信源发出的符号的概率分布完全相同,则称为离散平稳信源;否则,称为离散非平稳信源。

根据信源符号的统计特性可分为统计特性已知和未知的信源。实际上初始信源的统计特性(符号出现的概率)不可能总是统计好的,所以对于需要知道统计特性的编码方法,编码前应该先估算信源的统计特性。

根据信源的不同分类,实际信源可构成不同的组合信源,常见的组合信源是统计特性已知的离散平稳无记忆信源。

信源输出的平均信息量可定义为信息熵,为单个消息产生的自信息量的概率统计平均值,即

$$H(X) = E\{I[P(x_i)]\} = E[-\log_2 P(x_i)] = -\sum_{i=1}^{n} P(x_i)\log_2 P(x_i) \quad (3\text{-}1)$$

式中:n 为信源产生消息的可能种类数;$P(x_i)$ 为各信源符号出现的概率。

3.1.2　信源编码及其分类

从信息论观点看,实际的信源若不经过信息处理会存在大量的统计冗余成分,这些冗余信息完全没有必要通过信道传送给接收端。信源编码的任务是在分析信源统计特

性的基础上设法通过信源的压缩编码去掉这些统计冗余成分,从而提高信息传输的有效性。

信源编码是将信源的原始符号序列按一定的数学规则映射(变换)成码元序列的过程。信源编码的一般模型如图 3-1 所示,输入信源符号 $S=\{s_1,s_2,\cdots,s_q\}$,同时存在另一符号 $X=\{x_1,x_2,\cdots,x_r\}$,一般元素 x_j 比较适合信道传输,称为码元。编码器是将信源符号集合中的符号 $s_i(i=1,2,\cdots,q)$ 变换成由 $x_j(j=1,2,\cdots,r)$ 组成的长度为 L_i 的一一对应的码符号序列,称为码字。

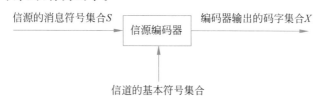

图 3-1 信源编码器的一般模型

对不同类型的信源,是否存在各自最佳的信源编码,通常由各自的信源编码定理给出。

编码效率是信源编码的重要性能指标,其值越大,则编码的数据压缩能力越强。编码效率定义为

$$\eta = \frac{H(X)}{\overline{L}} \tag{3-2}$$

式中:$H(X)$ 为信源平均信息量(信源熵);$\overline{L}$ 为输出编码的平均码长,且有

$$\overline{L} = -\sum_{i=1}^{n} P(x_i)l_i \tag{3-3}$$

信源编码可以有以下三种类型:

1. 无失真编码和限失真编码

根据对信源编码的要求是无失真地恢复出原始信源的输出符号还是可允许一定程度上的失真,可将信源编码分为无失真信源编码和限失真信源编码。无失真信源编码能够无失真地恢复信源的数据信息,但大多情况下允许有一定程度的失真。一般离散信源可做到无失真编码,而连续信源则只能采用限失真编码。对连续信源进行编码时,可以通过对信源进行抽样和量化转化为离散信源后再进行编码,所以信源编码主要是对离散信源进行编码。

2. 等长编码和变长编码

根据信源编码输出码长的特点,可将信源编码分为等长编码和变长编码。等长编码对于信源不同的输出符号,码字的长度总是相同的,而变长编码产生的码长不完全相同。变长编码的基本思想是对于给定的信源,当信源符号不是等概率分布时,为了提高编码效率,给概率大的符号分配较短码字,概率小的符号分配较长码字,从而使得平均码长尽可能短。在序列长度 N 不是很大时,变长编码往往可实现高效地无失真信源编码。表 3-1 所示的"编码 1"为等长码,"编码 2"为变长码。

表 3-1　等长码和变长码

信源符号 x_i	符号出现概率 $P(x_i)$	编码 1	编码 2
x_1	$P(x_1)$	00	0
x_2	$P(x_2)$	01	01
x_3	$P(x_3)$	10	001
x_4	$P(x_4)$	11	101

3. 话音编码和数据压缩编码

根据信源信息的业务类型不同,可将信源编码分为话音编码和数据压缩编码。话音编码是把模拟话音信号变成数字话音信号,以便在信道中进行传输的过程,通常可分为波形编码、参量编码和混合编码三类。数据压缩编码是按照一定的编码机制对数据进行重新组织,力求用较少的数据表示信息,以减少数据冗余和存储的空间。根据数据压缩方法的具体原理不同,主要的数据压缩编码技术有预测编码、变换编码、统计编码、模型编码等。

视频

3.2　话音编码

话音是最传统的通信业务,早期的航空通信主要业务是话音。话音编码包含模拟话音信号数字化和对数字化后的信号进行编码两个过程,其目的是在保持一定的算法复杂度和通信时延的前提下,占用尽可能少的通信容量,传送尽可能高质量的话音。

话音编码技术可分为波形编码、参量编码和混合编码三大类。

3.2.1　波形编码

波形编码是将模拟话音信号经过采样、量化、编码后直接变换成数字码流的过程,其基本思想是尽可能保持话音波形不失真。由于在设计上波形编码基本上是与信号源分离的,因此对各种各样的信号进行编码均可以达到良好的效果。波形编码的特点是编码速率高,一般为 $16\sim64\text{kb/s}$,译码后话音质量较高,时延小。波形编码可以分为时域波形编码和频域波形编码,时域波形编码如 PCM、自适应差分脉冲编码调制(ADPCM)、增量调制(DM)等,频域波形编码如子带编码(Sub-Band Coding,SBC)、自适应变换编码(Adaptive Transform Coding,ATC)等。波形编码在传统的公共电话交换网(Public Switching Telephone Network,PSTN)中应用广泛,但由于需要占用较宽频带,故不适合用于无线通信系统。

1. 时域编码

最常用的时域编码是脉冲编码调制(Pulse Coding Modulation,PCM)编码,其基本原理是将时域的模拟波形信号经过取样、量化、编码而形成数字话音信号。

话音信号的带限特性($300\sim3400\text{Hz}$)使人们对话音信号进行抽样成为可能。为了保证数字话音信号解码后的高保真度,取样速率应满足奈奎斯特抽样定理,即对于一个频带限制在 $0\sim f_m$ 内的低通信号,若用 $f_s\geqslant2f_m$ 的抽样频率对其进行抽样,则抽样过程中不会丢失信号。在普通话音数字化过程中,话音信号经过滤波,将频带限制在 $300\sim$

3400Hz 内,用 8kHz 的采样频率对其进行抽样。抽样后的信号在时间上离散了,但幅度值仍然连续。

用有限个电平表示模拟话音信号抽样值的过程称为量化。量化的过程是将信号幅度划分为若干区间,落入同一区间的抽样值量化为同一个幅度值,目的是将波形的幅度值离散化。量化过程中抽样值与量化幅度值之间的差值称为量化误差,量化误差将导致接收端出现量化噪声。为使量化误差尽可能小,量化分层数要大(量化间隔小),但是这将导致编码速率增大,从而使传输带宽增加。实际中,常利用话音信号幅度分布的不均匀性,采用非均匀量化方式(如 13 折线的方法)来折中解决这一问题。

量化后的有限个幅度值用二进制码表示的过程称为编码。编码后的数字信号通过数字通信系统进行传输。

PCM 系统虽然能获得较好的话音质量,但是传输时占用较宽的带宽。在 PCM 的基础上,人们研究出各种改进形式,如增量调制、差分脉码调制(Differential PCM,DPCM)和 ADPCM 等,这些调制方式在"通信原理"课程中已有详细阐述。

2. 频域编码

频域编码又可分为以下两种类型:

(1) 子带编码:在话音信号频域上,利用带通滤波器将话音频带分成若干子带,然后分别进行抽样、量化、编码。因为取样速率降低(相当于若干单边带信号),速率为 9.6～32kb/s,在该范围内话音质量可与同比特率的 ADPCM 质量相当。

(2) 自适应变换编码(Adaptive Transform Coding,ATC):将话音在时间上分段,对每段进行抽样(一般每时段信号有 64～512 个样点),再经数字正交变换转至频域(时域到频域变换),取相应各组频域系数,然后对系数进行量化、编码和传输。接收端则进行相反的处理,以恢复时域信号。这里时域/频域变换一般用离散余弦变换。ATC 速率为 12～16kb/s。在收端将解码得到的每组系数经频域/时域反变换变成时段信号,再将各时段信号连成话音。

3.2.2 参量编码

参量编码是基于人类话音的发声机理,提取表征话音的特征参数,对特征参数进行编码并发送,接收端根据这些参数还原话音的一种方法。参量编码器又称声源编码器或声码器。这种编码器不是跟踪话音信号的波形,而是提取产生话音信号的特征参数。其原理是把人的发音器官看成是一个滤波器,它由来自声带振动的脉冲来激励,滤波器由咽喉、舌头和嘴组成。这个"滤波器"和"激励脉冲串"是不断变化的,但是由于发音器官的延迟特性,可以认为在 10～30ms 发音器官没有变化。因此可以把较短时间段(如 20ms)内相应的滤波器参数指定下来,并提取出这段时间的激励源脉冲串。把滤波器参数和激励源参数一起发送出去,就能代表这段时间(20ms)的话音特性。不同的 20ms 时间段的话音有不同的特征参数。接收端根据收到的话音参数,重建话音。由于接收到的话音是"合成"的话音,有时很难分辨是谁的声音,即话音的自然度下降。

参量编码只传送话音的特征参量,可实现低速率的话音编码,码率一般为 1.2～

4.8kb/s,占用带宽较小,较适合于无线通信系统;缺点是接收端合成的话音虽有一定的可懂度,自然度却下降很多,话音质量只能达到中等水平,时延相对也较大,不能满足商用话音通信的要求。线性预测编码(Linear Predictive Coding,LPC)是一种典型的参量编码。

线性预测编码提供一组话音信号模型参数,该参数较精确地表征了话音信号的频谱幅度。线性预测由过去的样本值来预测或估计当前信号的结束值,该值为线性预测值。信号值与线性预测值之差称为线性预测误差。设计一个预测误差滤波器,使得在某个预定的准则下误差最小,这个过程就称作线性预测分析(LPC)。

在人们发声时气流都要通过声管(喉管、口腔、牙齿、嘴唇等),声管形状的变化(口腔大小、伸缩、舌唇位置和形状的变化)造成不同的气流冲击而形成声音。人类发出的声音包括清音和浊音。发清音时,声带不振动,无基音成分(平坦频谱,类似白噪声);发浊音时,声带振动,含基音成分(振动的基本频率)。

滤波器的激励可以是基本频率上的一个脉冲,也可以是随机白噪声,这取决于激励信号是清音还是浊音。预测原理与ADPCM中的原理相似。LPC系统传输的只是误差信号(预测波形与实际波形之间的差别)中有选择的特征值,而不是传输误差信号的量化值。

接收端利用收到的预测系数来设计合成滤波器。实际上,许多线性预测编码器传送的滤波器参数值已经表达了误差信号,可以直接被接收端合成。

可用图3-2的模型表示话音的生成。话音激励源激励一个参数变化的信道来产生话音信号。这里,以具有一定周期的脉冲源来表示浊音的激励,以具有平坦的噪声源表示清音的激励,而声道的变化则以时变参数(发声随时间变化)的滤波器来模拟。当不同的激励源加于不同参数的滤波器后,其输出即为话音信号。

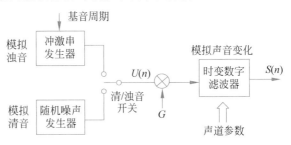

图3-2　话音生成模型

不同的话音取决于清音和浊音的区分,清音可用白噪声模拟,浊音取决于脉冲源的周期和滤波器的参数值。把声音的参数(如清/浊音判定、浊音周期、滤波器参数)及时分析出来并编成二进制码进行发送,收方收到后,按参数调整收方模型,即可重建话音。

3.2.3　混合编码

混合编码器是介于波形编码和参量编码之间的一种编码方法,它综合了波形编码和参量编码的长处,兼有参量编码低速率和波形编码高质量的优点。实现混合编码的基本思想是以参量编码原理,特别是以 LPC 原理为基础,保留参量编码低速率的优点,并适当地吸收波形编码中能反映波形个性特征的因素,重点改善话音自然度性能。

混合编码的编码速率一般为 4～16kb/s,话音质量可达到商用话音通信要求的标准。混合编码是无线通信广泛应用的话音编码技术,如规则脉冲激励长时预测线性预测(Regular Pulse Excited-Long Time Prediction,RPE-LTP)编码、码激励线性预测(Code Exited Linear Prediction,CELP)编码、矢量和激励线性预测(Vector Sum Exited Linear Prediction,VSELP)编码等,这些编码方法在现代移动通信领域获得了广泛应用。

3.3 数据压缩编码

视频

现代航空通信,通信业务已扩展到包括话音、数据和图像等在内的多媒体业务,因此信源编码不仅包含话音编码,还包括各类图像压缩编码、多媒体数据压缩编码等方面的内容。多媒体信息所包含的信息量比较大,如彩色图像和视频信息,尤其是视频信息(电视、电影等),在相同条件下要比话音的数据量大 1000 倍以上。将这些数据量大的信息在有限的空间进行存储和传输就需要用到数据压缩技术。

数据压缩编码是按照一定的编码机制对数据进行重新组织,力求用较少的数据来表示信息,以减少数据的冗余和存储的空间。根据解码后数据与原始数据是否完全一致,数据压缩编码技术分为无损压缩和有损压缩两类。无损压缩是指解码的数据与原始数据严格相同,压缩比为 2:1～5:1,如霍夫曼编码、算术编码等。有损压缩是指还原的数据与原始数据存在一定的误差,例如对于有损图像压缩,压缩比可以从几倍到上百倍。

根据数据压缩方法的具体原理不同,数据压缩编码技术主要有预测编码、统计编码、变换编码等。

3.3.1 预测编码

预测编码是根据空间中相邻数据存在的相关性,利用前面一个或多个数据来预测下一个数据,然后对实际值和预测值的差值(预测误差)进行编码。常用的预测编码有DPCM 和 ADPCM。预测编码较适合于声音、图像数据的压缩。

预测编码的基本思想不是直接对信源符号进行编码,而是通过充分利用信源符号间的统计相关性,先将信源输出符号序列进行预测变换,再对信源输出与被预测值的差值进行编码。正是由于信源符号之间存在相关性,所以才能使预测成为可能。如果信源的相关性很强,则采用实际值与预测值的差值进行预测编码可获得较高的压缩率。对于独立信源,预测就没有可能。预测的理论基础就是估计理论,即用实验数据组成一个统计量作为某一物理量的估值或预测值。

预测编码的基本原理如图 3-3 所示,编码端由一个符号编码器和一个预测器组成,译码端由一个符号译码器和一个预测器组成。

一个典型的差值预测编码的例子是 DPCM。DPCM 是采用样本与样本之间存在的信息冗余进行编码的一种数据压缩技术。其基本思想是:根据过去的样本去估算下一个样本信号的幅度大小(这个值称为预测值),然后对实际信号值与预测值之差进行量化编

图 3-3　预测编码的基本原理

码,从而减少了表示每个样本信号的位数。

图 3-4 是 DPCM 系统原理框图。图中,$s(n)$ 为发送端输入端抽样信号,$s'_r(n)$ 为接收端重建信号,作为预测器下一个信号估计值的输入信号。发送端 $s_p(n)$ 为预测话音信号,$d(n)$ 为输入信号与预测信号 $s_p(n)$ 的差值即预测误差信号,$d_q(n)$ 为量化后的差值。DPCM 系统实际上就是对这个差值进行量化编码,用来补偿过去编码中产生的量化误差。DPCM 系统是一个反馈系统,采用这种结构可以避免量化误差的积累。$c(n)$ 为 $d_q(n)$ 经编码后输出的码字。

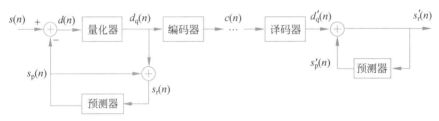

图 3-4　DPCM 系统原理框图

接收端 $d'_q(n)$ 为译码器恢复的差值,译码器中的预测值 $s'_p(n)$ 与发送端编码器中的预测值 $s_p(n)$ 完全相同。因此在无传输误码的情况下,接收端译码器输出的重建信号 $s'_r(n)$ 与编码器的 $s_r(n)$ 完全相同。

自适应差分脉冲编码调制利用自适应的思想改变量化阶的大小,即使用小的量化阶来编码小的差值,使用大的大量化阶来编码大的差值。

增量调制是差分脉码调制的一个重要特例,也称 1 位量化的差值编码。在增量调制系统中,其抽样频率要比 PCM 高得多,称为过抽样。增量调制可根据量化阶距的取值是否为常数,分为线性增量调制(Linear DM,LDM)和自适应增量调制(Adaptive DM,ADM)等。

当量化阶距为常数时,系统估值或者系统恢复值以线性变化的趋势跟踪输入信号,这种线性增量调制的优点是系统简单,容易实现,采用 1 位编码,收发不需要同步;但由于其量化阶距的动态范围很小,其传输质量不高,故发展受到限制。

改进量化阶距动态范围的方法很多,其基本原理是采用自适应方法使量化阶距的大小随输入信号的统计特性变化而跟踪变化。若量化阶距能随信号瞬时压扩,则此增量调制称为自适应增量调制。这是一种自动调节量阶的增量调制,它采用量阶自动调节的办法来适应信号斜率的变化,以避免斜率过载的影响。如果信号斜率增大,则量化阶距也相应增大;输入信号斜率减小,则量化阶距也减小。所以,ADM 具有动态范围大的优点。若量化阶距随音节时间间隔(5～20ms)中信号平均斜率变化,则成为连续可变斜率增量（Continuous Variable Slope Delta，CVSD）调制。由于这种方法中信号斜率是根据码流中连"1"或连"0"的个数来检测的，所以又称为音节压扩的自适应增量调制，即数字压扩增量调制。

3.3.2　统计编码

统计编码是一种给已知统计信息的符号分配代码的数据无损压缩方法。其基本思想是：根据信息熵原理，将出现概率大的符号用短码来表示，将出现概率小的符号用长码来表示。常用的统计编码方法有香农编码、霍夫曼编码及算术编码等。

1. 香农编码

香农第一定理指出了信源与平均码长的关系，即 $-\log_2 P(x_i) \leqslant l_i < -\log_2 P(x_i)+1$，同时也指出了可以通过编码使平均码长达到极限值。按照上述不等式选择的码长构成的码称为香农码。香农编码采用信源符号的累积概率分布函数分配码字。

设某离散信源为

$$
\begin{bmatrix} X \\ P(x_i) \end{bmatrix} = \begin{bmatrix} x_1 & x_2 & \cdots & x_n \\ P(x_1) & P(x_2) & \cdots & P(x_n) \end{bmatrix}
$$

香农编码的步骤如下：

(1) 将各信源符号按概率递减的方式进行排列：$P(x_1) \geqslant P(x_2) \geqslant \cdots \geqslant P(x_n)$。

(2) 按香农不等式计算出每个信源符号的码长：$-\log_2 P(x_i) \leqslant l_i < -\log_2 P(x_i)+1$。

(3) 计算第 i 个符号的累加概率：$P_i = \sum_{k=1}^{i-1} P(x_k)(i=2,3,\cdots,n)$，$P_1 = 0$。

(4) 将累加概率用二进制数表示。

(5) 取 P_i 对应二进制的小数点后 l_i 位作为信源第 i 个符号的二进制码字。

【例 3-1】　设有离散信源的概率分布如下：

$$
\begin{bmatrix} X \\ P(X) \end{bmatrix} = \begin{bmatrix} x_1 & x_2 & x_3 & x_4 & x_5 & x_6 & x_7 \\ 0.20 & 0.19 & 0.18 & 0.17 & 0.15 & 0.10 & 0.01 \end{bmatrix}
$$

对这一信源进行香农编码，并计算平均码长及编码效率。

解：香农编码的计算过程见表 3-2。可以得到

信源的熵为

$$
H(X) = -\sum_{i=1}^{7} P(x_i)\log_2 P(x_i) = 2.16（比特／符号）
$$

码的平均长度为

$$
\overline{L} = -\sum_{i=1}^{7} P(x_i)l_i = 3.14
$$

编码效率为

$$
\eta = \frac{H(X)}{\overline{L}} = \frac{2.16}{3.14} = 83.1\%
$$

表 3-2 香农编码过程

信源符号 x_i	符号概率 $P(x_i)$	累加概率 $P_i = \sum_{k=1}^{i-1} P(x_k)$	每个符号信息量 $-\log_2 P(x_i)$	每个符号码长	累加概率对应的二进码	符号对应码字
x_1	0.20	0	2.34	3	0.0000000	000
x_2	0.19	0.20	2.41	3	0.0011001	001
x_3	0.18	0.39	2.48	3	0.0110001	011
x_4	0.17	0.57	2.56	3	0.1001000	100
x_5	0.15	0.74	2.74	3	0.1011110	101
x_6	0.10	0.89	3.34	4	0.1110001	1110
x_7	0.01	0.99	6.66	7	0.1111110	1111110

如果一组编码中所有码字都不相同,则称为非奇异码;否则,称为奇异码。非奇异码一定是唯一可译码。可以看出,香农编码所得的码字没有完全相同的,是一种非奇异码。由于香农码的编码效率不高,且冗余度较大,所以它不是最佳码,实用性也受到较大限制。

2. 霍夫曼编码

霍夫曼编码是一种效率较高的变长、无失真信源编码方法。二进制霍夫曼编码的具体步骤如下:

(1) 将信源消息符号 X 按概率大小自上而下排序。

(2) 从最小两个概率开始编码,并赋予一定规则,比如上支路为"0",下支路为"1",且该规则在整个编码过程中保持不变。

(3) 将已编码的两个支路概率合并,并重新排序、编码。

(4) 重复步骤(3),直至合并概率归 1 时为止。

(5) 从概率归一端沿树图路线逆行至对应消息和概率,并将沿线已编的"0"与"1"编为一组,即为该消息(符号)的编码。例如,x_1 编为"10",x_7 编为"0111"。

【例 3-2】 设有一个离散简单消息(符号)信源如下:

$$\begin{bmatrix} X \\ P(x_i) \end{bmatrix} = \begin{bmatrix} x_1 & x_2 & x_3 & x_4 & x_5 & x_6 & x_7 \\ 0.20 & 0.19 & 0.18 & 0.17 & 0.15 & 0.10 & 0.01 \end{bmatrix}$$

对它进行霍夫曼编码,并计算平均码长及编码效率。

解:首先根据信源符号概率大小排队并按图 3-5 的形式进行霍夫曼编码。

信源的熵为

$$H(X) = -\sum_{i=1}^{7} P(x_i)\log_2 P(x_i) = 2.16(比特 / 符号)$$

码的平均长度为

$$\overline{L} = -\sum_{i=1}^{7} P(x_i)l_i = 2.72$$

编码效率为

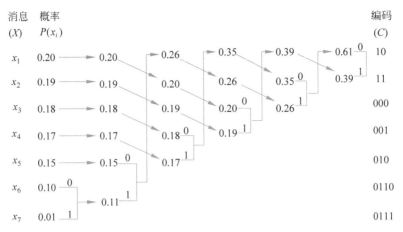

图 3-5 霍夫曼编码

$$\eta = \frac{H(X)}{\overline{L}} = \frac{2.16}{2.72} = 96.3\%$$

与香农编码相比,霍夫曼编码的平均码长更小,信息传输速率更大,编码效率更高。二进制霍夫曼编码可以推广到 m 进制霍夫曼编码,所不同的是每次把 m 个概率最小的符号分别用 $0,1,\cdots,m-1$ 等码元表示,再将它们缩减为信源符号,其余步骤与二进制霍夫曼编码相同。

霍夫曼编码有如下特点:

(1)概率大的符号安排在离根节点较近的终端节点,从而保证大概率符号对应于短码,小概率符号对应于长码。

(2)每次缩减信源的最长两个码字具有相同码长。

(3)每次缩减信源的最后两个码字总是最后一位码元不同,前面各位码元相同。

(4)编码不具有唯一性(开始编码时,赋"0"或"1"是任意的;信源缩减时,概率相同的信源放置次序是任意的)。

香农编码与霍夫曼编码之间的区别:两者都考虑了信源的统计特性,使经常出现的信源符号对应较短的码字,进一步缩短信源的平均码长,从而实现了对信源的压缩;香农码编码结果唯一,但在很多情况下编码效率不是很高,霍夫曼码的编码方法不唯一;霍夫曼码对信源的统计特性没有特殊要求,编码效率比较高,对编码设备的要求也比较简单,因此综合性能优于香农编码;霍夫曼编码通常适用于多元信源,对于二元信源,必须采用合并符号的方法才能得到较高的编码效率。

霍夫曼编码被称为最优的变长信源编码,但这一最佳性能建立在稳定、确知的概率统计特性基础上,一旦统计特性不稳定或发生变化或不完全确知,变长编码将失去统计匹配的前提,其性能必然引起恶化,实际信源往往不可能提供很稳定、确知的概率特性。于是人们开始研究比较稳健、适应性比较强的准最佳信源编码,算术编码就是最出色的一个编码。算术编码理论上性能虽然比霍夫曼码稍有逊色,但是其实际性能往往优于霍夫曼编码,是发展迅速的一种实用化的无失真离散信源编码。

香农编码和霍夫曼编码主要针对无记忆信源进行编码,当信源有记忆时,编码效率不高。可以将霍夫曼编码进行推广,即将霍夫曼编码中对单个消息(符号)的统计匹配编码推广至信源中0序列和1序列的消息序列进行统计匹配。具体地说,就是将符号序列中"连0串"或"连1串"(游程)映射成游程长度和对应符号序列的位置的标志序列,然后对游程序列按霍夫曼编码方法进行编码。这种编码称为游程编码。游程编码效率较高,主要应用于黑、白二值灰度的文件传真及图像编码中。

3. 算术编码

香农编码和霍夫曼编码都是建立在信源符号与码字一一对应的基础上的,这种编码方法通常称为块编码或分组码。算术编码是一种非分组编码方法,是一种从整体符号序列出发,采用递推形式进行编码的方法,信源符号和码字间不再是一一对应的关系。

算术编码的基本思想是:从整体符号序列出发,将各信源序列的概率映射到[0,1)区间上,使每个符号序列对应于区间内的一点,也就是一个二进制的小数。这些点把[0,1)区间分成许多小段,每段的长度等于某一信源序列的概率,在段内取一个二进制小数,其长度可与该序列的概率匹配,达到高效率编码的目的。这种方法与香农编码有些类似,只是它们考虑的信源对象有所不同,在香农编码中考虑的是单个信源符号,而在算术编码中考虑的是整个信源符号序列。

信源符号集 $A = \{a_1, a_2, \cdots, a_n\}$,信源序列 $\alpha = \{a_{i1}, a_{i2}, \cdots, a_{il}, \cdots, a_{iL}\}$,$a_{il} \in A$,则总共有 n^L 种可能的序列。由于考虑的是整个符号序列,因而整页纸上的信息也许就是一个序列,所以长度 L 一般都很大。在实际中很难得到对应信源序列的概率,一般从已知的信源符号概率 $P = \{p_1, p_2, \cdots, p_n\}$ 递推得到。

定义各符号的累积概率 $P_i = \sum_{l=1}^{i-1} p_l$,则可得 $P_1 = 0, P_2 = p_1, P_3 = p_1 + p_2 = P_2 + p_2, \cdots, P_n = P_{n-1} + p_{n-1}$。图 3-6 为算术编码累积概率示意图。

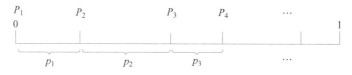

图 3-6 算术编码累积概率示意图

不同的信源符号有不同的概率区间,它们互不重叠,因此可以用这个小区间中的任意一点的取值作为该信源符号的代码。需确定的是这个代码所对应的长度,并使这个长度与信源符号的概率相匹配。对于整个信源符号序列而言,要把一个算术码字赋给它,则必须确定这个算术码字所对应的位于[0,1)区间内的实数区间,即由整个信源符号序列的概率本身确定0和1之间的一个实数区间。随着符号序列中的符号数量的增加,用来代表它的区间会减小,而用来表达区间所需的信息比特数会增大。

每个符号序列中随着符号数量的增加,即信源符号的不断输入,用于代表符号序列概率的区间将随之减小,区间减小的过程如图3-7所示。

区间宽度的递推公式如下:

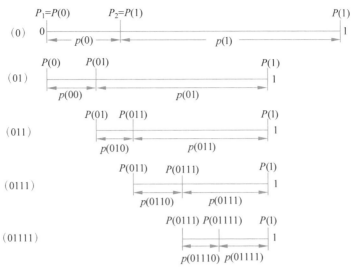

图 3-7 算术编码区间减小的过程示意图

$$A(\alpha r)=A(\alpha)p(r)=p(\alpha)p(r)=p(\alpha r), \quad r=0,1 \tag{3-4}$$

累积概率的递推公式为

$$P(\alpha r)=P(\alpha)+P(\alpha)P(r)=p(\alpha r), \quad r=0,1 \tag{3-5}$$

式中：$P(\alpha)$ 为信源符号序列的累积概率；$p(\alpha)$ 为信源符号序列的联合概率。$P(0)=0$，$P(1)=p(0)$。

取该小区间内的一点代表这个信源符号序列，那么选取此点的方法可以有多种，实际中常取小区间的下界值。对信源符号序列的编码方法也可有多种，下面介绍常用的一种算术编码方法。

将信源符号序列 α 的累积概率值写成二进制小数：$P(\alpha)=0.c_1 c_2 \cdots c_L$，$c_i \in \{0,1\}$，取小数点后 L 位，若后面有尾数，就进位到第 L 位，并使 L 满足

$$L=\left\lceil \log_2 \frac{1}{p(\alpha)} \right\rceil \tag{3-6}$$

式中：$\lceil x \rceil$ 表示大于或等于 x 的最小整数。这样就得到信源符号序列所对应的一个算术编码 $c_1 c_2 \cdots c_L$。

【例 3.3】 设二元无记忆信源 $X=\{0,1\}$，其中 $p(0)=\dfrac{1}{4}$，$p(1)=\dfrac{3}{4}$，试对二元序列 $\alpha=11111100$ 进行算术编码。

解：根据算术编码的方法，先计算信源符号序列 $\alpha=11111100$ 的联合概率

$$p(\alpha)=p(11111100)=p(1)^6 p(0)^2=(3/4)^6 (1/4)^2=0.01112366$$

信源符号序列的算术码字长度为

$$L=\left\lceil \log_2 \frac{1}{p(\alpha)} \right\rceil = \lceil 6.49 \rceil = 7$$

再计算信源符号序列的累积概率。按递推公式有

$$p(\alpha)=p(11111100)=p(0)+p(10)+p(110)+p(1110)+p(11110)+p(111110)$$

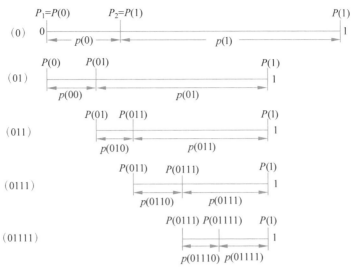

$$= (1/4) + (3/4)(1/4) + (3/4)^2(1/4) + (3/4)^3(1/4) + (3/4)^4(1/4) +$$
$$(3/4)^5(1/4)$$
$$= 0.82202148 = (0.110100.001)_2$$

累积概率值 $p(\alpha)$ 即为输入符号序列"11111100"区间的下界值。取 $p(\alpha)$ 二进制表示小数点后 L 位,得到信源符号序列的算术码字为 1101010。

平均码长为

$$\bar{L} = \frac{7}{8}$$

编码效率为

$$\eta = \frac{H(X)}{\bar{L}} = \frac{0.811}{7/8} = 92.7\%$$

因为这里需编码的序列长为 8 位,故一共要将半开区间 $[0,1)$ 分成 256 个小区间,以对应任一个可能的序列,由于任意一个码字必在某个特定的区间,所以其解码具有唯一性。

从性能上看,算术编码具有很多优点,它所需的参数少、编码效率高、编译码简单,在实际实现时,常用自适应算术编码对输入的信源序列自适应地估计其概率分布。算术编码在图像压缩标准(如 JPEG)中应用广泛。

3.3.3 变换编码

在许多情况下,信源输出符号之间具有很强的相关性,若按照霍夫曼编码、算术编码等编码算法实现高效数据压缩,则需要使用扩展信源进行编码,因此需要知道序列间的联合概率分布。由于编码算法本身就比较复杂,因此当信源符号数量较多时,如果采用较长的序列进行编码,就会进一步增加编码系统的复杂度。为了提高编码效率,同时降低编码复杂度,可以对信源输出的数据进行变换,在变换域上解除相关性,即采用变换编码方式将数据之间的相关冗余变换为系数之间的统计冗余,从而降低系数编码的复杂度,提高编码效率。

变换编码的基本原理是将信号从一种信号空间变换到另一种有利于压缩编码的信号空间(如信号由时域变换到频域),然后进行编码。在时域空间上具有强相关性的数据信息,反映在频域某些特定的区域内能量常常被集中在一起,只需将注意力放在相对小的区域上,从而实现压缩。一般的变换编码的系统框图如图 3-8 所示。变换编码常用于图像的压缩编码,图像变换域编码通常将空间域相关的像素点通过某种变换关系映射到另一个频域上,使变换后的系数之间的相关性降低,在变换后的频域上满足所有系数相互独立,能量集中于少数几个系数上,且这些系数集中在一个最小的区域内,然后对这些变换系数进行量化、编码、传输。在接收端,则先将收到的信号进行解码操作,再进行反映射变换,以再现原始信号。

变换编码与预测编码的区别:预测编码是在空间域(或时间域)内进行的,而变换编码则是在变换域(或频率域)内进行的。

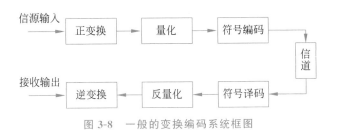

图 3-8 一般的变换编码系统框图

变换编码中的关键技术在于正交变换,常用的变换方法有离散傅里叶变换(DFT)、离散余弦变换(Discrete Cosine Transformation,DCT)、沃尔什-哈达玛变换(Walsh-Hadamard Transformation,WHT)和小波变换(Wavelet Transformation,WT)等。不同的变换会有不同的图像压缩效果,在话音、图像编码等应用中,由于离散余弦变换算法简单、有效,因此得到了广泛应用。

3.4 信道编码概述

视频

3.4.1 差错控制方式

信道编码是提高信息传输可靠性的有效手段,它是在信源编码后的数字序列上增加一些冗余信息,增加信息传输的抗干扰能力,以抵抗各种噪声和衰落的影响。在实际信道中传输数字信号时,由于信道特性不理想及加性噪声的影响,接收端接收到的数字信号不可避免地会产生错码,影响通信质量,信道编码通过加入冗余码来减少误码,增加了信息的冗余度。通常冗余度是特定的、有规律的,故可利用其在接收端进行检错和纠错,因此信道编码也称为差错控制编码。

常用的差错控制方式有前向纠错(Forward Error Correction,FEC)、检错重发(Automatic Repeat reQuest,ARQ)、混合纠错(Hybrid Error Correction,HEC)和信息反馈(Information Repeat reQuest,IRQ),如图 3-9 所示。

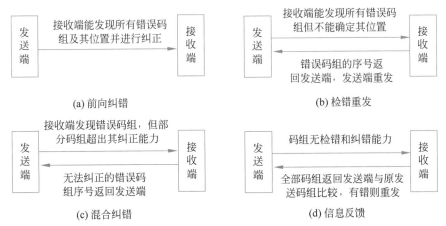

图 3-9 差错控制方式

3.4.2　信道编码基本原理

信道编码是用来改善无线信道通信可靠性的一种信号处理技术,基本思想是在被传送的信息中加入一些多余的码元(监督码元),在收和发之间建立某种检验关系,以达到检验信息码元在传输中是否出现差错的目的。

一般来说,信源发出的信息均可用二进制信号表示。例如,要传送的消息为 A 和 B,可用 0 代表 A,1 代表 B。若传输过程中出错,接收端无法发现。如果在 0 和 1 后面加一位监督位,如 00 代表 A,11 代表 B。经过传输后,接收端接收到码组的组合有 00、01、10、11,00 和 11 是许用码组,01 和 10 是禁用码组。如果接收端收到 01 或 10,译码器就认为是误码,但不能判断是哪一位出错,因而不能自动纠错。如果传输过程中两位码都发生错误,如由代表 B 的码组 11 错成 00,译码器就判为 A,从而造成差错。按这种 1 位信息位加 1 位监督位的编码方式,只能发现 1 位错误。但是,如果按一定数学关系增加监督位,就可能使接收到的码组不但有检错的功能,而且能知道出错的位置,从而加以纠正。纠错编码的实质就是在传输的信息码元之外加入监督码元,使码元之间具有某种相关性。

在一个码组集合中,码组之间的最小码距 $d_{\min}$ 是衡量该码组检错和纠错能力的重要依据,也是编码的重要参数。$d_{\min}$ 越大,则从一个码字错成另一个码字的可能性就越小,其检纠错能力也就越强。

常用编码效率和编码增益衡量信道编码性能。

1. 编码效率

码字中的信息位数为 k,监督位数为 r,码长 $n=k+r$。编码效率为信息码位数 k 在码长 n 中所占的比例,表达式为

$$R = \frac{k}{n} = \frac{n-r}{n} = 1 - \frac{r}{n} \tag{3-7}$$

在信道编码过程中,监督位越多,纠错能力就越强,但编码效率就越低。编码效率表示传输信息的有效性,它说明了信道的利用效率,是衡量信道编码性能的主要指标。

2. 编码增益

在数字通信中,信噪比通常用 E_b/n_0 表示,其中 E_b 为信号的比特能量,n_0 为噪声单边功率谱密度。编码增益为

$$G = \left(\frac{E_b}{n_0}\right)_{\text{UC}} - \left(\frac{E_b}{n_0}\right)_{\text{C}} \text{(dB)} \tag{3-8}$$

式中: $\left(\dfrac{E_b}{n_0}\right)_{\text{UC}}$ 和 $\left(\dfrac{E_b}{n_0}\right)_{\text{C}}$ 分别为未编码和编码后所需的信噪比。

3.4.3　信道编码分类

信道编码有多种实现方式,主要的分类如下:

按照信道编码的不同功能可分为检错码和纠错码。检错码仅能检测误码,例如,在

计算机串行通信中常用到的奇偶校验码等；纠错码具有检错能力的同时还能纠正误码，当发现不可纠正的错误时可以发出出错指示。

按照信息码元与监督码元之间的检验关系可分为线性码和非线性码。若信息码元与监督码元之间的关系为线性关系，则称为线性码；反之，则为非线性码。

按照信息码元和监督码元之间的约束方式不同可分为分组码和卷积码。分组码中，编码后的码元序列每 n 位分为一组，其中 k 位信息码元，r 位监督码元，$r=n-k$，监督码元仅与本码字的信息码元有关；而在卷积码中，码组中的监督码元不但与本组信息码元有关，而且与前面码组的信息码元有约束关系，就像链条那样一环扣一环，因此卷积码也称连环码或链码。

按照信息码元在编码后是否保持原来的形式可分为系统码和非系统码。系统码中，编码后的信息码元保持不变，而非系统码中的信息码元发生变化。大多情况下，系统码的性能大体上与非系统码相同，但是非系统码的译码较复杂，因此系统码得到了广泛应用。

按照纠正错误的类型不同可分为纠正随机错误码和纠正突发错误码。纠正随机错误码主要用于发生零星独立错误的信道；纠正突发错误码用于以突发错误（成串出现的错误）为主的信道。

按照信道编码所采用的数学方法不同可分为代数码、几何码和算术码。其中代数码是目前发展最为完善的编码，线性码就是代数码的一个重要分支。

下面结合典型航空通信系统的应用，介绍几种常用的信道编码技术。

3.5　线性分组码

视频

3.5.1　线性分组码基本概念

分组码是一组固定长度的码字，可表示为 (n,k)。在分组码中，监督码元被加到信息码元之后，形成新的码字。在编码时，k 个信息码元被编为 n 位码字长度，而 $r=n-k$ 个监督码元的作用就是实现检错与纠错，当分组码的信息位和监督位之间为线性关系时，这个分组码就称为线性分组码。奇偶校验就是一种只有一位监督码元的线性分组码。由于线性分组码一般是按照代数规律构造的，故又称代数编码。

线性分组码主要性质：具有封闭性，即码组中任意两个码字的模 2 和仍是该码组中的码字；码组间的最小码距等于非零码的最小汉明重量；全零码必属于线性分组码。

线性分组码的编码规则取决于监督码元和信息码元之间的数学关系（也称监督关系）。对于 (n,k) 线性分组码，有 r 位监督码元就可以对应 r 个监督方程式，如果以矩阵形式表示，就可以得到一个监督矩阵 $\boldsymbol{H}$。从 r 个监督方程式中可以得到 r 个校正子，根据校正子可以确定错误图样，r 个校正子可以用来指示 2^r-1 个错误图样。假设只有 1 位错误，那就可供收端指示 2^r-1 个错误位置。对于码组 (n,k)，若希望用 r 个监督位构造出 r 个监督关系式来指示一位错码的 n 种可能，则要求

$$2^r-1 \geqslant n \quad \text{或} \quad 2^r \geqslant k+r+1 \tag{3-9}$$

典型的线性分组码有奇偶校验码、汉明码、循环码等。

3.5.2 汉明码

纠正 1 位错误的线性分组码称为汉明码。二进制汉明码可以表示为

$$(n,k)=(2^m-1,2^m-1-m) \tag{3-10}$$

汉明码的特点是：码长 $n=2^m-1$，信息位数 $k=2^m-1-m$，监督位数 $r=m$，最小码距 $d_{\min}=3$，纠错能力 $t=1$。如果要产生一个系统的汉明码，可以将矩阵 $\boldsymbol{H}$ 转换成典型监督矩阵，得到相应的生成矩阵 $\boldsymbol{G}$。当 r 为 3、4、5 时，线性分组码 $(7,4)$、$(15,11)$、$(31,26)$，…都是汉明码。汉明码的编码效率 $R=\dfrac{k}{n}=\dfrac{n-r}{n}=1-\dfrac{r}{n}$，当 n 较大时，编码效率接近于 1，所以汉明码是一种高效率的纠错码。

3.5.3 循环码

循环码(Cyclic Redundancy Code，CRC)是一种特殊的线性分组码，具有许多特殊的代数性质。循环码的编码是根据给定的 (n,k) 值选择一个生成多项式 $g(x)$，即从 x^n+1 的因子中选择一个最高次幂为 $r=n-k$ 次多项式作为 $g(x)$，根据所有码多项式 $T(x)$ 都可以被 $g(x)$ 整除这一原则，对给定的信息码元进行编码。编码具体步骤如下：

(1) 根据给定的信息码元，写出信息码多项式 $m(x)$；

(2) 用 x^{n-k} 乘 $m(x)$，得到 $x^{n-k}m(x)$；

(3) 用生成多项式 $g(x)$ 除 $x^{n-k}m(x)$，得到商和余式，即

$$\frac{x^{n-k}m(x)}{g(x)}=Q(x)+\frac{r(x)}{g(x)}$$

(4) 编出码组，即联合 $x^{n-k}m(x)$ 和余式 $r(x)$ 得到码多项式

$$T(x)=x^r m(x)+r(x)$$

例如，信息码为 1011001，则 $m(x)=x^6+x^4+x^3+1$，假设生成多项式为 $g(x)=x^4+x^3+1$，则 $x^4 m(x)=x^{10}+x^8+x^7+x^4$，采用多项式除法，得到余式 $r(x)=x^3+x$，从而可知监督码元应为 1010，编出的码组为 1011001 1010。

3.5.4 BCH 码

BCH 码是由 Bose、Chaudhuri 和 Hocquenghem 共同提出，并因此而得名。BCH 码是一种能纠正多位错误的循环码，它可以根据纠错能力的要求直接确定码的构造，其参数可以在大范围内变化，选用灵活，适用性强，是一类广泛应用的差错控制编码。

BCH 码分为本原 BCH 码和非本原 BCH 码两类。最常见的 BCH 码是本原 BCH 码。

本原 BCH 码具有如下特点：

(1) 码长 $n=2^m-1$，其中 m 为大于或等于 3 的整数。

(2) 生成多项式 $g(x)$ 中含有最高次为 m 的本原多项式。

非本原 BCH 码具有如下特点：

（1）码长 n 是 $2^m - 1$ 的一个因子，其中 m 为大于或等于 3 的整数。

（2）它的生成多项式 $g(x)$ 中不含有最高次为 m 的本原多项式。

BCH 码可以纠正或检出 t 位错误，并可以提供灵活的参量选择，码长可达到上百位，因此它是目前同样码长和码率的所有分组码中的最优码。然而，求 BCH 码的生成多项式是一项非常繁琐的工作。前人已经将 BCH 码生成多项式的研究结果列成表，通过查表可以得到不同 n、k、t 取值情况下 BCH 码的生成多项式 $g(x)$，工程设计中查表可直接获得。表 3-3 和表 3-4 示例了部分本原 BCH 码和非本原 BCH 码的生成多项式，表中生成多项式系数用八进制数字表示。

表 3-3　部分本原 BCH 码的生成多项式

n	k	t	生成多项式 $g(x)$ 的系数（八进制）
7	4	1	13
15	11	1	23
	7	2	721
	5	3	2467
31	21	2	3551
	16	3	107657
	11	5	5423325
63	51	2	12471
	45	3	1701317
	39	4	166623567
	30	6	157464165547
127	113	2	41567
	106	3	11554743
255	239	2	267543
	231	3	156720665
511	493	2	1132353

表 3-4　部分非本原 BCH 码的生成多项式

n	k	t	生成多项式 $g(x)$ 的系数（八进制）
17	9	2	727
21	12	2	1663
23	12	3	5343
33	22	2	5145
33	12	4	3777
41	21	4	6647133
47	24	5	43073357
65	3	2	10761
65	40	4	354303067
73	46	4	1717773537

例如，表 3-3 中，$n=15$，$k=11$，$t=1$ 的 BCH 码生成多项式为 $g(x)=(23)_8$，将八进

制数表示成二进制数得到 $g(x)=(23)_8=(010011)_2$，它对应了生成多项式各项的系数，即 $g(x)=x^4+x+1$。

表 3-4 中，(23,12)是一个特殊的非本原 BCH 码，称为格雷码。码距为 7，可以纠正 3 个随机错误，其生成多项式为 $g(x)=(5343)_8=(101011100011)_2$，相应的生成多项式为 $g(x)=x^{11}+x^9+x^7+x^6+x^5+x+1$。实际应用中，BCH 码的码长都是奇数，有时为了得到偶数码长，可将 BCH 码的生成多项式乘以一个因子 $x+1$，它相当于在原 BCH 码上增加了一个校验位，从而得到更强的纠错能力。

3.5.5 RS 码

RS(Reed-Solomon)码是一类具有很强纠错能力的多进制 BCH 码，能同时纠正随机差错和突发差错，是 20 世纪以来信道编码技术中应用最为广泛的一种码型。RS 码具有最大的汉明距离，对于纠正突发错误比较有效，与其他类型的纠错码相比，在冗余符号相同的情况下，RS 码的纠错能力最强。RS 码特别适合用于存在突发错误的信道如移动通信衰落信道和多进制调制的场合，它也被广泛应用于数字电视、数字音频、数字图像等工程实践，以及卫星通信、深空探测、航空通信等数字通信系统中。在战术数据链 Link-16 中也采用了 RS 纠错编码的方法。

在 (n,k)RS 码中，输入信号每 kn 位分成一组，每组包括 k 个符号，每个符号由 m 位组成。一般 RS 码常用 $m=8$ 位，8 位 RS 码具有很大的应用价值。可以纠正 t 个符号错误的 RS 码参量如下：

（1）码长：$n=2^m-1$ 个符号或 $m(2^m-1)$ 位。

（2）信息段：k 个符号或 km 位。

（3）监督段：$n-k=2t$ 个符号或 $m(n-k)$ 位。

（4）最小汉明距离：$d_{\min}=2t+1$ 个符号或 $m(2t+1)$ 位。

例如，(255,223)RS 码表示码块长度共有 255 个符号，其中信息段有 223 个符号，监督段有 32 个检验符号。在这个由 255 个符号组成的码块中，可以纠正在这个码块中出现的 16 个分散的或者 16 个连续的错误符号。

视频

3.6 卷积码

3.6.1 卷积码基本概念

分组码是把 k 位的序列编成 n 位的码组，每个码组的 $n-k$ 个校验位仅与本组码的 k 个信息位有关，而与其他码组无关。为了达到一定的纠错能力和编码效率，分组码的码组长度一般比较大，编译码时必须把整个信息码组存储起来，而由此产生的译码时延随 n 的增大而增加。与分组码不同，卷积码的 n 位编码，不仅与当前段的 k 个信息位有关，还与前面 m 段的信息位有关，整个编码过程可以看成是输入信息序列与由移位寄存器和模 2 和连接方式所决定的另一个序列的卷积，卷积码也由此得名。

卷积码常表示为 (n,k,m)，n 表示卷积码编码器输出端码元数，k 表示编码器输入端信息位，m 表示编码器中寄存器的节数，卷积码的 k 和 n 通常很小。从编码器的输入端来看,卷积码仍以 k 位数据为一组,分组输入。从输出端来看,卷积码是非分组的,它输出的 n 位码元不仅与当前输入的 k 个信息位有关,还与前面 m 段的输入信息位有关,所以卷积码属于有记忆的非分组码。卷积码为有记忆编码,其记忆(或称约束)度为 $N=m+1$,编码过程中互相关联的码元个数为 nN,nN 称为编码的约束长度。卷积码的纠错能力随 N 的增大而提高,而差错率随 N 的增大呈指数下降。在编码器复杂性相同的情况下,卷积码的性能优于分组码,但卷积码没有分组码那样的严密的数学分析,需要通过计算机进行优码的搜索。卷积码的码长较小,因此适合于串行形式传输且时延较小。

3.6.2 卷积码的编译码原理

1. 卷积码编码器

卷积码编码器的一般结构如图 3-10 所示,它包括:n 段输入移位寄存器,每段移位寄存器有 k 级存储单元,共 nk 位寄存器;一组 n 个模 2 加法器,n 等于卷积编码器输出位数,每个模 2 加法器连接到一些移位寄存器的输出端,数目可以不同,连接的移位寄存器也可以不同;n 位输出移位寄存器,n 个模 2 加法器与 n 位输出移位寄存器一一对应链接,模 2 加法器的运算结果即为卷积编码输出,每输入 k 位,得到 n 位输出。

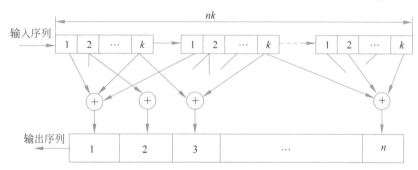

图 3-10　卷积编码器的一般结构

图 3-11 为 $(2,1,2)$ 卷积编码器,图中 $n=2,k=1,m=2$,它由移位寄存器、模 2 加法器和开关电路组成。每输入一位信息经编码器产生两位输出。假设移位寄存器的起始状态为全零,即 $S_1S_2S_3$ 为 000,S_1 为当前输入数据,而移位寄存器状态 S_2S_3 存储之前的数据,输出码字由下式确定。

$$\begin{cases} C_1 = S_1 \oplus S_2 \oplus S_3 \\ C_2 = S_1 \oplus S_3 \end{cases} \tag{3-11}$$

各移位寄存器初始状态为全零。当第一个输入位为 0 时,输出位为 00;输入位为 1,输出位为 11;当第二个输入位进入时,第一位右移一位,此时输出位受到当前输入位和前面输入位的影响;第三个输入位到来时,第一、二个输入位分别右移一位,此时输出位受到当前输入位和前面两个输入位的影响;第四个输入位到来时,第一个输入位移出寄存器而消失,此时输出位受到当前输入位和前面两个输入位的影响。

对于图 3-11,假设输入的信息序列为 11010,为了使信息全部通过移位寄存器,必须在信息码元后面加 3 个 0,即输入序列为 11010000。表 3-5 给出了 $(2,1,2)$ 卷积编码器在移位寄存器的起始状态为全零、编码器输入序列为 11010000 时,对应的编码器输出移位

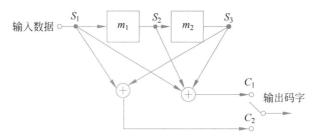

图 3-11 （2,1,2)卷积编码器

寄存器的状态变化过程,其中输入移位寄存器 S_3S_2 的四种状态 00、01、10、11 分别用 a、b、c、d 表示。(2,1,2)卷积码的编码约束度为 3,约束长度为 6。

表 3-5 （2,1,2)卷积编码器的状态变化过程

S_1	1	1	0	1	0	0	0	0
S_3S_2	00	01	11	10	01	10	00	00
C_1C_2	11	01	01	00	10	11	00	00
状态	a	b	d	c	b	c	a	a

2. 卷积码的描述

描述卷积编码器方法有图解法和解析法。图解法包括树状图、状态图、网格图;解析法包括矩阵形式、生成多项式形式。解析法较为抽象,本节仅介绍图解法。

1）树状图

(2,1,2)卷积码编码器中随着输入序列的进入,编码器移位的过程和各种可能的输出序列可用图 3-12 所示的树状图来表示。从节点 a 开始,由 a 出发有两条路径,$a=0$ 取

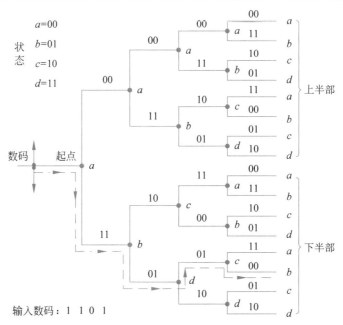

图 3-12 （2,1,2)卷积码树状图

上支路,$a=1$ 取下支路,输入第二位时,移位寄存器右移一位,上支路的状态为 00,下支路状态变为 01。新的比特位到来时,随着移位寄存器状态和输入位的不同,树状图分为 4 个支路,以此类推,可得整个树状图。输入不同的信息序列,编码器走的路径就不同,从而得到输出不同的码序列。例如,输入数据为 1101 时,其路径如图中虚线所示,输出码序列为 11010100,与表 3-5 结果相同。

2)状态图

将已到达稳定状态的一节网格取出,当前状态与下一状态合并,得到图 3-13 所示的状态图。图中,有 a、b、c、d 共 4 个节点,同样分别表示 S_2S_3 的 4 种可能状态:00、01、10、11。每个节点有两条线离开该节点,实线表示输入数据为 0,虚线表示输入数据为 1,两个闭合圆圈分别表示"$a \to a$"和"$d \to d$"的状态转移,线旁的数字即为输出码字。

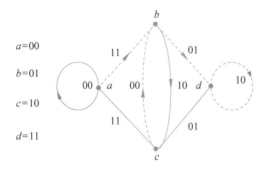

图 3-13 (2,1,2)卷积码的状态图

3)网格图

将树状图进行适当的变形可以得到一种更为紧凑的图解标志方法,即网格图法,如图 3-14 所示。在网格图中,将树状图中具有相同状态的节点(状态)合并在一起,码树上的上分支(对应输入 0)用实线表示,下分支(对应输入 1)用虚线表示。分支上标注的码元为对应的输出,自上而下 4 行节点分别表示 a、b、c、d 四种状态。

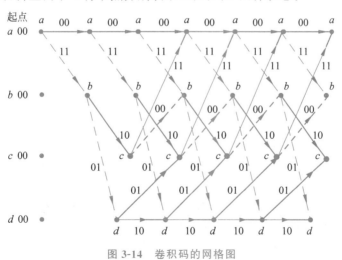

图 3-14 卷积码的网格图

3. 卷积码译码

卷积码译码可分为代数译码和概率译码两大类。代数译码是利用生成矩阵和监督矩阵来译码,最主要的方法大数逻辑译码,该方法利用编码本身的大数结构,而不考虑信道的统计,硬件实现简单,但性能较差。概率译码比较实用的有维特比译码和序列译码两种,其中维特比译码应用较多,这里只简单介绍维特比译码方法。

维特比译码是 1967 年由 Viterbi 提出的一种卷积码的译码算法,该算法在卫星通信中作为标准技术得到了广泛应用,算法的本质是利用最大似然准则进行译码,其基本思想是将接收码字序列与所有可能的发送码字序列进行比较,从中选择与接收序列汉明距离最小的发送序列(汉明距离最小相当于似然函数最大)作为译码输出。对于长度为 k 的二进制发送序列,需要对可能发送的 2^k 个不同的序列的 2^k 条路径似然函数累加进行比较,选取其中最大的一条。显然,译码算法的计算量将随着 k 的增加呈指数增加,实际中需要采取一定的措施简化。维特比译码使用网格图描述卷积码,每个可能的发送序列都与网格中的一条路径相对应。根据网格图的路径汇聚特性,如果在某个节点上发现某条路径已不可能与接收序列的距离最小,就放弃这条路径,然后在剩下的"幸存"路径中重新选择码路径,这样一直进行到最后第 L 级。由于这种方法过早丢弃了那些不可能的路径,因而减小了译码的工作量。

维特比译码的基本步骤:对于网格图第 i 级的每个节点,计算到该节点的所有路径的距离量度,即在前面 $i-1$ 级路径距离量度的基础上累加上第 i 条支路的距离度量,并从中选择距离量度最小的路径作为幸存路径,其他路径丢弃。上述译码过程可概括为"累加—比较—选择"(Accumulation-Compare-Selection,ACS)运算。

以图 3-11 所示的卷积编码器为例来说明维特比译码的过程。设发送信息序列为11010,为了使全部信息位能通过编码器,在发送序列后面加上 3 个 0,即 11010000,可以得到如表 3-5 所示的计算结果,这时编码器输出的序列 1101010010110000,那么移位寄存器的状态转移路线为 $a \rightarrow b \rightarrow d \rightarrow c \rightarrow b \rightarrow c \rightarrow a \rightarrow a$,信息全部离开编码器,最后回到状态 a。

假设接收序列为 0101011010010001,有 4 位码元发生误码,图 3-15 所示的维特比译码网格图说明了整个译码过程。由于该卷积码的约束长度为 6,故先选前 3 段接收序列010101 作为标准。与到达第 3 级 4 个节点的 8 条路径进行对照,逐步算出每条路径与作为标准的接收序列 010101 之间的累计码距。

1)到达第 3 级的情况

到达节点 a 的两条路径是 000000 与 111011,它们与 010101 之间的码距分别是 3 和4;到达节点 b 的两条路径是 000011 和 111000,它们与 010101 之间的码距分别是 3 和4;到达节点 c 的两条路径是 001110 和 110101,它们与 010101 之间的码距分别是 4 和1;到达节点 d 的两条路径是 001101 和 110110,它们与 010101 之间的码距分别是 2 和3。每个节点保留一条码距较小的路径作为幸存路径,它们分别是 000000、000011、110101 和 001101。这些路径就是如图 3-15 所示的到达第 3 级节点 a、b、c、d 的 4 条路径,累计码距分别由括号里的数字标出。

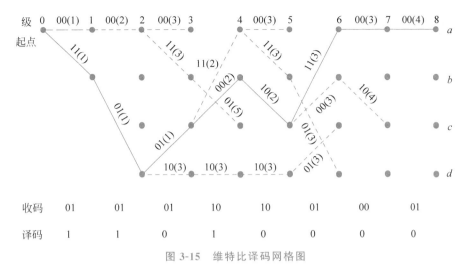

图 3-15　维特比译码网格图

2）到达第 4 级的情况

节点 a 的两条路径是 00000000 和 11010111，节点 b 的两条路径是 00000011 和 11010100，节点 c 的两条路径是 00001110 和 00110101，节点 d 的两条路径是 00110110 和 11011010。将它们与接收序列 01010110 对比求出累计码距，每个节点仅留下一条码距小的路径作为幸存路径，它们分别是 11010111、11010100、00001110 和 00110110。

3）继续筛选幸存路径

逐步推进筛选幸存路径，到第 7 级时，只要选出到达节点 a 和 c 的两条路径即可，因为到达终点第 8 级 a 只可能从第 7 级的节点 a 和 c 出发。最后得到到达终点 a 的一条幸存路径，即为译码路径，如图 3-15 中的实线所示。根据这条路径，对照图 3-14 可知译码结果为 11010000，与发送信息序列一致。

维特比译码需要在网格图的每一列节点处进行累计距离的"累加—比较—选择"运算，并带有译码的回溯过程。译码器应由软、硬件联合组成，译码器的复杂性也将随着状态数和约束长度的增加而上升。根据上面的讨论，可以得出维特比译码器的基本结构，如图 3-16 所示。图中，网格图参量存储器用于寄存可能的发码路径参数，输入变换和支路量度计算将输入信号变换为可用计算距离的量度，并计算收码与可能的发码路径间距离，然后由累加—比较—选择（ACS）电路完成支路量度的"累加—比较—选择"作用，将计算结果存入路径量度存储器，再进行最佳路径选择，利用输出缓冲器完成回溯译码过程。

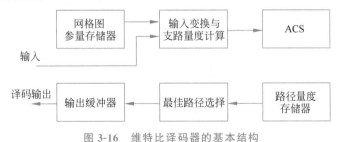

图 3-16　维特比译码器的基本结构

视频

3.7 高性能信道编码

3.7.1 Turbo 码

1. Turbo 码的概念

Turbo 码又称并行级联卷积码,它是由 Berrou 等于 1993 年在国际 ICC 会议上提出的一种新型的信道纠错编码。Turbo 码巧妙地将卷积码和随机交织器结合在一起,能够产生很长的码字并提供更好的传输性能,达到接近随机编码的目的。如果译码方式和参数选择得当,Turbo 码性能可以接近香农(Shannon)极限。因此,这一超乎寻常的优异性能引起了信息与编码理论界的轰动。

由于 Turbo 码的优异性能不是从理论研究角度给出的,而仅是计算机仿真的结果,因此 Turbo 码的理论基础还不完善。随着研究的不断深入,其性能也不断提高,并在强干扰环境下显示了其广阔的应用前景。目前,Turbo 码已经成为以大容量、高数据率和承载多媒体业务为目的的信道编码方案,例如移动卫星通信系统组织公布的 Inmarsat-F 系统中就用到了 Turbo 编码技术。此外,Turbo 码在高清晰度数字电视传输系统应用中能使大量的数字信号准确无误地传输,真正做到高清晰度的图像质量。不仅如此,迭代译码的思想已经作为"Turbo 原理"而广泛应用于均衡、调制、信道检测等领域。

香农极限定理指出,要想在一个存在噪声的确定带宽的信道中可靠地传送信号,可以加大信噪比或在信号编码中加入附加的纠错码;若要想通过提高信号编码效率来达到信道容量要求,就要使编码的长度尽可能长而且尽可能随机,但这在实际中计算量太大而不可能实现。Turbo 码的不同之处在于:它通过一个交织器,使之达到接近香农极限的性能。此外,它采用迭代译码策略来逼近最大似然译码,使得译码复杂性大大降低。

Turbo 码最初以并行级联卷积码(Parallel Concatenated Convolutional Code,PCCC)的形式出现,后来为了克服误码率的错误平层(误码率曲线随着信噪比增加在某一点斜率变缓),Benedetto 和 Divsalar 等提出了串行级联卷积码(Serial Concatenated Convolutional Code,SCCC),又称为串行级联 Turbo 码,后来又将 PCCC 与 SCCC 结合,设计了混合级联卷积码(Hybrid Concatenated Convolutional Code,HCCC)。鉴于理论分析不完善,实现过程复杂,此处仅对 PCCC 的编译码原理进行简单分析和介绍。

2. Turbo 码的编码原理

Turbo 编码器由两个或两个以上的简单分量编码器(也称子编码器)通过交织器并行级联在一起构成,如图 3-17 所示。图中两个分量编码器分别采用递归系统卷积(Recursive Systematic Convolutional,RSC)码编码器,且具有完全相同的结构。交织器是一个单输入单输出设备,由一定数量的存储单元构成,$M \times N$ 存储单元构成存储矩阵(其中 M 为存储矩阵的行数,N 为存储单元的列数),各个存储单元可用它在矩阵中所处的行数和列数来表示。交织器的输入和输出符号序列有相同的字符集,只是各符号在输入与输出序列中的排列顺序不同。编码器将输入数据的 n 位分为一组,由编码器 1 进行行编码,再经过交织器由编码器 2 进行列编码。对两路编码的校验位进行抽取,删除适当码元以提高码率。卷积码码率较低,可进行抽取;分组码码率较高,可直接省略。最后进行复接,完成串并转换。

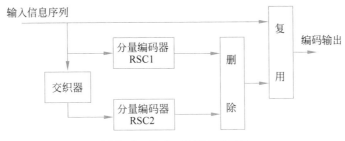

图 3-17 Turbo 码编码器结构

交织器的引入可以说是 Turbo 码的一大特色,信息位流顺序流入交织器,以某种方式乱序读出,或者以乱序形式读入,再以顺序形式读出。交织器的作用一般是对抗突发错误,更重要的是它可以改变码的重量分布,将原始信息序列打乱,使交织前后的信息序列的相关性减弱。交织长度越长,相邻反馈信号的相关性就越低,可更好地实现迭代译码。

交织器的设计准则:最大程度地置乱原始数据排列顺序,避免置换前相距较近的数据在置换后仍相距较近,特别要避免置换前相邻数据在置换后再次相邻;尽可能避免与同一信息位直接相关的两个分量编码器中的校验位在复用时均被删除;对于不归零的编码器,交织器设计时要避免出现错误平层效应。在满足上述要求的交织器中再选择一个好的交织器,使码字之间的最小距离 d_{min} 尽可能大,而码重为 d_{min} 的码字数要尽可能少,以改善 Turbo 码在高信噪比时的性能。

3. Turbo 码的译码

Turbo 码的译码过程采用迭代反馈的方法,每次迭代采用的是软输入和软输出,并不断地将输出的码元反馈到输入,与输入进行比较以增加译码的正确性。Turbo 码译码器结构如图 3-18 所示,由两个软输入软、输出译码器 DEC1 和 DEC2 串行级联组成,交织器与编码器中所使用的交织器相同。Turbo 码的译码过程:译码器 DEC1 对分量编码器 RSC1 输出的校验码进行最佳译码,产生关于信息序列中每位的似然信息,并将其中的"新信息"经过交织送给 DEC2。译码器 DEC2 将此信息作为先验信息,对分量编码器 RSC2 输出的校验码进行最佳译码,产生关于交织后的信息序列中每位的似然信息,将其中的"新信息"经过解交织送给 DEC1,进行下一次译码。这样经过多次迭代,DEC1 和 DEC2 的新信息趋于稳定,似然比渐近值逼近于对整个码的最大似然译码,然后对此似然比进行判决,即可得到信息序列的每位的最佳估值序列。

Turbo 码译码器采用迭代译码,它是由 Bahl、Cocke、Jelinek 和 Raviv 提出来的,其策略是根据接收序列计算后验概率,为降低长码计算的复杂度,由两个分量码译码器分别计算后验概率。常见的 Turbo 码的译码算法有最大后验概率(MAP)算法、BCJR 算法、对数域的 LOG-MAP 算法及 MAX-LOG-MAP 算法、减少状态搜索的 M-BCJR 算法和 T-BCJR 算法等。

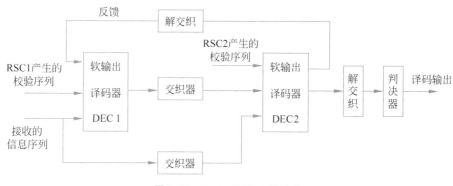

图 3-18　Turbo 码译码器结构

　　Turbo 码的优点是编码性能高,编码后的速率接近香农容量极限,同时编码的可靠性增强,但时延较大,因此 Turbo 码适用于对误块率要求严格,时延要求不严格的场合,如移动通信网络中的高速下载类业务。在 3G 移动通信、WiMAX、深空通信等许多国际标准中,Turbo 码作为首推的纠错编码。从目前的研究结果看,Turbo 码在学术界研究中的地位相当重要,Turbo 码与空时编码、网格编码调制(TCM)的结合、Turbo 码均衡技术、Turbo 码多用户检测技术以及在多输入多输出(Multiple Input and Multiple Output,MIMO)信道、协作通信中的应用均为当前的研究热点。

3.7.2　LDPC 码

1. LDPC 码的基本概念

　　虽然 Turbo 码获得了极大的成功,但是 Turbo 码也存在一些缺点,如译码复杂度相对较大、译码时延长等。美国麻省理工学院的 Gallager 于 1963 年提出一种具有稀疏奇偶校验矩阵的分组码——低密度奇偶校验(Low Density Parity Check,LDPC)码。LDPC 码具有以下优点:①码本身具有良好的内交织特性,抗突发差错能力强,从而避免了专门引入交织器所带来的时延;②具有更好的分组误码性能,错误平层大大降低;③描述简单,理论分析具有可验证性;④译码复杂度低于 Turbo 码,且可实现完全的并行操作,便于硬件实现;⑤吞吐量大,具有高速译码能力。

　　目前,LDPC 码被认为是迄今为止性能最好的码,是当今信道编码领域的最令人瞩目的研究热点,近几年国际上对 LDPC 码的理论研究、工程应用和超大规模集成电路(VLSI)实现方面的研究都已取得重要进展。目前 LDPC 编码技术在欧洲卫星广播系统DVB-S53、深空通信、磁记录系统、4G 和 5G 移动通信等领域均有应用。另外 LDPC 与MIMO、OFDM 等技术的结合也是当前热点研究的问题。

　　LDPC 码是一种线性分组码,由其校验矩阵 $\boldsymbol{H}$ 的稀疏性而得名,即校验矩阵中大部分元素为“0”,仅包含很少的非零元素。可以理解为 n 维线性空间上的 k 维线性子空间,也可以看作满足一系列约束方程的解向量的集合。码长为 n、校验位长度为 r、信息位长度 $k=n-r$ 的 LDPC 码 C 可以由校验矩阵 $\boldsymbol{H}$ 唯一确定。$\boldsymbol{H}$ 的每一行对应一个校验方程,每一列对应码字的一位,满足如下方程的 n 维向量 $\boldsymbol{V}$:

$$HV^{\mathrm{T}} = \mathbf{0} \tag{3-12}$$

即为码 C 的一个码字。H 的每一行中非零元素的个数 ρ 称为 H 的行重,也称校验节点的"度",代表参与该行对应校验方程的变量节点的个数;每一列中非零元素的个数 λ 称为 H 的列重,也称变量节点的"度",代表该列对应码字比特参与校验方程的个数。

根据校验矩阵行列重的不同,LDPC 码可分为规则 LDPC 码和非规则 LDPC 码。若校验矩阵 H 每行的非零元素个数相同,且每列中非零元素个数也相同,则该 LDPC 称为规则 LDPC 码;否则,称为非规则 LDPC 码。

规则 LDPC 码是一个 m 行 n 列的稀疏矩阵 $H_{m \times n}$ 的零空间,H 为 LDPC 码的校验矩阵。规则 LDPC 码的校验矩阵为稀疏矩阵,具有如下特性:

(1)所有行重都为一固定值 ρ;

(2)所有列重都为一固定值 λ;

(3)任意两行(列)中的"1"在共同位置最多只出现 1 次;

(4)行重和列重相对于码长来说都非常小。

规则 LDPC 码通常用 (n, λ, ρ) 表示。对于规则 LDPC 码,显然,$r\rho = n\lambda$ 成立。一个简单的规则 LDPC 码 $(10, 2, 4)$ 的校验矩阵如下:

$$H = \begin{bmatrix} 1 & 1 & 1 & 1 & 0 & 0 & 0 & 0 & 0 & 0 \\ 1 & 0 & 0 & 0 & 1 & 1 & 1 & 0 & 0 & 0 \\ 0 & 1 & 0 & 0 & 1 & 0 & 0 & 1 & 1 & 0 \\ 0 & 0 & 1 & 0 & 0 & 1 & 0 & 1 & 0 & 1 \\ 0 & 0 & 0 & 1 & 0 & 0 & 1 & 0 & 1 & 1 \end{bmatrix} \tag{3-13}$$

式中的校验矩阵是一个系数矩阵,对应的 LDPC 码的码长 $n = 10$,列重 $\lambda = 2$,行重 $\rho = 4$。

2. LDPC 码的 Tanner 图表示

LDPC 码的校验矩阵也可以利用图论中的二分图表示。图 3-19 给出了 $(10, 2, 24)$ 规则 LDPC 码的 Tanner 图。图的下方有 n 个节点,每个节点表示码字的信息位,对应于校验矩阵的各列;图的上方有 r 个节点,每个节点表示码字的一个校验集,称为校验节点,代表校验方程,对应于校验矩阵的各行;与校验矩阵中"1"的元素相对应的左右两节点之间存在连接边,这两条边两端的节点称为相邻节点,每个节点相连的边数称为该节点的度数。图 3-20 为 $(7, 3)$ 非规则 LDPC 码的 Tanner 图。

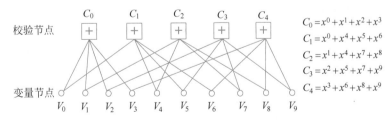

图 3-19 $(10, 2, 4)$ 规则 LDPC 码的 Tanner 图

对于规则 LDPC 码,其 Tanner 图中所有校验节点的度都相同(等于 ρ),所有变量节点的度也都相同(等于 λ)。而对于非规则 LDPC 码,其 Tanner 图中校验节点的度不一定

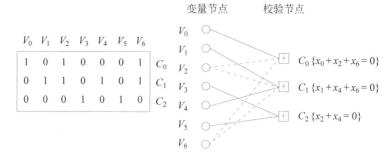

图 3-20 （7,3）非规则 LDPC 码的 Tanner 图

相同，变量节点的度也不一定相同。一般来说，非规则 LDPC 码的性能优于规则 LDPC 码。非规则 LDPC 码一般用其度分布序列 $\{\rho_i\}$ 和 $\{\lambda_i\}$ 或者多项式 $\rho(x)$ 和 $\lambda(x)$ 表示：

$$\rho(x) = \sum_{i=1}^{d_c} \rho_i x^{i-1}, \quad \lambda(x) = \sum_{j=1}^{d_v} \lambda_j x^{j-1} \tag{3-14}$$

式中：ρ_i 表示与度为 i 的校验节点相连的边的个数与总边数之比；λ_j 表示与度为 j 的变量节点相连的边的个数与总边数之比；d_c 和 d_v 分别是校验节点和变量节点的最大度数。

显然，$\sum_{i=1}^{d_c} \rho_i = 1$，$\sum_{j=1}^{d_v} \lambda_j = 1$。

一个 LDPC 码 C 有多个不同的校验矩阵，即不同的校验矩阵的零空间可能给出同一个码，因此码 C 具有多个 Tanner 图表示，尽管这些 Tanner 图对应同一个码，但基于不同 Tanner 图的迭代译码将会给出不同的译码性能，所以构造 LDPC 码的校验矩阵时需遵循一定的准则，以获得较好的纠错性能。

在 Tanner 图中，从一个节点出发，在经过不同节点后回到同一个节点所构成的图称为一个环。图 3-20 中，虚线部分构成了一个环。该环遍历 4 条边，称其为 4 环。在 Tanner 图中会存在许多这样的闭合环路，其中最短的闭合环路的长度称为该图的围长。因为 Tanner 图中任意两节点之间最多有一条边相连，因此图中的环的长度均为偶数且大于等于 4。由于 LDPC 码译码采用迭代译码，其算法的推导是基于在节点间传递的信息统计独立的假设的，当 LDPC 码校验矩阵对应的 Tanner 图中存在长度为 $2l$ 的环路时，这些消息只在前 l 轮迭代过程中满足独立性假设（译码的迭代过程包括一次比特节点更新和一次校验节点更新），因此小循环的存在会影响 LDPC 码的译码性能。在设计 LDPC 码的校验矩阵时，尤其要避免最短环 4 的出现，环 4 的出现将极大地影响 LDPC 码的性能。希望在 LDPC 码的 Tanner 图中大围长多，小围长少。

3. LDPC 码的构造

LDPC 码是定义在稀疏奇偶校验矩阵上的一种线性分组码，LDPC 码的构造就是稀疏奇偶校验矩阵的构造。根据构造方式的不同，LDPC 码的构造大致可以分为随机构造法和结构化构造法。

随机构造法是一种非确定性的构造方法，是在一定的约束条件下通过计算机随机搜索的方法构造校验矩阵,即在给定基本的构造参数(n,λ,ρ)基础上,通过向一个全零的稀疏校验矩阵中随机填充"1",使填充进去的"1"的位置符合构造的约束条件。相对于随机构造方法构造出来的校验矩阵中非零元素的位置杂乱无序,结构化构造方法构造出来的校验矩阵的非零元素具有分块的特点。为了能够保证 LDPC 码易于硬件实现的特点,很多结构化构造方法都使用了基于准循环 LDPC(QC-LDPC)移位的方法。

4. LDPC 码的译码

Gallager 给出了硬判决算法和软判决算法两种迭代译码算法。硬判决算法操作简单,易于硬件实现,但是性能较差;软判决算法性能较好,但实现复杂度较高。

在硬判决算法方面,最基本的硬判决是 Gallager 提出的比特翻转(Bit-Flipping,BF)算法,其基本思想是传输序列的某一比特参与的校验方程错误越多,则认为此比特错误的概率越大,因此翻转该比特。BF 算法是简单的硬判决算法,仅需要逻辑运算,实现非常简单,但译码性能一般。为了改善硬判决译码的性能,Y. Kou 和 F. Guo 等提出了一种基于软信息的加权比特翻转(Weighted Bit-Flipping,WBF)算法以及可靠性加权比特翻转(Reliability Ratio based Weighted Bit-Flipping,RRWBF)算法。

在软判决算法方面,Gallager 提出了基于置信传播(Belief Propagation,BP)的迭代译码算法,这是一种软输入迭代概率译码算法。置信传播算法中传递的信息是前一级计算软判决输出的概率或似然比。BP 算法主要分为三个步骤。首先进行初始化,每个变量节点根据信道输出值计算其先验消息,然后进入消息迭代过程。每轮迭代中,每个校验节点根据收到的最新消息进行消息更新并将更新后的消息传递给与其相连的每个变量节点;然后每个变量节点利用初始消息及收到的最新校验节点消息进行消息更新,并将更新后的消息传递给与其相连的每个校验节点。每轮迭代后,每个变量节点进行译码判决,若得到的判决序列满足所有的校验方程则显示译码成功,否则进行新一轮迭代直至译码成功或者达到预先设定的最大迭代次数并显示译码失败。

不管是硬判决还是软判决,LDPC 码的译码均采用迭代算法。LDPC 码的译码既可以选择实现简单、性能稍差的 BF 硬判决算法,也可以选择实现复杂、性能优越的 BP 软判决算法,还可以选择趋于中间的各种改进型算法。

3.7.3 TCM 码

1. TCM 的基本概念

在传统的数字通信系统中,发送端的纠错编码和调制是分开进行的,接收端的译码和解调也是分开进行的。纠错编码需要冗余度,在码流中增加监督比特可达到检错或纠错的目的,但此时码流的比特速率增加,编码后信号速率增加,相应传输带宽需求增加。若系统带宽一定,则编码增益需要依靠降低信息传输速率来获得。若要求不降低信息传输速率,编码增益又需要依靠牺牲带宽来获得。若系统频带受限,则需要通过增加信号点集以降低因编码冗余引起的带宽增加。信号点集的增加使信号空间距离减小,因此造成误码性能变差,在系统功率受限情况下无法保证误码性能。若调制和编码仍按传统的相互独立方法进行设计,则无法得到令人满意的效果。

网格编码调制是由 Ungerbock 在 1982 年提出的一种高级的编码调制方法,其本质是将编码和调制相结合,利用信号集空间的冗余度来进一步降低误码率。在加性高斯白噪声信道中,这样处理后使得决定系统性能的主要参数由卷积码的汉明距离转化为传输信号间的欧几里得距离。因此最佳网络编码的设计是基于欧几里得距离,这就要求必须将编码器和调制器当作一个统一的整体进行综合设计,使得编码器和调制器级联后产生的编码信号序列具有最大的欧几里得距离。从信号空间的角度看,这种最佳编码调制的设计实际上是一种对信号空间的最佳分割。

TCM 技术与常规的非编码多进制调制相比具有较大的编码增益且不降低频带利用率,所以特别适合限带信道的信号传输。网格编码有两个以下基本特征:

(1) 在信号空间的信号点数目比无编码的调制情况下对应的信号点数目要多(通常增加 1 倍),增加的信号点使编码有了冗余,而不牺牲带宽。

(2) 采用卷积码编码规则,在一系列信号点之间引入依赖关系,使得只有某些信号点图样是许可使用的信号序列,并可模型化为格状网络,因而称为"网格"编码调制。

2. TCM 的编译码原理

TCM 最优码是按照编码信号的网格图确定的,TCM 最优码方案通过一种特殊的信号映射可变成卷积码形式,这种映射的原理是将调制信号集合分割成子集,使得子集内信号间具有更大的欧几里得距离。因此,TCM 设计的一个主要目标是寻找与各种调制方式对应的卷积码,卷积码的每个分支与信号点映射后,使得每条信号路径之间有最大的欧几里得距离。根据这个目标,对于多电平/多相位的二维信号空间,把信号点集不断地扩大为 2、4、8 等多个子集,使它们之间的信号点的最小距离不断增大,这种映射关系称为集合分割映射。集合分割映射的每一次分割是将一个较大的信号子集分割成较小的两个子集,这样可得到一个表示集合分割的二叉树,每经过一次分割,子集数加倍,而子集内信号最小距离增加,一直分割到子集内只含欧几里得距离最大的两个点。

下面举例说明集合分割映射的具体实现。图 3-21 给出了 8PSK 信号的集合分割映射过程示意图。图中,所有 8 个信号点分布在一个圆周上,经连续 3 次划分后,分别产生 2、4、8 个子集,它们的共同点是最小码距逐次增大,即 $d_0 < d_1 < d_2$。设最上层星座图的圆的半径为 1,则该层信号的最小欧几里得距离 $d_0 = 2\sin(\pi/8) = 0.765$。第一级分割后,得到 2 个子集,每个子集相当于一个 QPSK,此时信号的最小欧几里得距离 $d_1 = 1.414$。第二级分割后,得到 4 个子集,每个子集相当于一个 2PSK,信号的最小欧几里得距离 $d_2 = 2$。从图 3-21 可以看出每次分割后,信号的欧几里得距离都得到增加。

根据集合分割的思想,可以设计比较简单而有效的 TCM 编码方案,TCM 编码调制器的系统结构如图 3-22 所示。设输入码字有 n 位,无编码调制时,二维信号空间中应有 2^n 个信号点与之对应。当采用编码调制时,为增加冗余度,有 2^{n+1} 个信号点对应。在图 3-21 中,可划分为 4 个子集,对应于码字的 1 位加到编码效率为 1/2 的卷积码输入端,输出 2 位,选择相应的子集,码字剩余的未编码数据比特确定信号与子集中信号点之间的映射关系。

TCM 系统使用冗余多进制调制与一个有限状态的网格编码器相结合,由编码器控

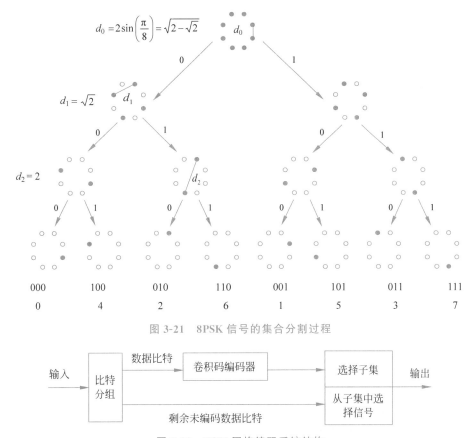

$$d_0 = 2\sin\left(\frac{\pi}{8}\right) = \sqrt{2-\sqrt{2}}$$

$$d_1 = \sqrt{2}$$

$$d_2 = 2$$

图 3-21　8PSK 信号的集合分割过程

图 3-22　TCM 网格编码系统结构

制选择调制信号,以产生编码符号序列,编码器和调制器级联后产生的编码信号序列具有最大的欧几里得自由距离。当编码调制后的信号序列经过一个加性高斯白噪声信道后,在接收端可以采用维特比算法实现译码。用维特比算法寻找最佳格状路径,以最小码距为准则,执行最大似然序列检测解调出接收的信号序列。在格状图中,每一条支路对应一个子集,而不是一个信号点。检测的第一步是确定信号点,首先确定信号点所在的子集,在码间距离意义下,这个子集是最靠近接收信号点的子集。信号点确定后,它和接收点之间的平方欧几里得距离可用于以后的支路求解,并可用维特比算法继续求解。

TCM 技术自提出以后就得到了广泛的研究和应用。1984 年 Wei 针对信道中的各种干扰因素对相位的影响,提出了克服相位模糊的旋转不变码。从理论上分析,3dB 以内的编码增益可以通过增加网格码编码寄存器的状态数得到;但当状态数增加到一定程度后,编码增益的增加变得十分缓慢,而实现电路的复杂性却呈指数形式增长,实现电路的复杂性几乎抵消了由增加状态数而带来的编码增益。于是 Forney 等提出了带限信道上的多维 TCM 技术。由于网格编码调制可以得到具有最大欧几里得距离的码序列,因此在多进制调制场合获得了广泛应用,如计算机上用的调制解调器、卫星通信以及一些移动通信系统等。Turbo 码作为级联卷积码,也可以与调制技术联合设计,实现 Turbo-TCM。

习题

1. 话音编码和数据压缩编码的实现方法有哪些?

2. 简述波形编码、参量编码和混合编码各自的特点。

3. 设信源共有 8 个信源符号,其概率分布为

$$\begin{bmatrix} X \\ P(X) \end{bmatrix} = \begin{bmatrix} x_1 & x_2 & x_3 & x_4 & x_5 & x_6 & x_7 & x_8 \\ 0.37 & 0.16 & 0.14 & 0.13 & 0.07 & 0.06 & 0.04 & 0.03 \end{bmatrix}$$

试对该信源进行香农编码和霍夫曼编码,并计算各自的平均码长和编码效率。

4. 简述统计编码、预测编码和变换编码的基本原理及特点。

5. 简述差错控制方式的种类及各自的优缺点。

6. 已知(7,3)分组码的监督关系式为

$$\begin{cases} x_6 + x_3 + x_2 + x_1 = 0 \\ x_6 + x_2 + x_1 + x_0 = 0 \\ x_6 + x_5 + x_1 = 0 \\ x_6 + x_4 + x_0 = 0 \end{cases}$$

求其监督矩阵、生成矩阵、全部码字及纠错能力。

7. 已知(15,7)循环码,生成多项式 $g(x) = x^8 + x^7 + x^6 + x^4 + 1$。

(1)写出该循环码的生成矩阵;(2)若信息码组为 0011001,写出系统的输出码组。

8. 已知一个(3,1,2)卷积码 $g_1(x) = x^2 + x + 1$,$g_2(x) = x^2 + x + 1$,$g_3(x) = x^2 + 1$。

(1)画出该编码器的框图;(2)画出状态图、树图;(3)求该码的自由距离。

9. 简述卷积编码、Viterbi 译码的原理。

10. 简述 Turbo 码和 LDPC 码的基本原理和特点。

第 **4** 章

航空通信调制解调技术

航空通信的基本任务是把需要传送的信息(声音、文字或图像等)变换成无线电波传送到飞机或地面。对信息传送的基本要求:一是传送距离远;二是能实现多路传输,且各路信号传输时互不干扰。为了满足这些要求,需要引入调制技术。调制技术是一种信号处理技术,无论在模拟通信、数字通信,还是数据通信中都扮演着重要角色。本章讨论航空通信中常用的调制解调技术。

视频

4.1 调制技术概述

4.1.1 调制技术基本概念

调制就是将基带信号加载到高频载波上的过程,其目的是将需要传输的模拟信号或数字信号变换成适合于信道传输的频带信号,以满足无线通信对信息传输的基本要求。解调则是将基带信号从载波中提取出来以便接收者处理和理解的过程。

调制的实质是频谱搬移,即将携带信息的基带信号的频谱搬移到较高的频率范围。基带信号也称调制信号,经过调制后的信号称为频带信号或已调信号。已调信号具有三个特征:一是携带原始信息;二是适合信道传输;三是信号的频谱具有带通形式,且中心频率远离零频率。

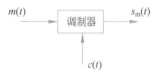

图 4-1 调制器的模型

调制器的模型如图 4-1 所示,它可以看作一个非线性网络,其中 $m(t)$ 为基带信号,$c(t)$ 为载波,$s_{\mathrm{m}}(t)$ 为已调信号。基带信号属于低频范围,直接发送存在两个缺点:一是很难实现多路远距离通信;二是要求有很长的天线,很难制作和架设。载波信号是高频信号,若采用无线电波发射,天线尺寸可以很小,不同电台可以采用不同的频率,实现多路互不干扰的传输。

4.1.2 调制技术分类

根据基带信号 $m(t)$、载波 $c(t)$ 和调制器功能的不同,调制技术有不同的分类:

根据基带信号 $m(t)$ 是模拟信号还是数字信号,调制可分为模拟调制和数字调制。

根据载波信号 $c(t)$ 是连续载波还是脉冲载波,调制可分为连续载波调制和脉冲载波调制。连续载波调制以正弦波信号作为载波,而脉冲调制以脉冲序列作为载波。

根据基带信号对载波的控制参量(幅度、频率、相位)不同,调制可分为幅度调制(如幅度调制(AM)、幅移键控(ASK)调制)、频率调制(如频率调制(FM)、频移键控(FSK)调制)和相位调制(如相位调制(PM)、相移键控(PSK)调制)。

根据调制器频谱搬移特性,调制可分为线性调制和非线性调制。线性调制中,输出已调信号 $s_{\mathrm{m}}(t)$ 的频谱是基带信号 $m(t)$ 频谱的线性搬移,两者频谱结构相同,如 AM、双边带(DSB)、单边带(SSB)、ASK 等调制技术;非线性调制中输出已调信号 $s_{\mathrm{m}}(t)$ 的频谱是基带信号 $m(t)$ 频谱结构不同,两者不是线性关系,如 FM、PM、FSK、PSK 等调制方式本质上均属于非线性调制。

调制方式的选择对无线通信系统信息传输的有效性和可靠性有重大影响,选择合适的调制方式通常要考虑以下几点因素：信号传输距离的要求，数据和话音传输速率的需求；使用频段的传播特性；频谱效率；设备复杂度、可靠性、尺寸、重量和费用。在通信系统设计中，根据香农公式给出的所有相关要素，通常需要在要素间做出权衡以达到工程应用的最佳效果。

航空通信中，由于空间信道的开放性和有限性，大量的干扰导致通信可靠性降低，需要高效调制解调技术以提高系统的抗干扰性能，降低误码率。

本章在回顾基本调制方式的基础上，重点介绍性能优越的几种数字调制技术，如最小频移键控(MSK)、高斯滤波最小频移键控(GMSK)、四相相移键控(QPSK/DQPSK)、交错四相相移键控(OQPSK)、π/4 正交相移键控(π/4-DQPSK)、正交振幅调制(QAM)和正交频分复用(OFDM)等技术。

4.2 模拟调制技术

视频

模拟调制是指调制信号为模拟信号，载波为正弦信号的连续波的调制方式。通常，一个正弦波可用下式表示：

$$S(t) = A(t)\sin[\omega t + \varphi(t)] \tag{4-1}$$

式中：t 为时间；A 为正弦波的振幅；ω 为角频率；φ 为相位。

用模拟基带信号去改变正弦波的 A、ω、φ 三个参量之一，将分别得到幅度调制、频率调制、相位调制三种已调信号。

在早期航空飞行中，航空话音通信占主导地位，调幅制和调频制是航空话音通信的主要调制方式。

4.2.1 幅度调制

用调制信号控制载波的振幅，使载波的振幅随着调制信号的变化而变化。调幅波的频率仍是载波的频率，调幅波的包络形状反映了调制信号的波形。调幅系统属于线性调制，实现简单；但抗干扰性差，传输时信号容易失真。幅度调制有常规调幅、双边带调幅、单边带调幅三种类型。

1. 常规调幅

AM 信号的时域、频域表达形式为

$$s_{AM}(t) = [A_0 + m(t)]\cos\omega_c t = A_0\cos\omega_c t + m(t)\cos\omega_c t \tag{4-2}$$

$$S_{AM}(\omega) = \pi A_0[\delta(\omega + \omega_c) + \delta(\omega - \omega_c)] + 1/2[M(\omega + \omega_c) + M(\omega - \omega_c)] \tag{4-3}$$

AM 信号的产生与解调如图 4-2 所示。

AM 信号的解调方法有相干解调和包络检波解调。为了保证包络检波时不发生失真，必须满足 $A_0 \geqslant |m(t)|_{max}$。

采用 AM 调制传输信息的优点是可以采用包络检波法，解调电路简单；缺点是载波分量不携带任何信息却占据了大部分功率，所以调制效率较低。

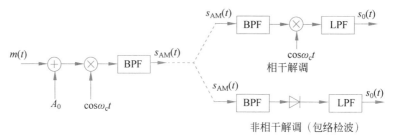

图 4-2　AM 信号的产生与解调

2. 双边带调制

DSB 信号的时域、频域表达式为

$$s_{DSB}(t) = m(t)\cos\omega_c t = m(t)\cos\omega_c t \tag{4-4}$$

$$S_{DSB}(\omega) = 1/2[M(\omega+\omega_c) + M(\omega-\omega_c)] \tag{4-5}$$

DSB 信号的产生与解调如图 4-3 所示。

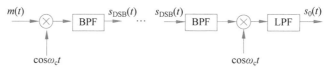

图 4-3　DSB 信号的产生与解调

　　DSB 调制的优点是节省了载波发射功率，调制效率高，调制电路简单，仅用一个乘法器就可实现；缺点是占用频带比较宽，为基带信号的 2 倍，解调必须采用相干解调方式。

3. 单边带调制

SSB 信号的时域、频域表达形式为

$$s_{SSB}(t) = 1/2(\cos\omega_m t\cos\omega_c t \mp \sin\omega_m t\sin\omega_c t) \tag{4-6}$$

$$S_{SSB}(\omega) = \mathcal{F}^{-1}\{1/2(\cos\omega_m t\cos\omega_c t \mp \sin\omega_m t\sin\omega_c t)\} \tag{4-7}$$

SSB 信号的产生与解调如图 4-4 所示。

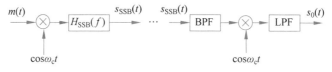

图 4-4　SSB 信号的产生与解调

　　实际应用中，SSB 信号的产生除了图 4-4 所示的滤波法外，还可以采用相移法和混合法来产生，这里不再赘述。

　　单边带信号的解调方法与双边带信号相同，其区别在于解调器之前的带通滤波器。在 SSB 调制时，带通滤波器只让一个边带信号通过，而双边带信号必须让上下两个边带通过。

　　与常规的双边带调幅方式相比，SSB 通信具有的优点是发射功率小，调制效率高，频带宽度只有 DSB 的 1/2，频带利用率提高了 1 倍；缺点是单边带滤波器实现难度大。SSB 是航空短波通信广泛采用的调制方式。

4.2.2　角度调制

与线性调制不同,角度调制的已调信号的频谱不再是原调制信号频谱的线性搬移,而是频谱的非线性变换,故称为非线性调制。角度调制可分为频率调制和相位调制,即载波的幅度保持不变,载波的频率或相位随着基带信号的变化而变化。

角度调制信号的一般表达式为

$$s_{\mathrm{m}}(t)=A\cos\left[\omega_{\mathrm{c}}t+\varphi(t)\right] \tag{4-8}$$

相位调制是指载波相位随调制信号的变化而变化,即 $\varphi(t)=K_{\mathrm{P}}m(t)$,从而调相信号可表示为

$$s_{\mathrm{PM}}(t)=A\cos\left[\omega_{\mathrm{c}}t+K_{\mathrm{P}}m(t)\right] \tag{4-9}$$

频率调制是指载波频率随调制信号的变化而变化,即 $\dfrac{\mathrm{d}\varphi(t)}{\mathrm{d}t}=K_{\mathrm{F}}m(t)$,从而调频信号可表示为

$$s_{\mathrm{FM}}(t)=A\cos\left[\omega_{\mathrm{c}}t+K_{\mathrm{F}}\int_{-\infty}^{t}m(\tau)\mathrm{d}\tau\right] \tag{4-10}$$

调频指数为

$$m_{\mathrm{f}}=\frac{K_{\mathrm{F}}}{\omega_{\mathrm{m}}}=\frac{\Delta f}{f_{\mathrm{m}}}$$

可见,FM 和 PM 非常相似,若预先不知道调制信号的具体形式,则无法判断已调信号是调频信号还是调相信号。若将调制信号先微分再进行调频,则可得到调相信号;若将调制信号先积分再进行调相,则可得到调频信号。调频和调相没有本质的区别,两者之间可以互换。

1. 调频信号的产生

1)直接法

利用调制信号直接控制压控振荡器(VCO)的频率,使其按调制信号的规律线性变化。

2)间接法

图 4-5 中,窄带调频信号经 N 次倍频后,可以使调频信号的载频和调制指数增加 N 倍,从而由窄带调频信号变为宽带调频信号。

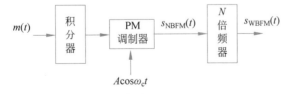

图 4-5　间接调频框图

2. 调频信号的解调

1)非相干解调(鉴频器解调)

非相干解调也称鉴频器解调,鉴频器把频率的变化转换为电压的变化,如图 4-6

所示。

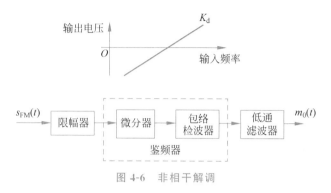

图 4-6 非相干解调

2) 相干解调

调频信号的相干解调如图 4-7 所示。

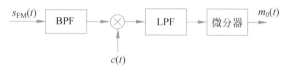

图 4-7 调频信号的相干解调

4.2.3 各种模拟调制系统的比较

图 4-8 表示 DSB、SSB、AM 及 FM 调制系统的性能曲线。其中 AM 和 FM 调制方式可采用非相干解调,存在门限效应。图中,圆点表示出现门限效应时的曲线拐点。门限电平以下,曲线将迅速跌落;门限电平以上,DSB/SSB 的信噪比比 AM 优越 4.7dB 以上,而 FM($m_f = 6$)的信噪比比 AM 优越 22dB。由此可见,当输入信噪比较高时,采用 FM 方式可以获得较高的输出信噪比。

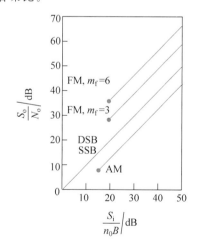

图 4-8 各种模拟调制系统的性能曲线

4.3 数字调制技术概述

用基带数字信号控制高频载波,把基带数字信号变换为频带数字信号的过程称为数字调制。在接收端通过解调器把频带数字信号还原成基带数字信号的过程称为解调。用二进制数码去控制高频载波的幅度、频率、相位,分别可得到 2ASK、2FSK、2PSK,已调信号波形见图 4-9。相移键控有绝对相移键控和相对相移键控(2DPSK)之分。

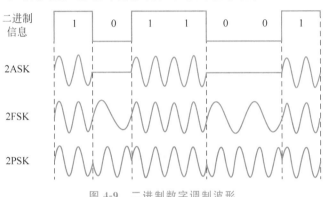

视频

图 4-9 二进制数字调制波形

下面对几种基本数字调制技术的性能进行比较。

1. 误码率

除 2PSK 调制只能采用相干解调外,2ASK、2FSK、2DPSK 调制方式既可采用相干解调也可采用非相干解调。表 4-1 列出了二进制数字调制系统的误码率与输入信噪比 r 的数学关系,其中 $r = a^2/2\sigma^2$,a 为已调信号振幅,σ^2 为噪声方差。

表 4-1 二进制数字调制系统的误码率比较

调制方式	误码率	
	相干解调	非相干解调
2ASK	$\dfrac{1}{2}\operatorname{erfc}\sqrt{\dfrac{r}{4}}$	$\dfrac{1}{2}\exp\left(-\dfrac{r}{4}\right)$
2FSK	$\dfrac{1}{2}\operatorname{erfc}\sqrt{\dfrac{r}{2}}$	$\dfrac{1}{2}\exp\left(-\dfrac{r}{2}\right)$
2PSK/2DPSK	$\dfrac{1}{2}\operatorname{erfc}\sqrt{r}$	$\dfrac{1}{2}\exp(-r)$

可以看出,对同一种数字调制方式,相干解调方式略优于非相干解调方式。在相同误码率条件下,系统所需信噪比关系为

$$r_{2ASK} = 2r_{2FSK} = 4r_{2PSK} \tag{4-11}$$

将上式转换为分贝形式

$$(r_{2ASK})_{dB} = (r_{2FSK})_{dB} + 3dB = (r_{2PSK})_{dB} + 6dB \tag{4-12}$$

可见,在相同误码率条件下,在信噪比要求上 2PSK 比 2FSK 小 3dB、2FSK 比 2ASK 小 3dB。由此看来,在抗加性高斯白噪声方面,相干 2PSK 性能最好,2FSK 次之,2ASK 最

差。反过来,若信噪比 r 一定,2PSK 系统的误码率低于 2FSK 系统,2FSK 系统的误码率低于 2ASK 系统。对于同一种调制方式,相干解调方式的设备要比非相干解调的设备复杂;而同为相干解调时,2PSK 的设备最复杂,2FSK 次之,2ASK 最简单。

2. 频带宽度

当码元宽度为 T_b 时,2ASK 系统和 2PSK 系统具有相同的频带宽度,它们的频带宽度都近似为 $2/T_b$,2FSK 系统的频带宽度近似为 $|f_2 - f_1| + 2f_b$。可见,2FSK 系统的频带宽度要大于 2ASK 系统或 2PSK 系统的频带宽度,从频带利用率上看,2FSK 系统的频带利用率最低。

3. 对信道特性变化的敏感性

在选择数字调制方式时,还应考虑系统对信道特性变化的敏感程度。在 2FSK 系统中,不需要人为设置判决门限,判决器直接比较两路解调输出的大小做出判断,因而 2FSK 系统对信道变化不敏感。在 2PSK 系统中,判决器的最佳判决门限电平为零,与接收机输出信号的幅度无关,判决门限不随信道特性的变化而变化。对于 2ASK 系统,当 $P(0) = P(1)$ 时,判决器最佳判决门限为 $a/2$,接收机输入信号的幅度 a 随信道特性的变化而变化,相应地,判决器的最佳判决门限也随之改变,接收机不易保持在最佳判决门限状态,从而导致误码率增大,因此,2ASK 系统对信道特性变化较敏感,性能也最差。

当信道存在严重衰落时,通常采用非相干解调,因为这时在接收端不易得到相干解调所需的相干载波。当发射机有严格限制时,可考虑采用相干解调。因为在给定的码元速率和误码率条件下,相干解调所要求的信噪比要比非相干解调小。在恒参信道传输中,如果要求较高的功率利用率,则应选择相干 2PSK 和 2DPSK,而 2ASK 最不可取。如果要求较高的频带利用率,则应选择相干 2PSK 和 2DPSK,2FSK 最不可取。

上述几种基本的二进制数字调制系统,虽然性能有差异,但是,总的来说,它们都存在频谱利用率低、抗多径衰落能力较差、功率谱衰减慢、严重带外辐射等诸多缺点。为了满足现代航空通信数据传输的要求,人们不断提出新的抗干扰性能强、误码性能好、频谱利用率高的高性能数字调制技术。最小频移键控、高斯滤波最小频移键控、四相相移键控、交错四相相移键控、$\pi/4$ 正交相移键控、正交振幅调制和正交频分复用等新型的调制方式均已经在无线通信领域得到广泛应用。

另外,使用多电平调制可以获得频谱效率的提高。例如,在理想条件下,8PSK 和 16QAM 系统的频谱效率分别可以达到 $3(b/s)/Hz$ 和 $4(b/s)/Hz$。若采用 64QAM,传输一个 $16kb/s$ 的编码话音信号需要带宽约为 $2.7kHz$,低于模拟话音的频带宽度。但是,当频谱效率提高时,解调器复杂度和位差错率(BER)增大已明显变成了制约因素。移动环境对利用幅度和相位携带信息的 QAM 也是一个严重挑战。为了寻求频谱效率和 BER 性能之间的折中,多载波调制(MCM)已成为移动环境应用研究的热点。

4.4　最小频移键控

4.4.1　MSK 调制原理

2FSK 调制方式利用两个载波频率 f_1、f_2 传送两个数码"0"和"1",与 ASK 和 PSK 相比,信号带宽较宽,存在频谱利用率低、功率谱衰减慢、严重带外辐射等不足,因此仅适合应用于中、低速数字传输系统中。针对航空通信领域的应用,需要对其进行改进。

最小频移键控是一种恒定包络、连续相位、频差最小的 2FSK 信号。MSK 比 2PSK 传送的速率更高,且带外的频谱分量比 2PSK 衰减更快。

视频

1. MSK 的最小频差特性

MSK 是一种特殊形式的 2FSK 信号。2FSK 信号可表示为

$$S(t) = \begin{cases} A\cos(\omega_1 t + \theta_1), & \text{数码为"} +1 \text{"} \\ A\cos(\omega_2 t + \theta_2), & \text{数码为"} -1 \text{"} \end{cases} \tag{4-13}$$

为使接收端能正确解调,代表两个符号的已调信号波形必须相互正交,即它们的相关系数应为零,即

$$\int_0^{T_b} \cos(\omega_1 t + \theta_1)\cos(\omega_2 t + \theta_2)\mathrm{d}t = 0 \tag{4-14}$$

展开后,得到

$$\frac{\sin[(\omega_1 + \omega_2)T_b + \theta_1 + \theta_2]}{\omega_1 + \omega_2} + \frac{\sin[(\omega_2 - \omega_1)T_b + \theta_2 - \theta_1]}{\omega_2 - \omega_1} -$$

$$\frac{\sin(\theta_1 + \theta_2)}{\omega_1 + \omega_2} - \frac{\sin(\theta_2 - \theta_1)}{\omega_2 - \omega_1} = 0$$

通常 $\omega_1 + \omega_2 \gg 0$,故上式中的第一、三项可忽略,可得

$$\sin[(\omega_2 - \omega_1)T_b + \theta_2 - \theta_1] - \sin(\theta_2 - \theta_1) = 0$$

即

$$\sin(\omega_2 - \omega)T_b\cos(\theta_2 - \theta_1) + \sin(\theta_2 - \theta_1)[\cos(\omega_2 - \omega_1)T_b - 1] = 0$$

MSK 信号要求信号波形在码元转换时刻相位连续,即满足 $\theta_1 = \theta_2$,则有

$$\sin(\omega_2 - \omega_1)T_b = 0 \tag{4-15}$$

当满足 $\omega_2 - \omega_1 = k\pi/T_b$,即 $f_2 - f_1 = k/2T_b$ 时,式(4-15)成立,从而得到最小频差为

$$\Delta f = f_2 - f_1 = \frac{1}{2T_b} \tag{4-16}$$

此时,2FSK 信号的调制指数为

$$h = \frac{|f_1 - f_2|}{f_b} = \frac{\Delta f}{f_b} = 0.5 \tag{4-17}$$

从上述分析可知,当 $a_k = -1$ 和 $a_k = +1$ 时,信号频率为

$$f_1 = f_c - \frac{1}{4T_b}, \quad f_2 = f_c + \frac{1}{4T_b} \tag{4-18}$$

MSK 信号的表达式可写为

$$S_{MSK}(t) = A\cos[\omega_c t + \theta_k(t)] = A\cos[2\pi(f_c \pm f_d)t + \varphi_k]$$

$$= A\cos\left(\omega_c t + \frac{\pi a_k}{2T_b}t + \varphi_k\right), \quad kT_b \leqslant t \leqslant (k+1)T_b \tag{4-19}$$

式中：A 为载波振幅；ω_c 为载频；$\dfrac{\pi a_k}{2T_b}$ 为相对载频的频偏 f_d；a_k 为输入序列，取"$+1$"或"-1"；$\theta_k(t) = \dfrac{\pi a_k t}{2T_b} + \varphi_k$ 称为附加相位函数，它表示除载波相位之外的附加相位；T_b 为输入数据流的位宽度；φ_k 是为了保证 $t = kT_b$ 时相位连续而加入的相位常量。

2. MSK 的相位连续性

相位连续不仅指在一个码元持续期间相位连续，而且在从码元 a_{k-1} 到 a_k 转换的时刻 kT_b 处两个码元的相位也是连续的。对于 MSK 调制，要保证 MSK 信号相位在码元转换时刻连续，则要求对第 k 个码元的相位常数 φ_k 在 $t = kT_b$ 时间内应满足如下约束条件：

$$\theta_{k-1}(kT_b) = \theta_k[kT_b] \tag{4-20}$$

从而有

$$\varphi_k = \varphi_{k-1} + (a_{k-1} - a_k)\frac{k\pi}{2} = \begin{cases} \varphi_{k-1}, & a_k = a_{k-1} \\ \varphi_{k-1} \pm (k-1)\pi, & a_k \neq a_{k-1} \end{cases} \tag{4-21}$$

设 $\varphi_0 = 0$，则 φ_k 为 0 或 $\pm k\pi$。上式表明：MSK 信号前后码元区间的相位约束关系，MSK 信号在第 k 个码元的相位常数不仅有与本位区间的输入 a_k 有关，还与前一个码元的取值 a_{k-1} 及相位常数 φ_{k-1} 有关。下面讨论在每个码元间隔 T_s 内相对于载波相位的附加相位函数的变化。

由 $\theta_k(t) = \dfrac{\pi a_k t}{2T_b} + \varphi_k$ 可知，$\theta_k(t)$ 是 MSK 信号的总相位减去随时间线性增长的载波相位得到的剩余相位，它是一个直线方程式。在一个码元间隔内，当 $a_k = +1$ 时，$\theta_k(t)$ 增大 $\pi/2$；当 $a_k = -1$ 时，$\theta_k(t)$ 减小 $\pi/2$。即相对前一码元附加相位，$\theta_k(t)$ 不是增加 $\pi/2$，就是减小 $\pi/2$。在给定输入序列 $\{a_k\}$ 情况下，MSK 信号相位轨迹如图 4-10 所示。

综上，MSK 信号具有如下特点：

(1) 已调信号振幅是恒定的。

(2) 信号频率偏移严格符合 $\pm\dfrac{1}{4T_b}$，相位调制指数 $h = |f_1 - f_2|T_b = 1/2$。

(3) 以载波相位为基准的信号相位在一个码元期间 T_s 内线性地变化 $\pm\pi/2$。

(4) 在一个码元期间内，信号应是 1/4 载波周期的整倍数。

(5) 在码元转换时刻，信号的相位是连续的，即信号波形无突变。

【例 4.1】 已知载波频率 $f_c = 1.75/T_b$，初始相位 $\varphi_0 = 0$。求：(1)数字基带信号 $a_k = \pm1$ 时，MSK 信号的两个频率 f_1 和 f_2；(2)验证最小频差和调制指数；(3)若基带

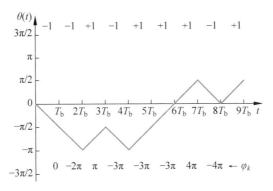

图 4-10　MSK 信号相位轨迹

信号为＋1－1－1＋1＋1＋1，画出相应的 MSK 信号波形。

解：（1）当 $a_k = -1$ 时，信号频率为

$$f_1 = f_c - \frac{1}{4T_b} = \frac{1.75}{T_b} - \frac{1}{4T_b} = \frac{1.5}{T_b}$$

当 $a_k = +1$ 时，信号频率为

$$f_2 = f_c + \frac{1}{4T_b} = \frac{1.75}{T_b} + \frac{1}{4T_b} = \frac{2}{T_b}$$

（2）最小频差为

$$\Delta f = f_2 - f_1 = \frac{2}{T_b} - \frac{1.5}{T_b} = \frac{1}{2T_b}$$

调制指数为

$$h = \frac{\Delta f}{f_b} = \Delta f T_b = \frac{1}{2T_b} \times T_b = 0.5$$

（3）根据以上结果可以画出相应的 MSK 波形，如图 4-11 所示。

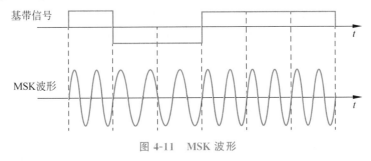

图 4-11　MSK 波形

4.4.2　MSK 信号的调制与解调

MSK 信号表达式可正交展开为

$$S_{\mathrm{MSK}}(t) = \cos\left[\omega_c t + \frac{\pi}{2T_b} a_k t + \varphi_k\right]$$

$$= \cos\varphi_k \cos\left(\frac{\pi t}{2T_b}\right)\cos\omega_c t - a_k \cos\varphi_k \sin\left(\frac{\pi t}{2T_b}\right)\sin\omega_c t,$$

$$(k-1)T_b \leqslant t \leqslant kT_b \tag{4-22}$$

令 $I_k = \cos\varphi_k$，$Q_k = -a_k\cos\varphi_k$，则有

$$S_{MSK}(t) = I_k \cos\left(\frac{\pi t}{2T_b}\right)\cos\omega_c t + Q_k \sin\left(\frac{\pi t}{2T_b}\right)\sin\omega_c t,$$

$$(k-1)T_b \leqslant t \leqslant kT_b \tag{4-23}$$

I_k 为同相分量，Q_k 为正交分量，它们都与输入数据有关。I_k 支路数据和 Q_k 支路数据并不是每隔 T_b 就改变符号，而是每隔 $2T_b$ 才有可能改变符号。I_k 支路和 Q_k 支路的码元在时间上错开 T_b。若输入数据 d_k 经过差分编码后，再进行 MSK 调制，则只要对 $\cos\varphi_k$ 和 $a_k\cos\varphi_k$ 交替取样就可恢复输入数据 d_k。MSK 信号产生原理框图如图 4-12 所示。

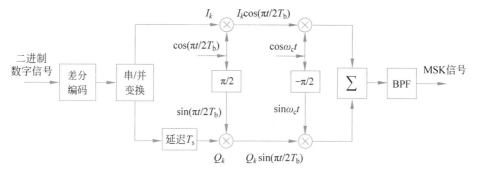

图 4-12　MSK 信号产生原理框图

MSK 信号可以采用相干解调和非相干解调。图 4-13 是 MSK 信号相干解调原理框图，MSK 信号经过带通滤波器后分别与相互正交的相干载波相乘，从而将 I_k 和 Q_k 两路信号区分开，然后通过低通滤波器后再进行抽样判决，同相支路和正交支路在 $2kT_b$ 时刻抽样，正交支路在 $(2k+1)T_b$ 时刻抽样，判决器根据抽样后的信号极性进行判决，大于"0"判为"1"，小于"0"判为"0"，经串/并转换，变为串行数据，然后经差分译码即可恢复原数字信息。

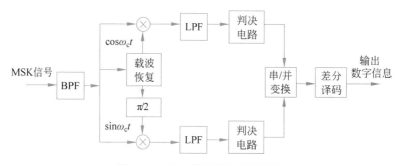

图 4-13　MSK 信号相干解调框图

4.4.3　MSK 信号的频谱特性

MSK 信号的功率谱如图 4-14 所示,图中还给出了 QPSK 信号的功率谱。从图中可以看出,与 QPSK 相比,MSK 信号的功率谱具有较宽的主瓣,其第一个零点出现在 $f - f_c = 0.75$ 处,而 QPSK 信号的第一个零点出现在 $f - f_c = 0.5$ 处。当 $f - f_c \to \infty$ 时,MSK 的功率谱以 $[(f - f_c)T_b]^{-4}$ 的速率衰减,比 QPSK 的衰减速率 $[(f - f_c)T_b]^{-2}$ 快得多。MSK 信号可以采用鉴频器解调,也可以采用相干解调。

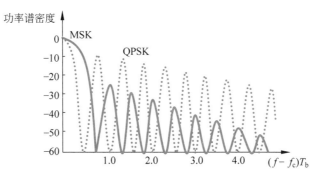

图 4-14　MSK 信号的功率谱

4.4.4　改进型的 MSK——GMSK

尽管 MSK 信号已具有较好的频谱和误码率性能,但仍不能满足功率谱在相邻频道的取值(邻道辐射)低于主瓣峰值 60dB 以上的要求。这就要求在保持 MSK 基本特性的基础上,对 MSK 的带外频谱特性进行改造,使其衰减速度加快。

实际上,MSK 信号可以由 FSK 调制器来产生,MSK 信号在码元转换时刻虽然保持相位连续。但相位变化是折线,在码元转换时刻会产生尖角,使其频谱特性的旁瓣滚降缓慢,带外辐射还相对较大。为了解决这一问题,可将数字基带信号先经过一个高斯滤波器整形(预滤波),得到平滑后的某种新的波形后再进行调频,从而得到良好的频谱特性,调制指数仍为 0.5。这种调制称为高斯滤波的最小频移键控,如图 4-15 所示。

输入数据 → 预调制滤波器 → 2FSK 调制器 → GMSK信号
不归零(NRZ)

图 4-15　GMSK 信号产生原理

高斯低通滤波器的冲击响应为

$$h(t) = \sqrt{\pi}\alpha \exp(-\pi^2 \alpha^2 t^2)$$

$$\alpha = \sqrt{\frac{2}{\ln 2}} B_b \tag{4-24}$$

式中: B_b 为高斯滤波器的 3dB 带宽。

高斯低通滤波器的输出脉冲经 MSK 调制得到 GMSK 信号,其相位轨迹由脉冲的形状决定。高斯滤波后的脉冲无陡峭沿,也无拐点,因此 GMSK 信号在码元转换时刻其信号和相位不仅是连续的而且是平滑的,这样使得 GMSK 信号比 MSK 信号具有更优的频谱特性。

GMSK 的相位途径如图 4-16 所示。可见,GMSK 消除了 MSK 相位途径在码元转换时刻的相位转折点。GMSK 信号在一个码元周期内的相位增量,不像 MSK 那样固定为 $\pm\pi/2$,而是随着输入序列的不同而不同。

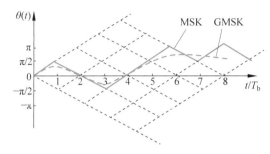

图 4-16　GMSK 信号的相位途径

调制方式的主要性能要求是节约频带和减少差错概率。因此,要求调制信号的能量集中在频谱主瓣内,旁瓣的功率要小,且滚降要快。对于 GMSK 调制,图 4-17 给出了其功率谱密度,图中,横坐标的归一化频率为 $(f-f_c)T_b$,纵坐标为谱密度,B_b 为高斯滤波器的 3dB 带宽,T_b 为码元宽度,参变量 $B_b T_b$ 称为高斯滤波器的 3dB 归一化带宽,$B_b T_b$ 越小,频谱越集中。$B_b T_b = \infty$ 时的 GMSK 就是 MSK,它的主瓣宽于 QPSK/OQPSK,但带外高频滚降要快一些,GMSK 的滚降特性与 MSK 相比大为改善。若信道带宽为 25kHz,数据率为 16kb/s,当取 $B_b T_b = 0.25$ 时,带外辐射功率可比总功率小 60dB。

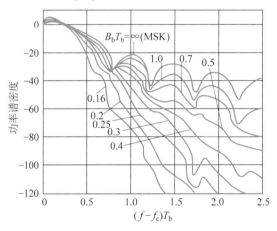

图 4-17　GMSK 信号的功率谱密度

GMSK 是恒定包络调制,这是因为它属于连续相位调制,不存在相位跳变点;而 BPSK、QPSK 由于存在明显的相位跳变点,所以不属于恒定包络调制。在工程实现上,GMSK 对高功率放大器要求低,功放效率高,所以,GMSK 是一类性能优秀的二进制调制方案。GMSK 调制方式能够满足移动环境下对邻道干扰的严格要求,它以良好的性能被泛欧数字蜂窝移动通信标准(GSM)所采纳。

GMSK 信号的解调可以采用与 MSK 相同的正交相干解调电路,但在相干载波提取比较困难的情况下通常采用比特延迟差分检测法,如图 4-18 所示。

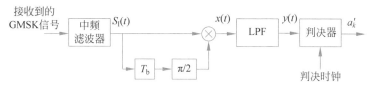

图 4-18 比特延迟差分检测电路

GMSK 信号经中频滤波器后的输出为

$$S_1(t) = R(t)\cos[\omega_1 t + \theta(t)] \tag{4-25}$$

式中:$R(t)$为时变包络;ω_1为中频载波角频率;$\theta(t)$为附加相位函数。

图中乘法器的输出信号为

$$x(t) = R(t)\cos[\omega_1 t + \theta(t)]R(t - T_b)\cos[\omega_1(t - T_b) + \theta(t - T_b)] \tag{4-26}$$

经 LPF 后的输出信号为

$$y(t) = \frac{1}{2}R(t)R(t - T_b)\sin[\omega_1 T_b + \theta(t) - \theta(t - T_b)]$$

$$= \frac{1}{2}R(t)R(t - T_b)\sin[\omega_1 T_b + \Delta\theta(T_b)] \tag{4-27}$$

式中:$\Delta Q(T_b)$为在一个 T_b 期间累积的相位差,$\Delta\theta(T_b) = \theta(t) - \theta(t - T_b)$。

若在设计中频滤波器时,使 $\omega_1 T_b = 2k\pi$(k 为整数),则有

$$y(t) = \frac{1}{2}R(t)R(t - T_b)\sin\Delta\theta(T_b) \tag{4-28}$$

判决时,$R(t)$和 $R(t - T_b)$为信号的包络,恒为正值,因而 $y(t)$的极性取决于相位差 $\Delta\theta(T_b)$。在发送端调制时的规律:在输入为"+1"时,$\theta(t)$增大;输入"-1"时,$\theta(t)$减小。判决门限值为零的判决规则:$y(t) > 0$,判为"+1";$y(t) < 0$,判为"-1"。由此可恢复出原始数据 $a'_k = a_k$。

4.5 四相相移键控调制

视频

4.5.1 四相绝对相移键控

四相绝对相移键控调制是利用载波的四种不同相位来表征数字信息,也称 4PSK。已调信号有四种不同的相位值,与四进制数字信号相对应。为了将二进制数字信号变换为四进制,在 QPSK 实现过程中,先对输入数据进行串/并变换,将输入数字信号每两位分成一组,共有四种组合,通常按格雷码排列,即 -1-1、+1-1、+1+1、-1+1。然后每一组前一位为同相分量 I,后一位为正交分量 Q,利用同相分量和正交分量分别对两个正交的载波进行 2PSK 调制,最后将结果叠加就得到 QPSK 信号。

QPSK 信号表达式为

$$S_{QPSK}(t) = I(t)\cos\omega_c t - Q(t)\sin\omega_c t \tag{4-29}$$

矢量端点的分布图称为星座图,星座图中的星座点(矢量端点,也称信号点)位置决定了位码元与载波相位和幅度的对应关系。双位码元与载波相位的对应关系见表 4-2,QPSK 信号的相位星座图如图 4-19 所示,其相位每隔 $2T_b$ 跳变一次。图 4-19(a)表示 $\pi/4$ 方式时 QPSK 信号的相位星座图,图 4-19(b)表示 $\pi/2$ 方式时 QPSK 信号的相位星座图。QPSK 信号的相位在四种可能的相位上跳变。当发生 $\pm\pi$ 相位跳转时,将引起最大包络起伏。

表 4-2 双位特码元与载波相位关系

双位特码元		载 波 相 位	
a	b	$\pi/4$ 方式	$\pi/2$ 方式
-1	1	$225°$	$0°$
1	-1	$315°$	$90°$
1	1	$45°$	$180°$
-1	1	$135°$	$270°$

图 4-19 QPSK 信号的相位星座图

以 $\pi/4$ 方式时 QPSK 信号为例,QPSK 信号的相位关系可用下式表示:

$$S(t)=\begin{cases} A\cos(\omega_c t+0), & a_n a_{n-1}=-1-1 \\ A\cos\left(\omega_c t+\dfrac{\pi}{2}\right), & a_n a_{n-1}=+1-1 \\ A\cos(\omega_c+\pi), & a_n a_{n-1}=+1+1 \\ A\cos\left(\omega_c-\dfrac{\pi}{2}\right), & a_n a_{n-1}=-1+1 \end{cases} \qquad (4-30)$$

假设载波信号 $c(t)=\cos\omega_c t$,输入二进制序列为 $\{a_n\}$ 列为 $+1-1-1+1+1+1$,则 QPSK 波形如图 4-20 所示。

典型的 QPSK 信号产生原理框图($\pi/4$ 方式)如图 4-21 所示。首先将二进制信息位流分成两路(同相分量和正交分量),每一路的码率 $R_s=R_b/2$,两路信号分别与两个正交载波进行相乘后求和产生 QPSK 信号。若要产生 $\pi/2$ 方式的 QPSK 信号,只需适当改变相移网络即可实现。

QPSK 信号也可采用相位选择法实现,直接用数字信号选择所需相位的载波以产生四相制信号,其框图如图 4-22 所示。逻辑选相电路只起控制门的作用,输入双位码控制

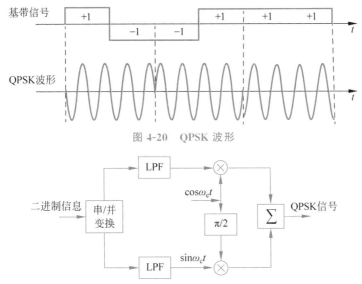

图 4-20 QPSK 波形

图 4-21 直接调相法产生 QPSK 信号原理框图

这些门电路,分别输出不同相位的载波,从而形成 QPSK 信号。

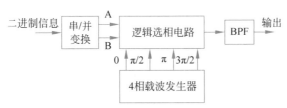

图 4-22 相位选择法产生 QPSK 信号原理框图

由于 QPSK 可以看成两个正交 2PSK 信号的合成,故它可以采用与 2PSK 信号类似的解调方法进行解调,π/4 方式的 QPSK 信号的相干解调原理框图如图 4-23 所示,读者可自行推导 QPSK 信号解调过程。

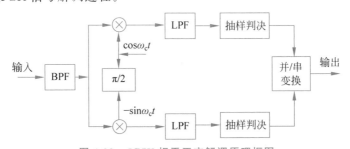

图 4-23 QPSK 相干正交解调原理框图

若解调 π/2 方式的 QPSK 信号,只需适当改变相移网络及判决准则即可实现。

4.5.2 四相相对相移键控

QPSK 信号只能采用相干正交解调,在接收端载波难以恢复的场合应用受限。若在直接调相的基础上加码变换器,产生四相相对相移键控(DQPSK 或 4DPSK)信号,则可解决这一问题。相对相移是利用载波的相对相位表示数字信号的相移方式,相对相位是指本码元(码组)初相与前一码元(码组)末相的相位差 DQPSK 信号。当载波频率是码元速率的整数倍时,本码元初相与前一码元初相相位差与末相的相位差是等效的。也就是说,DQPSK 是将四种码元组合$-1-1$、$+1-1$、$+1+1$、$-1+1$,与前后码组的四种相位差 $\Delta\varphi_n$ 按星座图进行对应。码变换法产生 DQPSK($\pi/2$ 方式)信号原理框图如图 4-24 所示。图中单/双极性变换的规律是 $0\to+1,1\to-1$,这里的码变换器比 2DPSK 中的差分编码器复杂得多,其逻辑功能见表 4-3。

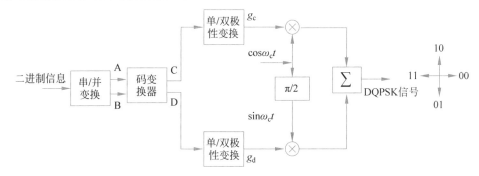

图 4-24　码变换法产生 QPSK 信号原理框图

表 4-3　DQPSK 码变换器的逻辑功能

前一符号的状态			本时刻到达的 AB 及所要求的相位差			本时刻应出现的符号状态		
φ_{n-1}	c_{n-1}	d_{n-1}	a_n	b_n	$\Delta\varphi_{n-1}$	φ_n	c_n	d_n
0	0	0	0	0	0	0	0	0
			1	0	$\pi/2$	$\pi/2$	1	0
			1	1	π	π	1	1
			0	1	$-\pi/2$	$-\pi/2$	0	1
$\pi/2$	1	0	0	0	0	$\pi/2$	1	0
			1	0	$\pi/2$	π	1	1
			1	1	π	$-\pi/2$	0	1
			0	1	$-\pi/2$	0	0	0
π	1	1	0	0	0	π	1	1
			1	0	$\pi/2$	$-\pi/2$	0	1
			1	1	π	0	0	0
			0	1	$-\pi/2$	$\pi/2$	1	0
$-\pi/2$	0	1	0	0	0	$-\pi/2$	0	1
			1	0	$\pi/2$	0	0	0
			1	1	π	$\pi/2$	1	0
			0	1	$-\pi/2$	π	1	1

设载波频率是调制码元速率的整数倍,输出的 DQPSK 信号中某个码元的载波初相为 φ_n,对应的输入双位码为 a_nb_n,码变换器输出为 c_nd_n。$\Delta\varphi_n=\varphi_n-\varphi_{n-1}$ 是本码元载波初相与前一码元载波初相之差,φ_{n-1} 由相应的 c_{n-1}、d_{n-1} 确定。由此可见,码变换

器的输出 c_n、d_n 不仅与 a_n、b_n 有关，还与 c_{n-1}、d_{n-1} 有关。$\Delta\varphi_n$ 与 $a_n b_n$ 的关系要满足相位配置图中的规定。下面举例说明该码变换器的逻辑功能。

设 $\varphi_{n-1}=0$，它是由 $c_{n-1}=0$，$d_{n-1}=0$ 得来的。此时两个极性变换器的输出 $g_c=+1$，$g_d=+1$，相乘器输出信号的初相分别为 $-\pi/4$ 和 $\pi/4$，相加后输出信号的初相位 0。当 $a_n=0$，$b_n=0$ 时，要求 $\Delta\varphi_n=0$，即得 $\varphi_n=0$，为保证 $\varphi_n=0$，必须 $c_n=0$，$d_n=0$。设 $\varphi_{n-1}=\pi/2$，它是由 $c_{n-1}=0$，$d_{n-1}=0$ 经极性变换、相乘、叠加而得到的。当 $a_n=1$，$b_n=0$ 时，要求 $\Delta\varphi_n=\pi/2$，即得 $\varphi_n=\pi$，为此，必须使 $c_n=1$，$d_n=1$ 经极性变换、相乘后得到。

DQPSK 信号解调可以采用相干解调，还可以采用差分检测法。差分检测法又称相位比较法，比较的是前后相邻两个码元载波的初相，这种方法只对载波频率是码元速率的整数倍时的 DQPSK 有效。DQPSK 信号差分检测法解调原理框图（$\pi/2$ 方式）如图 4-25 所示。

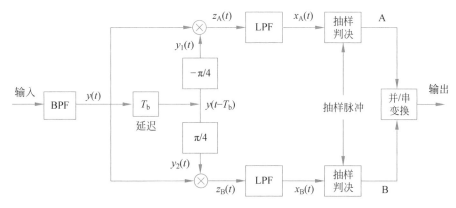

图 4-25　DQPSK 信号的差分检测法解调原理框图

不考虑噪声和信道畸变，接收机输入并经带通滤波器输出的某一 DQPSK 码元及其前一码元可分别表示为

$$\begin{cases} y(t)=\cos(\omega_c t+\varphi_n) \\ y(t-T_b)=\cos(\omega_c t+\varphi_{n-1}) \end{cases} \tag{4-31}$$

式中：φ_n 为本码元的初相，φ_{n-1} 为前一码元的初相。

$y(t-T_b)$ 经干 $\pi/4$ 相移后分别为

$$\begin{cases} y_1(t)=\cos\left(\omega_c t+\varphi_{n-1}-\dfrac{\pi}{4}\right) \\ y_2(t)=\cos\left(\omega_c t+\varphi_{n-1}+\dfrac{\pi}{4}\right) \end{cases} \tag{4-32}$$

两路相乘器输出分别为

$$\begin{cases} z_A(t)=\dfrac{1}{2}\cos\left(2\omega_c t+\varphi_n+\varphi_{n-1}-\dfrac{\pi}{4}\right)+\dfrac{1}{2}\cos\left(\varphi_n-\varphi_{n-1}+\dfrac{\pi}{4}\right) \\ z_B(t)=\dfrac{1}{2}\cos\left(2\omega_c t+\varphi_n+\varphi_{n-1}+\dfrac{\pi}{4}\right)+\dfrac{1}{2}\cos\left(\varphi_n-\varphi_{n-1}-\dfrac{\pi}{4}\right) \end{cases}$$

两路低通滤波器输出分别为

$$\begin{cases} x_{\mathrm{A}}(t) = \dfrac{1}{2}\cos\left(\varphi_n - \varphi_{n-1} + \dfrac{\pi}{4}\right) \\[2mm] x_{\mathrm{B}}(t) = \dfrac{1}{2}\cos\left(\varphi_n - \varphi_{n-1} - \dfrac{\pi}{4}\right) \end{cases} \qquad (4\text{-}33)$$

根据 DQPSK(π/2 方式)信号的相位配置规定,抽样判决器的判决准则如表 4-4 所示。可见,判决器按极性来判决。即正取样值为 0,负取样值为 1。

表 4-4 DQPSK 信号差分解调判决准则

相位差 $\varphi_n - \varphi_{n-1}$	$\cos\left(\varphi_n - \varphi_{n-1} + \dfrac{\pi}{4}\right)$ 的极性	$\cos\left(\varphi_n - \varphi_{n-1} - \dfrac{\pi}{4}\right)$ 的极性	判决器输出	
			A	**B**
0	+	+	0	0
π/2	−	+	1	0
π	−	−	1	1
3π/2	−	−	0	1

两路抽样判决器的输出 A、B,再经并/串变换就可恢复串行数据信息。若解调 DQPSK(π/4 方式)信号,只需适当改变相移网络及判决准则即可实现。

4.5.3 交错四相相移键控

QPSK 调制中,相邻码组两位同时变化时将发生相位翻转,将引起包络起伏,从而导致频谱扩散。为了克服这一问题,提出了交错四相相移键控(OQPSK)调制方式。OQPSK 是 QPSK 的改进型,它与 QPSK 有同样的相位关系,不同之处在于它在正交支路引入了一位(半个符号周期 $T_s/2 = T_b$)的时延,由于两支路码元半个周期的偏移,每次只有一路可能发生极性翻转,不会发生两个支路的数据同时翻转的现象,因而不可能像 QPSK 那样产生 $\pm\pi$ 的相位跳变,而仅能产生 $\pm\pi/2$ 的相位跳变。因此,OQPSK 的旁瓣要低于 QPSK 的旁瓣。

OQPSK 信号的表达式

$$S_{\mathrm{OQPSK}}(t) = I(t)\cos\omega_c t - Q(t - T_s/2)\sin\omega_c t \qquad (4\text{-}34)$$

其中:$I(t)$ 表示同相分量;$Q(t - T_s/2)$ 表示正交分量,它相对于同相分量偏移 $T_s/2$。OQPSK 调制原理框图如图 4-26 所示。

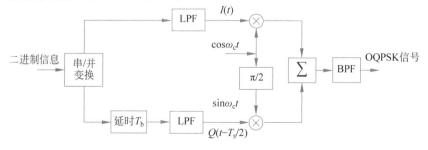

图 4-26 OQPSK 调制原理框图

由于同相分量和正交分量不能同时发生变化,相邻一位信号的相位只可能发生$\pm\pi/2$的变化,从而消除了相位翻转$\pm\pi$的现象。OQPSK 的 I、Q 信道波形如图 4-27 所示。

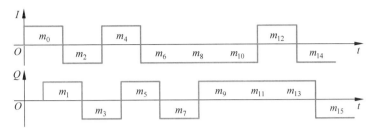

图 4-27   OQPSK 的 I、Q 信道波形

OQPSK 调制方式消除了$\pm\pi$的相位跳变,所以 OQPSK 信号不会导致信号包络经过零点。由于 OQPSK 包络的变化减小了很多,因此对 OQPSK 的硬限幅或非线性放大不会再生出严重的频带扩展,也就是说,即使非线性放大后 OQPSK 仍能保持其带限的性质,因而非常适合移动场合的通信。

OQPSK 和 QPSK 均可采用相干解调,理论上误码性能相同。频带受限的 OQPSK 信号包络比频带受限的 QPSK 信号的小,经限幅放大后功率谱展宽得小,所以 OQPSK 的性能优于 QPSK。实际中,OQPSK 比 QPSK 应用更广泛。在多径衰落信道下,相干载波的恢复比较困难,相干检测往往导致比非相干检测性能更差。在差分检测中,OQPSK 比 QPSK 性能差,原因是 OQPSK 在差分检测中引入了码间干扰。

4.5.4 $\pi/4$-DQPSK 调制

QPSK 和 OQPSK 调制共同的缺点表现为:功率谱旁瓣占有的能量大,要求有较宽的带宽;而且,在 QPSK 和 OQPSK 输出端必须有复杂的滤波器限带,否则在移动通信中很难满足邻道干扰小于 60dB 的要求。采用更高进制的相位调制,如 8PSK、16PSK 等,虽然功率谱集中,但抗干扰能力差,所以人们寻求更适合移动信道的调制技术。

$\pi/4$-QPSK 是在常规 QPSK 调制的基础上发展起来的,是对 QPSK 信号特性进行改进的一种正交相移键控调制方式,它是采用差分编码的 $\pi/4$-QPSK,并综合了 QPSK 和 OQPSK 调制方式的优点:一是将 QPSK 的最大相位跳变$\pm\pi$降为$\pm3\pi/4$,并且具有更好的恒包络特性,在多径扩展和衰落的情况下,$\pi/4$-QPSK 性能比 OQPSK 更好;二是 $\pi/4$-QPSK 既可以用相干解调,也可以采用非相干解调,从而大大简化了接收机的设计。

1. $\pi/4$-QPSK 调制原理

用正交调幅法实现 $\pi/4$-QPSK 调制原理框图如图 4-28 所示。输入数据经串/并变换后得到两路序列 I_k 和 Q_k,它们的码元速率等于输入串行码速的一半;然后这两路数据通过差分编码器进行相位差分编码,在 $kT_s \leqslant t \leqslant (k+1)T_s$ 期间内,输出信号 U_k 和 V_k;为了抑制已调信号的旁瓣,在输出信号与载波相乘之前,通常先经过具有升余弦滚降脉冲形成低通滤波器(LPF);最后分别和一对正交载波相乘进行正交调制合成,得到 $\pi/4$-QPSK 信号。

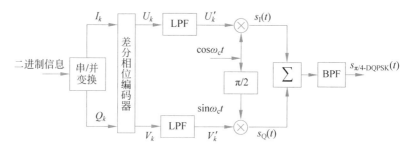

图 4-28　$\pi/4$-DQPSK 调制原理框图

$\pi/4$-QPSK 信号的相位跳变取决于相位差分编码,下面具体分析相位差分编码与 $\pi/4$-QPSK 信号相位跳变的关系。设 $\pi/4$-QPSK 信号的表达式为

$$s_{\pi/4\text{-DQPSK}} = \cos[\omega_c t + \varphi_k] \tag{4-35}$$

将上式展开,得到

$$s_{\pi/4\text{-DQPSK}} = \cos\omega_c t \cos\varphi_k - \sin\omega_c t \sin\varphi_k = U_k \cos\omega_c t - V_k \sin\omega_c t \tag{4-36}$$

式中:φ_k 为当前码元的附加相位。

当前码元的附加相位是前一码元的附加相位 φ_{k-1} 与当前码元的相位跳变量 $\Delta\varphi_k$ 之和,即 $\varphi_k = \varphi_{k-1} + \Delta\varphi_k$,从而有

$$\begin{cases} U_k = \cos\varphi_k = \cos(\varphi_{k-1} + \Delta\varphi_k) = \cos\varphi_{k-1}\cos\Delta\varphi_k - \sin\varphi_{k-1}\sin\Delta\varphi_k \\ V_k = \sin\varphi_k = \sin(\varphi_{k-1} + \Delta\varphi_k) = \sin\varphi_{k-1}\cos\Delta\varphi_k + \cos\varphi_{k-1}\sin\Delta\varphi_k \end{cases} \tag{4-37}$$

其中,$\cos\varphi_{k-1} = U_{k-1}$,$\sin\varphi_{k-1} = V_{k-1}$,则有

$$\begin{cases} U_k = U_{k-1}\cos\Delta\varphi_k - V_{k-1}\sin\Delta\varphi_k \\ V_k = V_{k-1}\cos\Delta\varphi_k + U_{k-1}\sin\Delta\varphi_k \end{cases} \tag{4-38}$$

这是 $\pi/4$-QPSK 的一个基本关系式,它表明了前一码元两正交信号 U_{k-1} 和 V_{k-1} 与当前码元两正交信号 U_k 和 V_k 之间的关系,它取决于当前码元的相位跳变量 $\Delta\varphi_k$,而当前码元的相位跳变量 $\Delta\theta_k$ 又取决于相位差分编码器的输入码组 I_k、Q_k。相位差分编码就是将 I_k 和 Q_k 的四个状态用四个 $\Delta\varphi_k$ 值来表示,其相位跳变规律如表 4-5 所示。

表 4-5　$\pi/4$-QPSK 的相位跳变规则

I_k	Q_k	$\Delta\varphi_k$	$\cos\Delta\varphi_k$	$\sin\Delta\varphi_k$
$+1$	$+1$	$\pi/4$	$1/\sqrt{2}$	$1/\sqrt{2}$
-1	$+1$	$3\pi/4$	$-1/\sqrt{2}$	$1/\sqrt{2}$
-1	-1	$-3\pi/4$	$-1/\sqrt{2}$	$-1/\sqrt{2}$
$+1$	-1	$-\pi/4$	$1/\sqrt{2}$	$-1/\sqrt{2}$

由表 4-5 可以看出,在码元转换时刻,$\Delta\varphi_k$ 只有 $\pm\pi/4$ 和 $\pm3\pi/4$ 四种取值,所以相位 φ_k 有八种可能的取值,$\pi/4$-QPSK 的相位状态迁移轨迹如图 4-29 所示。可以看出,已调信号的相位均匀分割为相间 $\pi/4$ 的八个相位点,这八个点实际上是由两个彼此偏移 $\pi/4$ 的 QPSK 星座图构成的,分为两组,分别用"○"和"＊"表示。相位跳变在"○"和"＊"之间进行。也就是说,如果当前码元周期中的相位状态是"○"组中的一个,下一个码元周期中

的相位状态必然是" * "组中的某一个,所有的相位路径不经过原点。这一特性使得 $\pi/4$-QPSK 信号的包络波动比 QPSK 的要小,从而降低了最大功率和平均功率的比值。同时也可以看到,U_k 和 V_k 可能的取值也只有 0、$\pm 1/\sqrt{2}$、± 1 这五种,它们分别对应于八个相位点的坐标值。

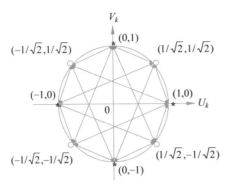

图 4-29 $\pi/4$-DQPSK 信号的相位状态迁移轨迹

图 4-30 是采用相位选择法实现的全数字式 $\pi/4$-QPSK 调制器的框图,这一电路具有精确和电路稳定的特点。

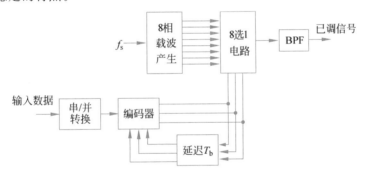

图 4-30 相位选择法产生 $\pi/4$-DQPSK 信号

$\pi/4$-QPSK 是一种相移键控技术,从最大相位跳变来看,它是 OQPSK 和 QPSK 的折中。因此,带限 $\pi/4$-QPSK 信号比带限 QPSK 信号具有更好的恒包络性质,但是对包络的变化比 OQPSK 更敏感。$\pi/4$-QPSK 最吸引人的特性是它能够进行非相干解调,这使接收机设计大大简化,并且在多径扩展和衰落的情况下 $\pi/4$-QPSK 比 OQPSK 的性能更好。

2. $\pi/4$-QPSK 解调原理

差分编码可获得四相相对相移键控($\pi/4$-DQPSK)信号,因而在接收端可以采用相干解调或差分解调,并能避免相干解调可能的相位模糊。

$\pi/4$-QPSK 中的信息完全包含在载波的相位跳变 $\Delta\varphi_k$ 中,便于差分检测。在低码速、快速瑞利衰落信道中,由于不依赖相位同步,差分检测提供了较好的误码性能。

$\pi/4$-QPSK 信号差分检测可以采用基带差分检测和中频差分检测两种。基带差分检测原理框图如图 4-31 所示。在解调器中,本地正交载波要求与信号的发射载波频率相同,但允许有一定的相位差,这个相位差可以在差分检测过程中消去。重要的是要保证接收机本地振荡器频率和发射机载波频率一致,并且不漂移。载波频率的任何漂移都将引起输出相位的漂移,导致 BER 性能的恶化。

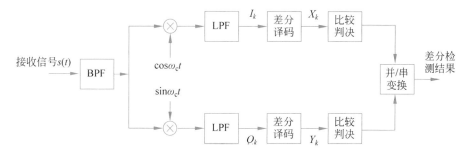

图 4-31 $\pi/4$-DQPSK 基带差分检测原理框图

设接收信号为

$$s(t) = \cos(\omega_c t + \varphi_k), \quad k T_s \leqslant t \leqslant (k+1) T_s \tag{4-39}$$

$s(t)$ 经过相乘器、低通滤波器后输出两路信号 I_k 和 Q_k,分别为

$$\begin{cases} I_k = \dfrac{1}{2}\cos(\varphi_k - \varphi_0) \\[2mm] Q_k = \dfrac{1}{2}\sin(\varphi_k - \varphi_0) \end{cases} \tag{4-40}$$

式中:φ_0 为本地载波信号的固定相位值。I_k、Q_k 取值为 ± 1、0、$\pm 1/\sqrt{2}$。

令基带差分解码的规则为

$$\begin{cases} X_k = I_k I_{k-1} + Q_k Q_{k-1} \\ Y_k = I_k I_{k-1} - Q_k Q_{k-1} \end{cases} \tag{4-41}$$

将 I_k 和 Q_k 代入上式并简化后可以得到

$$\begin{cases} X_k = \dfrac{1}{4}\cos(\varphi_k - \varphi_{k-1}) = \dfrac{1}{4}\cos\Delta\varphi_k \\[2mm] Y_k = \dfrac{1}{4}\sin(\varphi_k - \varphi_{k-1}) = \dfrac{1}{4}\sin\Delta\varphi_k \end{cases} \tag{4-42}$$

可见,通过解码的运算消除了本地载频和信号的相位差 φ_0,使得 X_k 和 Y_k 只与 $\Delta\varphi_k$ 相关。根据调制时的相位跳变规则,可使判决规则如下:

$$X_k > 0 \text{ 时,判为 “+1”}; \quad X_k < 0 \text{ 时,判为 “-1”}$$

$$Y_k > 0 \text{ 时,判为 “+1”}; \quad Y_k < 0 \text{ 时,判为 “-1”}$$

获得的结果经并/串变换后,即可恢复所传输的数据。

$\pi/4$-DQPSK 中频差分检测的原理框图如图 4-32 所示。中频差分检测利用接收信号延迟 1 位后的信号作为本地相干载波,无须使用本地相干载波。信号同样分两路,一路是信号本身和其延迟一个码元后的信号两者相乘,另一路是信号经 $\pi/2$ 相移后与其延迟一码元后的信号两者相乘,经两个支路分别相乘后的信号再经低通滤波,得到上下两个支路的低频分量,后面的判决过程与基带差分检测完全一样。

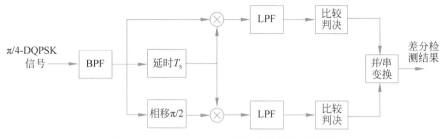

图 4-32　π/4-DQPSK 中频差分检测原理框图

视频

4.6 高性能数字调制技术

4.6.1 正交振幅调制

为了在频带受限的信道上传输更多的数据,人们不断研究提高频谱利用率。一般来说,多进制的幅度调制或相位调制都能在相同的频带宽度内提高数据传输速率。但是,随着进制数 M 值的增加,在信号空间中,即星座中各信号点之间的最小距离要减小,相应的信号判决区域也要减小,因而当信号受到噪声干扰时,接收信号产生错误概率也将随之增大。为了不增加接收信号的误码率,必须增加信号的发送功率。因此,多进制调制技术能提高其频谱利用率,往往是以牺牲其功率利用率为代价的。于是,人们提出了称为正交振幅调制(Quadrature Amplitude Modulation,QAM)的一种矢量调制方式,这是一种幅相键控(Amplitude and Phase Keying,APK)调制技术,这种调制方式在误码率给定条件下比 PSK 的功率利用率高。

1. QAM 调制基本原理

QAM 是用两路独立的数字基带信号对两个相互正交的同频载波进行抑制载波的双边带调制,利用已调信号在同一带宽内频谱正交的性质来实现两路并行的数字信息传输。由于调制信号是通过电平幅度和载波相位承载信息,不同的幅度和相位代表不同的编码,因此,QAM 可以支持更高的调制阶数,而且抗噪声性能强,实现技术简单。QAM 的频谱利用率很高,是目前大容量数字微波通信系统、有线电视网络高速数据传输、卫星通信系统等领域广泛应用的数字调制方式。

QAM 的一般表示式为

$$y(t) = A_m \cos\omega_c t + B_m \sin\omega_c t, \quad 0 \leqslant t < T_b \tag{4-43}$$

上式由两个相互正交的载波构成,每个载波被一组离散的振幅值 $\{A_m\}$、$\{B_m\}$ 所调制,$\{A_m\}$、$\{B_m\}$ 由输入数据确定,(A_m, B_m) 决定了已调 QAM 信号在信号空间中的坐标点 ($m=1,2,\cdots,M$,M 为 A_m 和 B_m 的电平数)。

同样用星座图来描述 QAM 信号的信号空间分布状态。若 QAM 的同相和正交支路均采用二进制信号,则信号空间中的坐标点数目(状态数)$M = 4$,记为 4QAM。若同相和正交支路均采用四进制信号,则将得到 16QAM 信号。以此类推,两条支路都采用 L 进制信号将得到 MQAM 信号,其中 $M=L^2$。图 4-33 为 MQAM 信号的方形星座图。

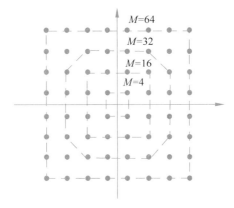

图 4-33　MQAM 信号的方形星座图

常用 QAM 调制有 4QAM、16QAM、32QAM 和 64QAM。对于 $M=16$ 的 16QAM 来说,有多种分布的信号星座图,图 4-34 和图 4-35 分别给出了方形和星形 QAM 的星座图。

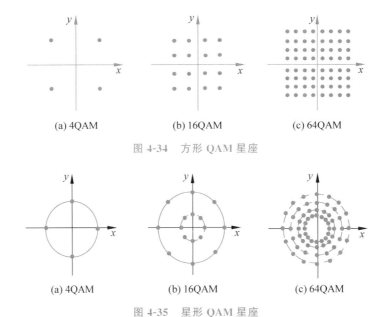

(a) 4QAM　　　(b) 16QAM　　　(c) 64QAM

图 4-34　方形 QAM 星座

(a) 4QAM　　　(b) 16QAM　　　(c) 64QAM

图 4-35　星形 QAM 星座

2. QAM 调制的性能

对 QAM 调制而言,如何设计 QAM 信号的结构不仅影响到已调信号的功率谱特性,而且影响已调信号的解调及其性能。常用的设计原则是:在信号功率相同的条件下,选择信号空间中信号点之间距离最大的信号结构,同时还要考虑解调的复杂性。下面通过比较不同星座图最小的信号点间距来分析它们的抗干扰性能。

16QAM 的两种典型的星座图,图 4-36(a)为方形 16QAM 星座图(也称为标准型 16QAM),图 4-36(b)为星形 16QAM 星座图。为便于比较,图 4-36(c)给出了 16PSK 信号的星座图。方形 16QAM 有 3 种幅度变化,其中两种幅度伴有 4 种相位变化,1 种幅度有 8 个相位变化；星形 16QAM 有 2 种幅度，每种幅度有 8 种相位值；16PSK 信号只有一种幅度，即恒定包络，没有幅度调制，但有 16 种相位值。

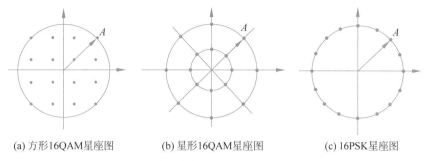

(a) 方形16QAM星座图　　　(b) 星形16QAM星座图　　　(c) 16PSK星座图

图 4-36　峰值功率相同时 MQAM 性能比较

对于方形 16QAM，最小间距为

$$d_{\min} = \frac{2A}{3} \times \sin(\pi/4) = \frac{\sqrt{2}}{3}A \approx 0.47A$$

对于星形 16QAM，最小间距为

$$d_{\min} = 2 \times \frac{A}{2} \times \sin(\pi/8) \approx 0.38A$$

对于 16PSK，最小间距为

$$d_{\min} = 2 \times A \times \sin(\pi/16) \approx 0.39A$$

注意，这里的比较是在假定不同星座图信号的最大功率相同情况下进行的。实际上，应该在信号的平均功率相等的条件下对上述信号点距离进行比较。

虽然方形 16QAM 的最小信号点间距比星形 16QAM 的大一点，但是在无线移动通信的环境中存在多径效应和各种干扰，方形 16QAM 信号的振幅和相位取值种类多，受信道噪声和干扰的影响大，接收端也就越难恢复原始信号，因此在衰落信道中，星形 16QAM 比方形 16QAM 的性能更优越。

可以证明，QAM 信号的最大功率与平均功率之比为 1.8；而 16PSK 的平均功率等于最大功率（恒定包络）。所以在平均功率相等的条件下，16QAM 的相邻信号距离必定超过 16PSK 的相邻信号距离。但即使在白噪声条件下，16QAM 调制要想达到误码率 10^{-4} 所需的信噪比也高达 32dB。如直接把它用到移动通信中，所需的信噪比会更高，不太现实。因此，将 QAM 应用到移动通信时，需要采取衰落补偿措施。

3. QAM 信号的调制与解调

QAM 信号的调制原理框图如图 4-37 所示。在调制端，输入数据经过串/并变换后分为两路，分别经过 2 电平到 L 电平变换，形成 A_m 和 B_m。为了抑制已调信号的带外辐射，A_m 和 B_m 还要经过预调制低通滤波器，才分别与相互正交的各路载波相乘。最后将两路信号相加就可以得到已调输出信号。

图 3-38 是 QAM 信号的解调原理。在接收端，输入信号与本地恢复的两个正交载波信号相乘后，经过低通滤波器、多电平判决、L 电平到 2 电平变换，在经过并/串变换就可

以得到输出数据。

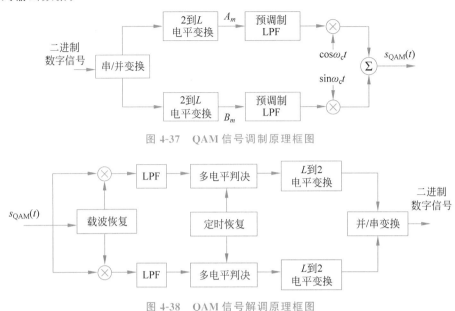

图 4-37　QAM 信号调制原理框图

图 4-38　QAM 信号解调原理框图

　　QAM 调制技术具有能充分利用带宽、抗噪声性能强等优点,有利于实现高速数字传输。由于 QAM 的星座点比 PSK 的星座点更加分散,因此星座点之间的距离更大,所以能提供更好的抗干扰性能。但是 QAM 星座点的幅度不是完全相同的,所以它的解调需要能同时正确检测相位和幅度,不像 PSK 解调只需要检测相位,这就增加了 QAM 解调器的复杂性。

　　军事航空通信中,Link-22 数据链使用 8PSK 的调制技术,但是当对数据传输速率的要求高过 8PSK 能提供的上限时,一般采用 QAM 调制方式。Link-22 数据链就使用了16QAM、32QAM 和 64QAM 调制方式。

4.6.2　OFDM 技术

1. OFDM 基本原理

　　前面介绍的调制方式在某一时刻都只用单一的载波频率来传输数字信息,而实际中为了提高信道利用率,可以采用多载波调制方式来实现信息的有效传输。传统的多载波调制系统是将待发送的高速率信息数据流经串/并变换分割成若干路低速率并行数据流,然后每路低速数据采用一个独立的载波调制,并采用频分复用调制方式叠加在一起构成发送信号。子载波的频率设置如图 4-39(a)所示,这种方式只是将一个信道的带宽分成多个窄带子信道,每个信道采用单一载波,各个载波所传输的数字信息都来源于同一信源。接收端首先要采用滤波器组进行各子带的分离,然后解调各路低速数据,再经并/串变换,恢复出高速率的信息数据流。这种方案的优点是实现简单、直接;缺点是频率利用率不高,各子载波间要保留保护带,且多滤波器的实现也较为困难。

　　正交频分复用(Orthogonal Frequency Division Multiplexing,OFDM)是一种特殊的

多载波调制技术,它的多载波之间有一定的约束要求,即各子载波频谱由 1/2 重叠且保持相互正交,如图 4-39(b)所示。OFDM 中各子信道在时间上相互正交,在频率上相互重叠。接收端通过相干解调技术分离出各子载波,同时又消除了码间串扰的影响,这样就可以节省带宽而获得更高的频带效率,并且避免使用滤波器组。

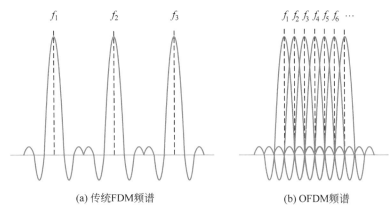

(a) 传统FDM频谱　　　　　　　(b) OFDM频谱

图 4-39　传统 FDM 与 OFDM 系统技术的频谱效率比较

　　OFDM 调制的基本原理是将串行的高速信息数据流转换成若干并行的低速数据流,并行地调制在多个相互正交的子载波上同时进行传输,然后所有子载波叠加在一起构成发送信号。实际上是通过把高速数据流分散到多个正交的子载波上进行复用,从而使每个子载波上的数据速率大大降低。OFDM 调制技术可以降低每个子载波的码元速率,增大码元周期,使系统的抗衰落和抗干扰能力大大提高,且频带利用率更高,所以 OFDM 技术非常适合于移动场合的高速数据传输。

　　OFDM 调制系统模拟实现的基本原理框图如图 4-40 所示。OFDM 技术将数据流分成 N 路子数据流,每一路数据流符号长度是原数据流的 N 倍;再将 N 路子数据流分别调制到不同的子载波上,如果能够保证不同符号的子载波是相互正交的,就可以使多路符号之间不存在干扰。OFDM 信号可表示为

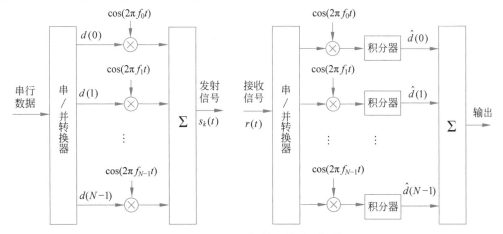

图 4-40　OFDM 调制系统原理框图

$$s_{\text{OFDM}}(t) = \sum_{k=0}^{N-1} d(k) \cos(2\pi f_k t), \quad 0 < t < T_s \tag{4-44}$$

式中：$d(k)$ 为第 k 路并行码；f_k 为第 k 路子载波频率，并且 $f_k = f_c + k\Delta f$，$\Delta f = 1/T_s$ 为子载波间隔，它是 OFDM 调制系统的重要设计参数。

假设每一子数据流的符号周期为 T_s，任意两路（第 k 路和第 l 路，k 和 l 为子载波频率序号）子载波的符号经 OFDM 调制后分别表示为

$$\begin{cases} s_k(t) = A\cos(2\pi f_c t + 2\pi k\Delta f t + \varphi_k) \\ s_l(t) = A\cos(2\pi f_c t + 2\pi l\Delta f t + \varphi_l) \end{cases} \tag{4-45}$$

一个周期的能量为 $\dfrac{A^2}{2}$，则两路符号波形的互相关系数为

$$\begin{aligned} \rho &= \frac{2}{A^2} \int_{t=0}^{T_s} s_k(t) s_l(t) \mathrm{d}t \\ &= \frac{2}{A^2} \int_{t=0}^{T_s} A\cos(2\pi f_c t + 2\pi k\Delta f t + \varphi_k) A\cos(2\pi f_c t + 2\pi l\Delta f t + \varphi_l) \mathrm{d}t \\ &= \int_{t=0}^{T_s} \big[\cos(4\pi f_c t + 2\pi(k+l)\Delta f t + \varphi_k + \varphi_l) + \cos(2\pi(k-l)\Delta f t + \varphi_k - \varphi_l) \big] \mathrm{d}t \\ &\approx \frac{\sin(2\pi(k-l)\Delta f T_s + \varphi_k - \varphi_l) - \sin(\varphi_k - \varphi_l)}{2\pi(k-l)\Delta f T_s} \end{aligned} \tag{4-46}$$

要求两路信号正交，即 $\rho = 0$。当两路信号初始相位相同时，即 $\varphi_k = \varphi_l$ 时，得到

$$\sin 2\pi(k-l)\Delta f T_s = 0 \tag{4-47}$$

从而有 $2\pi(k-l)\Delta f T_s = n\pi$，子载波间隔最小为 $(k-l)\Delta f = 1/2T_s$ 时可以保证两路信号正交；对于任意的初始相位，在时间 $[0, T_s]$ 内能保持子载波正交的子载波间隔为 $1/T_s$。采用这种正交基，即使子信道相互重叠，接收端也能分离出各个子信道上传输的信号。由于子载波间隔和符号周期的倒数关系，数据被分成 N 路的同时子载波的间隔也将为原数据流的 $1/N$，这有助于降低用户的频率选择性衰落。

由于子载波的相互正交性，使得接收端在理论上很容易实现对某个子载波信号的相干解调，而不受其他子载波的干扰。接收到的信号同时进入 N 个并行支路，分别与 N 路子载波相乘和积分（相干解调），便可以恢复并行支路的数据。

$$\hat{d}(k) = \int_0^{T_s} s_{\text{OFDM}}(t) \cos(2\pi f_k t) \mathrm{d}t = \int_0^{T_s} \sum_{k=0}^{N-1} d(k) \big[\cos(2\pi f_k t) \big]^2 \mathrm{d}t = d(k) \tag{4-48}$$

OFDM 信号由 N 路信号叠加而成，当 OFDM 信号各支路的码型选择单极性不归零矩形脉冲时，每路信号的频谱都是以子载波频率为中心频率的 Sa 函数形式，且相邻信号频谱之间有 $1/T_s$ 宽度的重叠。OFDM 信号的频谱结构如图 4-41 所示。图中，在每个子载波频率处，该子载波频率取最大值，而所有其他子载波的频谱值恰好此时均为零，因此可以从多个相互重叠的子信道码元频谱中提取出每路信号码元，而不会受到其他子信道的干扰。

忽略旁瓣功率，OFDM 信号的频谱宽度为

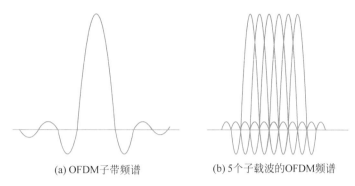

(a) OFDM子带频谱　　　　　(b) 5个子载波的OFDM频谱

图 4-41　OFDM 信号的频谱结构

$$B_{\mathrm{OFDM}} = (N-1)\frac{1}{T_s} + \frac{2}{T_s} = \frac{N+1}{T_s} \tag{4-49}$$

OFDM 信道在 T_s 时间内传输 N 个并行码元，则码元速率 $R_B = N/T_s$，若每个支路采用 M 进制调制，则码率 $R_b = R_B \log_2 M$，对应频带利用率为

$$\eta = \frac{R_b}{B_{\mathrm{OFDM}}} = \frac{N}{N+1}\log_2 M \tag{4-50}$$

2. OFDM 的数字化实现

模拟实现的 OFDM 虽然已经可以通过频谱重叠来提升频谱利用率和降低频率选择性衰落，但是每个子载波都需要有单独的调制器和解调器，N 很大时需要大量的乘法器，接收机的复杂性仍然很高。现代数字信号处理器的广泛使用以及快速傅里叶变换（Fast Fourier Transform，FFT）的日益成熟，使 OFDM 调制的实现可以通过逆快速傅里叶变换（Inverse FFT，IFFT）和 FFT 来完成，将多载波系统转化为单载波系统，从而大大降低了 OFDM 系统实现的成本和复杂度。

OFDM 系统数字化实现原理框图如图 4-42 所示。OFDM 信号的产生是基于 IFFT 实现发送信号的处理，而接收端用 FFT 处理信号。

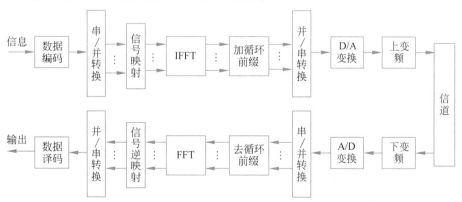

图 4-42　OFDM 系统的数字化实现框图

在调制过程中，首先信源产生的串行数字脉冲信号通过串/并变换器形成 N 路并行信号，对应于不同的子载波，每个子载波载荷一个码元信息。这 N 路并行信号可以经过

独立调制,即每一路可以采用不同的数字调制方式,如 OPSK 和 MQAM。这里的信号映射就是根据某种调制模式进行星座点的映射,生成 N 个调制码元。实际系统中一般采用 IFFT 对多路基带信号进行多载波调制,为了降低多径传播引起的码间干扰,通常在 IFFT 之后的每个 OFDM 码元前附加上一定长度的循环前缀作为保护间隔,循环前缀的长度要大于信道冲击响应造成的最大时延扩展,这样既可以最大限度地消除多径带来的码间串扰,又可以避免由多径带来的子信道间干扰。IFFT 之后经过串/并变换和 D/A 转换器形成时域模拟基带信号,然后通过频带调制加载到射频上。

解调过程是调制的逆过程,首先将模拟基带信号通过 A/D 转换和串/并变换形成数字信号,消除循环前缀后对信号进行 FFT 解调,获得各子载波上的接收信号,然后通过星座点逆映射得到每个子载波上的接收位,最后经过并/串转换恢复出原始位流。

3. OFDM 的特点

OFDM 技术与传统单载波或者一般非交叠的多载波传输系统相比具有以下优势:

(1)有效降低传输信号的码间干扰。通过对高速数据流进行串/并转换,每个正交子载波上的数据;传输速率降低了,数据符号的长度相对增加了,这样就可以有效地减少无线信道的时间扩散而造成的码间干扰,进而可以降低接收机内均衡器的复杂性,甚至可以不采用均衡器。

(2)大大提高频率利用率。传统的频分多路传输方法只是将整个频带分成若干不相交的子频带并行传输数据,各个子信道间需要保留足够的保护频带。OFDM 系统中各个子载波的正交性使得子信道的频谱可以相互重叠,因此 OFDM 系统的频谱利用率得以大大提高。

(3)便于数字实现。在子载波数很多的系统中,各个子信道的正交调制和解调可以通过 IFFT 和 FFT 的方法实现。

(4)便于传输非对称业务。无线数据业务一般存在非对称性,即下行链路中的数据传输量大于上行链路的数据传输量,这就要求物理层技术支持非对称高速数据传输。OFDM 系统可以通过灵活地使用不同数目的子信道来实现上行链路和下行链路不同的传输速率。

(5)提高无线传输抗衰落性能。由于无线信道存在频率选择性衰落,不可能出现所有的子载波都处于深度衰落的情况,因此可以通过动态比特分配以及动态子信道分配的方法,充分利用信噪比高的子信道,从而提高系统的抗衰落性能。而且对于多用户系统,一个用户不适用的子信道对其他用户来说可能是质量比较好的子信道,因此除非一个子信道对所有用户来说都不适用,该信道才会被关闭,但发生这种情况的可能性极小。

(6)抗窄带干扰。因为窄带干扰只能影响一部分子载波,所以 OFDM 系统在一定程度上可以抵抗这种窄带干扰。

尽管 OFDM 系统有很多优点,由于 OFDM 技术存在多个正交的子载波,而且输出信号是多个子信道信号的叠加,所以 OFDM 系统与单载波系统相比存在以下缺点:

(1)易受频率偏差的影响。由于子信道的频谱相互覆盖,这就对它们之间的正交性提出了严格的要求。无线信道的时变性会造成无线信号的频谱偏移,或者发射机和接收机本地振荡器之间存在的频率偏差,都会使 OFDM 系统子载波之间的正交性受到破坏,导致子信道之间的相互干扰。

(2) 存在较高的峰值平均功率比。多载波系统的输出是多个子信道信号的叠加,因此如果多个信号的相位一致,所得到的叠加信号的瞬时功率就会远远高于信号的平均功率,导致较大的峰值平均功率比。这就对发射机内放大器的线性度提出了很高的要求,并可能因此而导致信号的频谱发生变化,从而使各个子信道间的正交性被破坏,系统性能恶化。

(3) OFDM 系统对同步系统的精度要求更高。同步误差不仅造成输出信噪比的下降,还会破坏子载波间的正交性,造成载波间干扰,从而影响系统的性能,甚至使系统无法工作。

习题

1. 试分析对比 DSB、AM 和 SSB 三种线性调制方式的优缺点。

2. 设发送的二进制信息为 1011100101,采用 2DPSK 调制方式,已知码元传输速率为 1000Baud,载波频率为 1000Hz,试设计构成一种 2PSK 信号调制器原理框图,并画出对应的 2PSK 信号的时域波形。

3. 已知发送数据序列为 1011001011,传输速率为 128kb/s,载波频率为 256kHz,试画出 MSK 信号的时间波形和附加相位路径图。

4. 已知正弦载波频率 $f_c = 1.5/T_s$,初始相位 $\varphi_0 = 0$,求其传号和空号所对应的载波频率若输入序列为 010010100110,试画出 MSK 信号的波形。

5. GMSK 与 MSK 信号相比,其频谱特性得以改善的原因是什么?

6. 已知输入信号为 $+1-1-1+1+1-1-1-1+1$,载波频率是码元速率的 2 倍,请按 $\pi/2$ 方式画出 QPSK 和 DQPSK 信号波形。

7. 画出差分正交解调 DQPSK($\pi/4$ 方式)原理框图,并说明判决器的判决准则。

8. QPSK、OQPSK 和 $\pi/4$-QPSK 的最大相位变化量分别为多少?各自有哪些优缺点?

9. 试说明 $\pi/4$-QPSK 调制器的工作原理,其中低通滤波器的作用是什么?

10. 图 4-43 是两种 8QAM 信号星座图,相邻信号点的最小距离为 d,假设各信号点是等概率的,试分别求两个星座信号的平均功率。

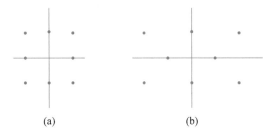

(a)　　　　　　　　　(b)

图 4-43　两种 8QAM 信号星座图

第 5 章

航空通信抗干扰技术

由于航空通信装备和系统生存于纷繁复杂的电磁环境之中,面临的干扰方式越来越多,既包括来自自然界的天电干扰,也包括来自各种广播电视台和无线电设备的射频干扰,还包括来自敌方的各种电子干扰(如窄带干扰和宽带干扰,压制干扰和欺骗干扰等)。为了提高复杂环境中信息传输的有效性和可靠性,可以从时域、频域、空域等方向入手,采取多种技术措施进行抗干扰。

本章在阐述通信对抗相关概念的基础上,着重介绍航空通信中的扩展频谱抗干扰技术和自适应阵列抗干扰技术。

5.1 通信对抗

视频

5.1.1 通信对抗概念

电子对抗是敌对双方为削弱、破坏敌方电子设备的使用效能和保障己方电子设备正常发挥效能而采取的综合措施,是敌对双方在电磁空间围绕电磁频谱控制权和利用权而展开的斗争,又称电子战或电子斗争。电子对抗的作战对象是所有产生信息、传输信息、处理信息、利用信息以及控制与利用电磁频谱的电子信息系统和设备。

通信对抗也称为通信电子战,是电子对抗的重要分支。在电子战中,为削弱、破坏敌方无线电通信系统的使用效能和保护己方无线电通信系统使用效能的正常发挥而人为采取的措施和行动的总称。

通信对抗的研究领域,从波段来看,包括超长波、长波、短波、超短波、微波,并已扩展到光波的所有通信频段;从通信方式来看,包括天波、地波、空间波等电波传播方式以及各种调制方式;从军事应用来看,包括战术通信和战略通信。

通信对抗的基本任务是通过陆、海、空、天等各种平台的侦察装备,搜索截获、检测处理、分析识别和记录存储敌方通信信号特征,测量信号的技术参数,以此获取敌方兵力部署、方向或位置和有关作战意图等军事情报,为己方决策和采取作战行动提供支援;同时,在关键时刻、重点区域和主要方向上,使用电子攻击手段,对敌方作战指挥、武器控制和通信系统实施压制性或欺骗性干扰,破坏甚至阻止敌方对信息的获取、传输、交换和利用,削弱其作战指挥、相互协同和武器控制能力,造成其通信中断和指挥控制混乱,从整体上瓦解其意志和战斗力,确保己方顺利完成作战任务。

通信对抗的基本内容包含通信电子侦察、通信电子攻击和通信电子防御三方面。

通信电子侦察是指搜索、截获、测量分析和对敌方通信信号进行测向定位,以获取信号频率、电平、通信方式、调制方式和电台位置信息,对其进行侦听判别,以确定信号的属性。无源工作是通信电子侦察的最大特征,即通信侦察本身不向外发射信号,而是接收来自空间的各种电磁信号,从中提取出有用信号并进行信号参数的估计,从而给我方通信对抗设备提供所需要的信息。

通信电子进攻是指为了削弱或破坏敌方通信设备效能而采取的电子技术措施,包括通信干扰和通信摧毁两种手段。通信干扰是针对无线电通信系统的接收机所实施的人为电磁频谱干扰。通信摧毁是采用化学能、定向能以及激光等武器对敌方通信设备和系统实施摧毁,是现代通信电子进攻的重要手段。

通信电子防御是指在通信对抗中为保证己方通信设备正常发挥效能而采取的措施与行动的统称。通信电子防御包括通信反侦察、通信抗干扰和通信抗摧毁。

5.1.2 通信对抗发展阶段

1. 直接利用通信电台

该阶段从通信对抗首次使用开始,持续到 20 世纪的第二次世界大战前,主要是使用简单的测向设备,基本没有专用的通信对抗设备,也没有进行通信对抗理论、体制和专题技术的研究,都是直接利用现成的通信电台或改装的通信设备对敌方通信信号进行监视和监听,配合使用测向设备测量通信发射台的方位,获取情报信息。必要时,用通信电台发出噪声调制干扰或话音欺骗干扰,甚至还使用过电火花的调谐干扰。

2. 发展专用通信对抗设备

从第二次世界大战直到 20 世纪 60 年代,发展了专门进行通信侦察、测向和干扰的通信对抗设备,进行了侦察接收技术、测向和定位体制以及干扰理论研究,实际试验了通信对抗样机,取得了对当时制式电台信号进行侦察接收和测向定位的最有效方法以及最佳干扰样式等数据,确立了最佳干扰理论。

3. 大力开发通信对抗系统

从 20 世纪 70 年代起,系统设计技术、数字控制和管理技术、信号分析与识别技术等方面的突破,大大提高了对付数字加密和组网通信系统的作战能力。在这个阶段先后出现了定频通信对抗系统、跳扩频通信对抗系统和综合对抗系统,已具备立体指挥、控制、预警探测等功能,特别是预警机和战术数据链的广泛使用,可满足各作战平台之间进行大量数据信息的实时获取、传输、处理、分发和交换的需要,从而实现其紧密连接,最大限度地发挥各种武器装备的联合作战和一体化打击作用。

4. 开展信息网络体系对抗

在信息时代,对战场电子信息网络体系——指挥、控制、通信、计算机、情报及监视与侦察(C^4ISR)这样的信息网络体系进行对抗,单一的对抗形式无能为力,只有综合运用多种信息对抗措施,实施综合一体化的体系对抗形式才能奏效,这对通信对抗提出了严峻的挑战和更高要求,既要承担传统电子战的任务,重点干扰传感器对信号的感知和获取,又要承担对信息网络体系进行侦察和攻击的网络对抗职责,重点攻击信息网络体系中通过通信网传输的信息流,破坏其"神经系统"。

5.1.3 通信干扰类型

通信干扰就是采用一切手段来阻止敌方的电子通信,降低或破坏敌方通信电子设备的作战使用效能。

通信干扰的基本方法就是将干扰信号随同敌方的通信信号一起发送到敌方的接收机中,当敌方的接收机中的干扰信号强度达到足以使敌方无法从接收到的信号中提取有用信号时,就达到了干扰敌方通信的目的。

按照不同的分类方式,通信干扰可进行如下分类:

(1) 按照干扰信号的频谱宽度,通信干扰可分为瞄准式干扰和阻塞式干扰。

瞄准式干扰是压制敌方一个确定通信信道的干扰方式。干扰信号频谱宽度仅占一个信道带宽,准确地与通信信号频谱重合,而不干扰其他信道的通信。瞄准式干扰的能量可以全部进入通信接收机的解调器,其最大优点是干扰效率高。瞄准式干扰中,干扰信号的频谱宽度不能超过通信信号频谱宽度,否则会被通信接收机带通滤波器所抑制,造成干扰能量的损失而影响干扰效果。瞄准式干扰一般采用窄带干扰,因此也称窄带干扰。

阻塞式干扰就是在某一给定的频段上同时施放干扰信号,是对在某一频段上的所有信道进行全面压制,使对方通信信号模糊不清或淹没于干扰之中。阻塞式干扰的干扰频谱宽度大于或远大于信号带宽,干扰信号可覆盖一个或多个通信信道的干扰方式,因此也称为宽带干扰。阻塞式干扰并不需要准确测定信号参数,也不用进行分析识别,只需大概了解敌方可能的工作频段。

(2) 按干扰信号的形成方式,通信干扰可分为欺骗干扰和压制干扰两类。

欺骗干扰是在敌方使用的通信信道上,模仿其通信方式、信号特征等,冒充其通信网内的电台,发送伪造的虚假消息,从而造成其接收方误判或产生错误行动。

压制干扰是使敌方通信设备收到的有用信息模糊不清或被完全掩盖,以致通信中断。根据对目标信号的破坏程度分为全压制干扰和部分压制干扰。

除上述之外,通信干扰还可以有其他不同的分类方法。比如,按照干扰发射控制方式通信干扰可分为自动干扰和人工干扰,按干扰辐射的方向可分为全向干扰和定向干扰,等等。

另外,除了对通信信号本身进行干扰外,还可对通信信道进行干扰。例如,短波天波通信主要利用电离层进行通信,电离层特性会受到磁暴、太阳黑子等影响,所以可以采取核爆炸、释放吸收材料等方法进行干扰,只是代价较大,作用时间较短。

5.1.4　通信抗干扰技术

通信抗干扰是在各种干扰条件下或复杂电磁环境中保证通信正常进行的各种技术和战术措施的总称。开放空间的电磁环境日趋复杂,迫使无线通信抗干扰技术持续不断发展。无线通信抗干扰技术大致可分为时域、频域和空域抗干扰。

时域抗干扰技术是指无线信号在时间范畴上不再遵循原有的先后顺序,而是发生特定的变化,形成了时域范围内的抗干扰技术。这类抗干扰技术主要包括跳时通信、猝发通信、交织编码等技术。

频域抗干扰技术是指将无线通信信号在频域范围内进行扩展或压缩,即将频带展宽或压缩,形成了频域抗干扰技术。这类抗干扰技术主要包括自适应滤波、自适应频率选择、捷变频、跳频扩频(FHSS)、直接序列扩频(DSSS)、超窄带等抗干扰技术。

空域抗干扰技术是指利用无线通信信号在空间的传播特性,通过调整极化方式、天线方向图,可实现空域范围内的抗干扰。这类抗干扰技术主要包括自适应阵列抗干扰技术。

不论是时域、频域还是空域的抗干扰技术,都可以将它们归纳为两大类:一类是基于扩展频谱的抗干扰技术,如直接序列扩频、跳频扩频、跳时扩频(THSS)、混合扩频、软扩频等;另一类是基于非扩展频谱的抗干扰技术,即不通过对信号进行频谱扩展而实现抗干扰的技术,这类技术所涵盖的范围很广,除涉及时域、频域、空域外,还将涉及功率域、变换域以及网络域等诸多领域。

视频

5.2 扩频通信技术

扩展频谱(Spread Spectrum,SS)简称扩频,其特点是传输信息所用的带宽远大于信息本身带宽。扩频通信技术在发端用扩频编码进行扩频调制,在收端用相关解调技术收信。这一过程使其具有许多特有的优点,将其用于通信系统中,可以大大提高通信系统的抗干扰性能。

1948年前后,香农的《通信中的数学理论》等论文的发表,奠定了信息论的基础,也成为了扩频技术的理论依据。1949年,Derosa和Rogoff完成了世界上第一个直接序列扩频系统。1950年,麻省理工学院在此基础上成功研制出一个成熟的扩频通信系统——噪声调制和相关(Noise Modulation and Correlation,NOMAC)系统。1941年,Hedy K. Markey和George Antheil提出了世界上第一个跳频技术专利,但直到1963年,美国海军Sylvania的数字化精确谱Buffalo实验室应用(Buffalo Laboratories Application of Digitally Exact Spectra,BLADES)系统才成为世界上第一个研制成功的跳频通信系统。

进入20世纪60年代以后,随着科学技术的迅速发展,特别是晶体管、集成电路和各种信号处理器的问世,扩频技术出现了重大的突破和发展,使扩频系统得到了广泛应用。在军事通信领域出现的全球定位系统(GPS)、通信数据转发卫星系统(TDESS)、单通道地面和机载无线电系统(SINCGARS)及联合战术信息分配系统(JTIDS)等都广泛使用了扩频技术。1985年5月美国联邦通信委员会(FCC)制定了民用公共安全、工业、科学与医疗和业余无线电采用扩频通信的标准和规范。1995年美国Qualcomm公司推出了IS-95 CDMA系统,首次将直扩技术用于蜂窝移动通信中,获得了巨大成功。2000年,国际电信联盟(ITU)接纳扩频技术的CDMA为第三代移动通信的三大主流标准的核心技术,表明扩频技术已经处于其发展的鼎盛时期。目前除了应用于军事安全保密通信外,扩频技术已广泛应用于卫星通信、第三、四、五代乃至未来第六代移动通信、定位、无线局域网、蓝牙及最新的超宽带(UWB)系统中,显示出强大的生命力。

5.2.1 扩频通信概念

扩频通信技术是一种信息传输方式,在发端采用扩频码调制,使信号所占的频带宽度远大于所传信息需要的带宽,在收端采用相同的扩频码进行相关处理后再进行解调,以恢复所传信息数据。这一定义其实包含了以下三方面含义:

一是信号频谱被展宽。众所周知,传输任何信息都需要一定的频带,称为信息带宽或基带信号频带宽度。例如,人类话音的信息带宽为$300\sim3400\mathrm{Hz}$,电视图像的信息带宽为$6\mathrm{MHz}$。在常规通信系统中,为了提高频率利用率,通常都尽量采用带宽大体相当的信号来传输信息,即在无线电通信中射频信号的带宽与所传信息的带宽是相比拟的,一般属于同一数量级。扩频通信的信号带宽与信息带宽之比则高达 $100\sim1000$,属于宽带通信。

二是采用扩频码序列调制的方式展宽信号频谱。由信号理论可知,在时间上有限的信号,其频谱是无限的。脉冲信号宽度越窄,其频谱就越宽。作为工程估算,信号的频带宽度与其脉冲宽度近似成反比。因此,如果很窄的脉冲码序列被所传信息调制,则可产生很宽频带的信号,这种很窄的脉冲码序列速率很高,可作为扩频码序列。需要说明的是,所采用的扩频码序列与所传信息数据无关,也就是说,它与一般的载波信号相类似,不影响信息传输的透明性,仅起到扩展信号频谱的作用。

三是在接收端用相关处理来解扩。正如在一般的窄带通信中,已调信号在接收端都要进行解调来恢复发端所传的信息一样,在扩频通信中接收端则用与发端完全相同的扩频码序列与收到的扩频信号进行相关解扩,然后通过解调电路恢复出数据。

5.2.2　扩频通信理论基础

长期以来,人们总是想方设法使信号所占频谱尽量窄,以充分提高十分宝贵的频率资源的利用率。用宽频带信号来传输窄带信息主要为了通信的安全可靠,这一点可以用信息论基本公式加以说明。

香农在信息论中得出了带宽与信噪比互换的关系式——香农公式,即

$$C = B\log_2\left(1+\frac{S}{N}\right) \tag{5-1}$$

式中:C 为信道容量(b/s);B 为信号频带宽度(Hz);S 为信号平均功率(W);N 为噪声平均功率(W)。

由香农公式可见,在保持信息传输速率不变的条件下,可以用不同频带宽度 B 和信噪功率比 S/N(简称信噪比)来传输信息,即频带 B 和信噪比是可以互换的,如果增加信号频带宽度,就可在较低信噪比条件下以任意小的差错概率来传输信息。甚至在信号被噪声淹没的情况下,只要相应地增加信号带宽,也能进行可靠的通信。由此可见,扩频通信系统具有较强的抗噪声干扰的能力。

需要指出的是,当 B 增加到一定程度后,信道容量 C 不可能无限地增加。由式(5-1)可知,信道容量 C 与信号带宽成正比,增加 B,势必会增加 C,但当 B 增加到一定程度后,由于 $N=n_0B$,因而随着 B 的增加,N 也要增加,使信噪比 S/N 下降,进而导致 C 增加缓慢。考虑极限情况,令 $B\to\infty$,C 的极限值为

$$\lim_{B\to\infty}C=\lim_{B\to\infty}B\log_2\left(1+\frac{S}{n_0B}\right) \tag{5-2}$$

则可得

$$\lim_{B\to\infty}C=1.44\frac{S}{n_0} \tag{5-3}$$

由此可见,在信号功率 S 和噪声功率谱密度 n_0 一定时,信道容量 C 是有限的。

通信系统中信息速率 R 可达到的极限信息速率,即 $R=R_{max}=C$,且带宽 $B\to\infty$ 时,信道要求的最小信噪比 E_b/n_0 的值。$S=E_bR_{max}$,E_b 为码元能量,根据

$$\lim_{B\to\infty}C=R_{max}=1.44\frac{S}{n_0} \tag{5-4}$$

可得

$$\frac{E_b}{n_0}=\frac{S}{n_0R_{max}}=\frac{1}{1.44} \tag{5-5}$$

由此可得信道要求的最小信噪比为

$$\left(\frac{E_b}{n_0}\right)_{min}=\frac{1}{1.44}=0.694=-1.6(dB) \tag{5-6}$$

用扩展频谱的方法换取通信系统接收机输入端对 C/N(载噪比)或 S/N(信噪比)的要求,这对通信设备小型化、低功率化、减少通信环境电磁干扰十分重要。以移动通信系统为例,第一代蜂窝移动通信系统采用话音调频中接收机输入端要求载干比 $C/I\geqslant$ 18dB;第二代数字蜂窝移动通信系统的 GSM 系统采用 TDMA、GMSK 数字话音调制,接收机输入端载干比要求 $C/I\geqslant9dB$ 就可以;采用扩频技术的 CDMA 系统接收机输入端在 $E_b/n_0=4.5dB$ 时,相当于载干比 $C/I=-15dB$。

5.2.3 扩频通信基本原理

扩频通信系统原理框图如图 5-1 所示。在发端输入的信息经信息调制形成数字信号,然后由扩频码发生器产生的扩频码序列调制数字信号以展宽信号的频谱。展宽以后的信号再对载频进行调制,经射频功率放大后送至天线发射至收端,从接收天线上收到的宽带射频信号,经过输入电路、高频放大器后送入变频器,下变频至中频,然后由本地产生的与发端完全相同的扩频码序列解扩,最后经信息解调,恢复成原始信息输出。

由图 5-1 可见,扩频通信系统与普通数字通信系统相比,多了扩频调制和解扩部分。

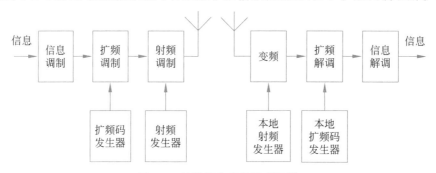

图 5-1　扩频通信系统原理框图

任何周期性的时间波形都可看作多个不同幅度和频率的正弦波之和,通过对不同脉冲重复宽度和脉冲重复周期的信号的分析,可以得到有关扩频通信的三个结论:

(1) 为了扩展信号的频谱,可采用窄脉冲序列调制载波。脉冲宽度越窄,频谱就越

宽。脉冲宽度变窄直接导致码重复频率的提高,因此,采用高速率的脉冲序列调制,可获得扩展频谱的目的。直接序列扩展频谱正是基于这一原理,用重复频率很高的窄脉冲序列展宽信号频谱。

(2)如果信号总能量不变,则频谱的展宽必然导致各频谱成分的幅度下降,即信号功率谱密度降低。因此,用扩频信号进行通信,可提高隐蔽性,降低信号被截获概率。

(3)在较宽的信息周期内,若用于发送信息的符号波形是一个窄脉冲,则其信号的频谱要比所传信息的带宽要宽。这就是跳时系统的原理。

按照扩展频谱的方式不同,扩频通信系统可分为直接序列扩频、跳频扩频、跳时扩频以及上述几种方式的组合。

5.2.4 扩频系统性能指标

处理增益和干扰容限是衡量扩频通信系统抗干扰性能的两个指标。

1. 处理增益

扩频通信系统由于在发端扩展了信号频谱,在收端解扩后恢复了所传信息,这一处理过程带来了信噪比上的好处,即接收机输出的信噪比相对于输入的信噪比大有改善,从而提高了系统的抗干扰能力。理论分析表明,各种扩频系统的抗干扰能力大体上都与扩频信号带宽与信息带宽之比成正比。工程上常以分贝(dB)表示扩频系统的处理增益,即

$$G_p = 10\lg \frac{W}{B} \tag{5-7}$$

式中:W 为扩频信号带宽(Hz);B 为信息带宽(Hz)。

扩频处理增益的值一般在 100~1000000 的范围(20~60dB)内。例如,某扩频系统,$W = 20\text{MHz}$,$B = 10\text{kHz}$,则 $G_p = 33\text{dB}$,说明这个系统在接收机的射频输入端和基带滤波器输出端之间有 33dB 的信噪比增益改善。

扩频处理增益表示了系统解扩前后信噪比改善的程度和敌方干扰扩频系统所要付出的理论上的代价,是系统抗干扰能力的重要指标,但仅是理论上的抗干扰能力。

2. 干扰容限

由于处理增益仅仅描述理论上的抗干扰能力,要解释一个扩频通信系统能容忍多大的干扰,仅仅用处理增益还不能完全解释清楚,因此引入干扰容限的概念。

干扰容限是在保证系统正常工作的条件下,接收机输入端能承受的干扰信号比有用信号高出的分贝数。

干扰容限的数学表达式为

$$M_j = G_p - (L_s + (S/N)_{out}) \tag{5-8}$$

式中:M_j 为干扰容限(dB);G_p 为处理增益(dB);L_s 为系统损耗(dB);$(S/N)_{out}$ 为接收机输出信噪比(dB)。

干扰容限直接反映了扩频通信系统接收机允许的极限干扰强度,它往往能比处理增益更能确切地表达系统的抗干扰能力。例如,某扩频通信系统的处理增益 $G_p = 33\text{dB}$,系

统损耗 $L_s=3\mathrm{dB}$，接收机要求的输出信噪比 $(S/N)_\mathrm{out}=10\mathrm{dB}$，则该系统的干扰容限 $M_j=$ 20dB。这表明：该系统最大能承受 20dB(100 倍)的干扰，即在干扰信号功率高于有用信号功率 20dB 时，系统就不能正常工作；否则，在二者之差不大于 20dB(100 倍)时，即使信号被噪声淹没，该系统仍能正常工作。基于干扰容限的物理意义，在技术方案制定和信道机设计中要着力提高扩频系统的干扰容限。

以上干扰容限的概念对几种扩频通信体制均适用，但对于不同的扩频体制，干扰容限的表现形式则不尽相同。

5.3　直接序列扩频抗干扰技术

直接序列扩频系统简称直扩系统，是目前应用非常广泛的一种扩展频谱系统。例如，在蜂窝移动通信系统中基于直扩的码分多址(CDMA)是主流技术，在全球定位系统、卫星通信、短距离无线通信等领域也有着广泛应用。

直扩系统利用待传信息与伪随机码模 2 加(波形相乘)，然后去直接调制射频载波，进而扩展传输带宽，在接收端利用同步的伪码对接收信号进行相关处理后解调出所传信息。相关处理的使用，使直扩系统比一般调制系统具有更好的抗干扰、抗衰落的特性。

5.3.1　直接序列扩频系统基本原理

图 5-2 为直接序列扩频系统的组成原理框图。信源输出的信号 $a(t)$ 是码元持续时间为 T_a 的信息流，伪随机码产生器产生的伪随机码为 $c(t)$，每一伪随机码码元宽度为 T_c。将信码 $a(t)$ 与伪随机码 $c(t)$ 进行模 2 加，产生一速率与伪随机码速率相同的扩频序列，然后再用扩频序列去调制载波，这样就得到已扩频调制的射频信号。

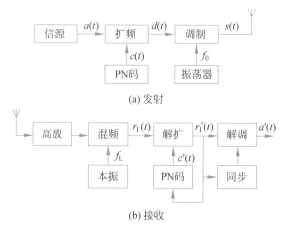

图 5-2　直接序列扩频系统的组成原理框图

在接收端，接收到的扩频信号经高放和混频后，用与发端同步的伪随机序列对中频的扩频调制信号进行相关解扩，将信号的频带恢复为信息序列 $a(t)$，即为中频调制信号；然后再进行解调，恢复出所传输的信息 $a(t)$，从而完成信息的传输。对于干扰信号和噪声而言，由于与伪随机序列不相关，在相关解扩器的作用下，相当于进行了一次扩频，导致其谱密度降低,这样就大大降低了进入信号通频带内的干扰功率,提高了解调器的输入信噪比和信干比,从而提高了系统的抗干扰能力。

5.3.2 直接序列扩频系统数学分析

信号源产生的信号 $a(t)$ 为信息流,码元速率为 R_a,码元宽度 $T_a = 1/R_a$,则 $a(t)$ 可表示为

$$a(t) = \sum_{n=0}^{\infty} a_n g_n(t - nT_a) \tag{5-9}$$

式中: a_n 为信息码,以概率 P 取 $+1$ 或以概率 $1-P$ 取 -1,即

$$a_n = \begin{cases} +1, & \text{以概率 } P \\ -1, & \text{以概率 } 1-P \end{cases} \tag{5-10}$$

$$g_n(t) = \begin{cases} 1, & 0 \leqslant t \leqslant T_a \\ 0, & \text{其他} \end{cases} \tag{5-11}$$

为门函数。

伪随机序列产生器产生的伪随机序列 $c(t)$,速率为 R_c, $T_c = 1/R_c$,则

$$c(t) = \sum_{n=0}^{\infty} c_n g_c(t - nT_c) \tag{5-12}$$

式中: c_n 为伪随机码码元,取值 $+1$ 或 -1; $g_c(t)$ 为门函数。

扩频过程实质上是信息流 $a(t)$ 与伪随机序列 $c(t)$ 的模 2 加或相乘的过程。伪随机码速率 R_c 比信息速率 R_a 大得多,一般 R_c/R_a 为整数,且 $R_c/R_a \geqslant 1$,所以扩展后的序列的速率仍为伪随机码速率 R_c,扩展的序列 $d(t)$ 为

$$d(t) - a(t)c(t) = \sum_{n=0}^{\infty} d_n g_c(t - nT_c) \tag{5-13}$$

式中:

$$d_n = \begin{cases} +1, & a_n = c_n \\ -1, & a_n \neq c_n \end{cases}, \quad (n-1)T_c \leqslant t \leqslant nT_c \tag{5-14}$$

用此扩展后的序列去调制载波,将信号搬移到载频上去。原则上讲,大多数数字调制方式均可用于直扩系统的调制,但应视系统的具体性能要求来确定。用得较多的调制方式有 BPSK、MSK、QPSK、QAM 等。调制后得到的信号为

$$s(t) = d(t)\cos\omega_0 t = a(t)c(t)\cos\omega_0 t \tag{5-15}$$

式中: ω_0 为载波频率。

接收端天线上感应的信号经选择放大和混频后,得到的信号包括有用信号 $s_1(t)$、信道噪声 $n_1(t)$、干扰信号 $J_1(t)$ 和其他网的扩频信号 $s_J(t)$ 等,即收到的中频信号(经混频后)为

$$r_1(t) = s_1(t) + n_1(t) + J_1(t) + s_J(t) \tag{5-16}$$

接收端的伪随机码产生器产生的伪随机序列与发端产生的伪随机序列相同,但起始时间或初始相位可能不同,为 $c'(t)$。解扩的过程与扩频过程相同,用本地的伪随机序列 $c'(t)$ 与接收到的信号相乘,即

$$r'_1(t) = r_1(t)c'(t)$$
$$= s_1(t)c'(t) + n_1(t)c'(t) + J_1(t)c'(t) + s_J(t)c'(t)$$
$$= s'_1(t) + n'_1(t) + J'_1(t) + s'_J(t) \tag{5-17}$$

下面分别对式(5-17)中的四个分量进行分析。首先看信号分量 $s'_1(t)$:

$$s'_1(t) = s_1(t)c'(t) = a(t)c(t)c'(t)\cos\omega_1 t \tag{5-18}$$

若本地产生的伪随机序列 $c'(t)$ 与发端产生的伪随机序列 $c(t)$ 同步,即 $c'(t) = c(t)$,则 $c(t)c'(t) = 1$,这样信号分量 $s'_1(t)$ 为

$$s'_1(t) = a(t)\cos\omega_1 t \tag{5-19}$$

后面所接的滤波器的频带正好能让信号通过,因此可以进入解调器进行解调,恢复有用信号。

噪声分量 $n_1(t)$、干扰分量 $J_1(t)$ 和不同网干扰 $s_J(t)$ 经解扩处理后,被大大削弱。$n_1(t)$ 分量一般为高斯带限白噪声,用 $c'(t)$ 处理后,谱密度基本不变,但相对带宽改变,因而噪声功率降低。$J_1(t)$ 分量为人为干扰,与伪随机码不相关,相乘过程相当于频谱扩展过程,干扰信号功率被分散到了一个很宽的频带上,谱密度降低,相乘器后的滤波器的频带只能让有用信号通过。这样,能够进入到解调器输入端的干扰功率只能是与信号频带相同的那一部分,解扩前后频带相差甚大,因而解扩后干扰功率大大降低,提高了解调器输入端的信干比,从而提高了系统抗干扰能力。至于不同网的信号 $s_J(t)$,由于不同网所用扩频序列也不同,这样对于不同网的扩频信号而言,相当于再次扩展,从而降低了不同网信号的干扰。

图 5-3 和图 5-4 分别给出了扩频系统的波形和频谱示意图。

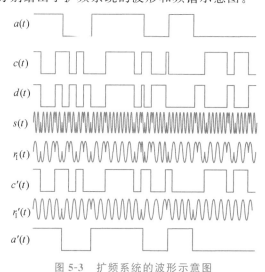

图 5-3 扩频系统的波形示意图

下面分析直扩信号的功率谱。先求出式 $s(t)$ 的自相关函数 $R_s(\tau)$,再进行傅里叶变换,就可得到 $s(t)$ 的功率谱密度 $G_s(f)$。

发送端发射的信号为

$$s(t) = d(t)\cos\omega_0 t = a(t)c(t)\cos\omega_0 t$$

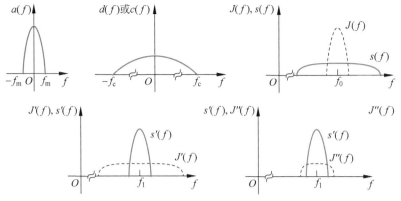

图 5-4 扩频系统频谱示意图

对 $s(t)$ 求自相关函数,可得

$$R_s(\tau) = \frac{1}{T}\int_{-\frac{T}{2}}^{\frac{T}{2}} s(t)s(t-\tau)\mathrm{d}t = \frac{1}{2}R_d(\tau)\cos\omega_0\tau \tag{5-20}$$

由于 $a(t)$ 与 $c(t)$ 是由两个不同的信号源产生的,相互独立,因而有

$$R_d(\tau) = R_a(\tau)R_c(\tau) \tag{5-21}$$

式中:$R_a(\tau)$ 和 $R_c(\tau)$ 分别为 $a(t)$ 与 $c(t)$ 的自相关函数。$c(t)$ 是长度为 N 的周期性伪随机序列,故其自相关函数也是周期为 N 的周期性函数,为

$$R_c(\tau) = \begin{cases} 1, & \tau = 0 \\ -\dfrac{1}{N}, & \tau \neq 0 \end{cases}$$

$R_c(\tau)$ 波形如图 5-5 所示。对 $R_c(\tau)$ 进行傅里叶变换,得到 $c(t)$ 的功率谱密度为

$$P(\omega) = \frac{1}{N^2}\delta(\omega) + \frac{N+1}{N^2}\sum_{\substack{n=-\infty \\ n\neq 0}}^{+\infty}\left[\frac{\sin\dfrac{T_c}{2}}{\dfrac{T_c}{2}\omega}\right]^2\delta\left(\omega - \frac{2\pi n}{NT_c}\right) \tag{5-22}$$

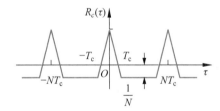

图 5-5　$R_c(\tau)$ 波形

由式(5-22)可知,伪随机序列的功率谱是以 $2\pi/(NT_c)$ 为间隔的离散谱,其幅度由 $\mathrm{Sa}^2(\omega T_c/2)$ 确定。如图 5-6(a)所示。由傅里叶变换的性质可求出扩频信号 $s(t)$ 的功率谱密度为

$$G_s(\omega) = \frac{1}{8\pi^2}G_a(\omega) * G_c(\omega) * \pi[\delta(\omega-\omega_0) + \delta(\omega+\omega_0)]$$

$$= \frac{1}{8\pi}G_a(\omega) * [G_c(\omega-\omega_0) + G_c(\omega+\omega_0)] \tag{5-23}$$

将式(5-21)代入式(5-20)并且考虑单边谱,则 $s(t)$ 的功率谱密度为

$$P(\omega)=\frac{1}{4\pi N^2}G_a(\omega-\omega_0)+\frac{N+1}{4\pi N^2}\sum_{\substack{n=-\infty\\n\neq0}}^{+\infty}\text{Sa}^2\left(\frac{\pi n}{N}\right)G_a\left(\omega-\omega_0-\frac{2\pi n}{NT_c}\right) \quad(5-24)$$

如图 5-6(b)所示,N 越大,$G_c(\omega)$ 谱线越密,T_c 越小,功率谱的带宽越宽,谱密度越低,$c(t)$ 越接近白噪声。

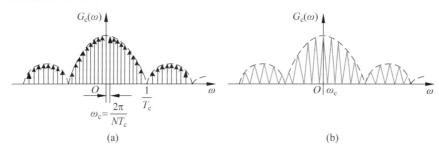

图 5-6 扩频信号功率谱

5.3.3 直接序列扩频系统射频带宽和处理增益

直接序列扩频系统中射频带宽直接影响系统的性能,系统的带宽和传送的信息速率决定了系统的扩频处理增益,也决定了系统的抗干扰能力。对于直接序列扩频系统的射频带宽,通常只考虑功率谱的带宽。当调制信号为非归零码时,信号功率谱密度函数的包络是 $\left(\frac{\sin x}{x}\right)^2$ 型的,主瓣的带宽(单边)为 R_c,主瓣的 3dB 带宽(单边)为 $0.44R_c$,R_c 为扩频码的传输速率。在任何情况下,直扩系统的射频带宽都是扩频码传输速率的函数,采用 PSK 调制方式时,直扩信号的功率谱密度函数是 $\left(\frac{\sin x}{x}\right)^2$ 型的伪噪声谱,系统的射频带宽为 $2R_c$。实际上,直扩信号总功率的 90.3% 包含在 2 倍于扩频码传输速率的带宽($-R_c\sim+R_c$)内,总功率的 95.0% 包含在 4 倍于扩频码传输速率的带宽($-2R_c\sim+2R_c$)内,总功率的 96.6% 包含在 6 倍于扩频码传输速率的带宽($-3R_c\sim+3R_c$)内。

但信号能量的损失并不是带宽限制的唯一结果,旁瓣中丰富的高频分量来自调制信号陡峭的上升沿和下降沿,会使伪随机码尖锐的三角形自相关函数顶峰变得圆滑,这就影响了系统的抗干扰性能。特别是在直扩信号产于测距系统时,射频带宽受限将会导致测距精度的下降明显。

综合前面几个因素,在确定直扩系统带宽时,必须考虑功率损失、处理增益和信息速率以及系统抗干扰能力的要求。

直扩系统的处理增益可以用扩频码传输速率与基带信息传输速率的比值来衡量,即

$$G_p=10\lg\frac{(S/N)_o}{(S/N)_i}=10\lg\frac{R_c}{R_B} \quad(5-25)$$

式中:R_c 为伪随机码传输速率;R_B 为基带信息传输速率。

可见有两个参数可以用来调整处理增益:一个是基带信息传输速率,它取决于奈奎

斯特速率；另一个是射频带宽，它取决于用于扩频的伪随机码的传输速率。降低基带信息速率可以增加处理增益，但基带信息速率是由信源决定的而不是由传输系统决定的。信息传输速率不可能任意地减小，一旦信息传输速率下降到一定程度，再进一步下降信息速率就不能保证信息传输的实时性和有效性，从而失去了通信的意义。另外，提高扩频用的伪随机码传输速率可以增大处理增益，但伪随机码的编码时钟不宜过高，因为伪随机码编码时钟越高，对伪随机码发生器的要求也越高，系统的工作频带越宽，要求调制器和混频器在较宽的频带内保证一定的线性度，工程上是难以实现的。

另外，当伪随机码的传输速率不断增大，接收机输出的干扰信号电平不断下降，并将减小至与接收机热噪声电平相当时，若再进一步增大伪随机码的传输速率，并不能改善输出信号的信噪比。这是因为影响输出信噪比的主要因素已经不再是干扰信号的功率，而是接收机内部的热噪声。

综合上面的因素，为了提高系统的处理增益，可以在兼顾系统硬件设计的复杂度的同时，适当提高伪随机码的传输速率，或者采用一些有效的话音或图像的压缩编码技术来降低所传的基带信息速率。目前国内外信源压缩的技术很多，如线性预测、矢量量化、话音识别及分形压缩等，都可以用来降低信源信息速率。

5.3.4　直接序列扩频系统相关解扩

相关解扩过程对扩频通信至关重要，正是这一解扩过程把有用的宽带信号变换成窄带信号，把无用的干扰信号变成宽带的低功率谱信号，从而提高了窄带滤波器（中频或基带滤波器）输出端的信干比，同时提高了系统的抗干扰能力。或者说，扩频系统的处理增益都是在相关解扩过程中，通过相关器的相干检测或匹配滤波器的匹配滤波获得的。因此，相关器是扩频系统的核心和关键。

扩频通信系统中，通常采用直接式相关器对扩频信号进行解扩。直接式相关器是指接收到的扩频信号在接收机的高频电路里直接与本地参考信号进行相关处理的相关器，其相关原理如图 5-7 所示。这里的本地参考信号指的是与发端同步的伪码。图 5-7(a)为扩频调制器，用于产生一相移键控的扩频信号。在接收端接收到该信号后，用一个与发端同步的伪随机序列 $c(t)$ 与接收信号相乘，其效果与发端调制用的伪随机序列 $c(t)$ 互补。每当本地相关器伪随机序列发生 $0 \to 1$ 或 $1 \to 0$ 的跳变时，输入已调信号的载波反相。如果发送端的伪随机序列与接收端的伪随机序列相同且同步，那么当发射信号相移时，接收机中的本地码再把它相移一次，这样两个互补的相移结合，就相互抵消了扩展频谱的调制，达到了解扩的目的，剩下的是原始信息调制的载波信号 $a(t)\cos\omega_0 t$，如图 5-7(b)所示。图 5-8 给出了这种解扩方式的波形图，图中未考虑所传输的信息 $a(t)$。

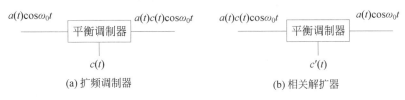

(a) 扩频调制器　　　　　　　　(b) 相关解扩器

图 5-7　直接式相关器原理框图

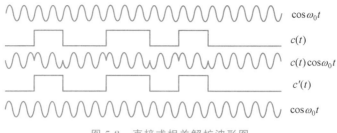

图 5-8　直接式相关解扩波形图

应当指出,这里的相关器的本地参考信号是与发送端相同且同步的伪随机序列,因此这个相关器只能实现扩频信号的相关解扩,而没有用相干载波对原始调制信号进行相干解调。

直接式相关器的优点是结构简单,缺点是对于干扰信号存在直通现象。由直接式相关器原理图可以看到,若相关器的相移键控已调输入信号中心频率为 f_0,则相关后的载波频率也是 f_0。但是,由于直接式相关器的相关处理是在高频电路中进行的,且输入中心频率与输出中心频率一样,因此一个比较强的干扰信号就有可能渗透或绕过相关器而直接进入信息解调器。这时,相关器的抗干扰能力(载波抑制能力)很低,也得不到本应得到的信干比的改善,因此直接式相关器仅用于一些对抗干扰能力要求不高的扩频系统中。

5.3.5　直接序列扩频系统抗干扰和抗截获能力

实际中常遇到的干扰主要有加性白噪声干扰或宽带噪声干扰、部分频带噪声干扰、单频干扰和窄带干扰、正弦脉冲干扰以及多径干扰等。在实际应用中,应根据干扰情况确定直扩系统的处理增益和其他参数,使之达到可靠通信的目的。下面以加性高斯白噪声干扰为例介绍直扩系统的抗干扰能力。

扩频信号在传输过程中必然会受到噪声干扰,这种干扰一般为加性高斯白噪声(AWGN)或带限白噪声。设噪声的单边功率谱密度为 n_0,经混频后为一带限白噪声,带宽为扩频信号带宽 B_c,谱密度仍为 n_0,故相关器输入噪声功率为

$$N_i = n_0 B_c \tag{5-26}$$

相关器输出噪声功率为

$$N_o = \frac{1}{2\pi} \int_{W_a} G'_n(\omega) \mathrm{d}\omega \tag{5-27}$$

式中:积分区域为信息带宽 W_a,$W_a = 2\pi B_a$。考虑到 $B_a \ll B_c$,只考虑 f_1 附近的噪声功率,则功率谱密度 $G'_n(\omega)$ 近似为 Kn_0,其中 K 为与调制方式有关的一个常数。以 PSK 调制为例,$K = 0.903$。MSK 调制时,$K = 0.995$。因此有

$$N_o = \frac{1}{2\pi} Kn_0 W_a = Kn_0 B_a \tag{5-28}$$

考虑到解扩前后信息能量不变,因此处理增益为

$$G_{P_n} = \frac{S_o/N_o}{S_i/N_i} = \frac{N_i}{N_o} = \frac{n_0 B_c}{Kn_0 B_a} = \frac{B_c}{KB_a} = \frac{G_p}{K} \tag{5-29}$$

上述结论并不意味着扩频系统具有抗白噪声的能力,也不意味着随伪码速率的增加其抗白噪声的能力也随之增加,这是因为处理增益表征的是相关器处理信号所获得的信噪比增益,并不是度量不同类型通信系统性能的标准,因此不能把扩频处理增益与衡量不同系统性能的"制度增益"或"系统增益"相混淆。衡量扩频系统与非扩频系统性能好坏的标准是:在信息传输速率相同的条件下,扩频系统解扩后的中频信噪比$(SNR)_s$与非扩频系统的中频信噪比$(SNR)_{Ns}$之比G_s,即制度增益。对于非扩频系统,因为没有扩频与解扩过程,所以也不会有处理增益,但中频信噪比与扩频系统相同,即$G_s = 1$。对白噪声而言,把窄带系统改为宽带系统并不会带来好处,即直扩系统不能抗白噪声。实际上,由于扩频系统不可避免地存在着伪码同步误差,故扩频系统的抗白噪声性能比非扩频系统还要差一些。

关于扩频信号的抗截获能力。众所周知,截获敌方信号的目的是发现敌方信号的存在并进一步确定敌方信号的频率以及发射机的方位。要提高系统的抗截获能力,就必须降低信号被检测的概率。理论分析表明,信号的检测概率与信号能量和噪声功率谱密度之比成正比,与信号的频带宽度成反比。直扩信号正好具有这两方面的优势,它的功率谱密度很低,单位时间内的能量就很小,同时它的频带很宽。因此,它具有很强的抗截获性。

如果满足直扩信号在接收机输入端的功率低于或比拟于外来噪声及接收机本身的热噪声功率这个条件,则一般接收机发现不了直扩信号的存在。另外,由于直扩信号具有宽频带特性,截获时需要在很宽的频率范围进行搜索和监测,很难被发现。因此,直扩信号可以用来进行隐蔽通信。

5.4 跳频扩频抗干扰技术

在敌我双方的通信对抗中,敌方企图发现我方的通信频率,以便于截获所传送的信息内容,或者发现我方通信机所在的方位,以便引导炮火摧毁。定频通信系统容易暴露目标且易于被截获,这时,采用跳频通信就比较隐蔽也难以被截获。因为跳频通信是"打一枪换一个地方"的游击通信策略,敌方不易发现通信使用频率,一旦被敌方发现,通信频率已经转移到另一个频率。当敌方摸不清"转移规律"时,就很难截获我方的通信内容。

跳频扩频是用扩频码序列去进行移频键控,使载波频率不断地改变。简单的移频键控如 2FSK 仅有两个频率,而跳频系统的载波频率则有几十、几百甚至上千个,并由扩频码进行选择控制而使频率不断地发生跳变。

跳频系统具有抗干扰、抗截获的能力,并能做到频谱资源共享。所以在当前现代化的电子战以及民用通信中,跳频通信都获得了广泛的应用。

5.4.1 跳频系统基本原理

跳频系统的载频受伪随机码的控制,不断随机地跳变,可看成载频按照一定规律变化的多频移键控(MFSK)。与直扩系统相比,跳频系统中的伪随机序列并不直接传输,而是用来选择信道。跳频系统从 20 世纪 60 年代后期开始,发展便非常迅速。不少专家预言,未来的战术通信设备非跳频电台莫属。

跳频系统的组成框图如图 5-9 所示。用信源产生的信息流 $a(t)$ 调制频率合成器产生的载频,得到射频信号。频率合成器产生的载频受伪随机码的控制,按一定规律跳变。跳频系统多采用非相干解调或者差分解调,因而多采用模拟的 FM 和数字的 MFSK 等可进行非相干解调的调制方式。

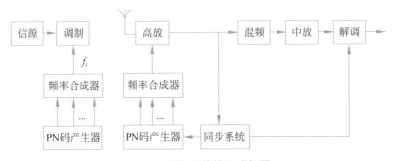

图 5-9　跳频系统的组成框图

在接收端,接收到的信号与干扰信号经高放滤波后送至混频器。接收机的本振信号也是一频率跳变信号,跳变规律是相同的,两个频率合成器产生的频率相对应,但对应的频率有一频差正好为接收机的中频。只要收发双方的伪随机码同步,就可使收发双方的频率合成器产生的跳变频率同步,经混频器后,就可得到一个不变的中频信号。然后对此中频信号进行解调,就可恢复出发送的信息。而对干扰信号而言,由于不知道跳频频率的变化规律,与本地的频率合成器产生的频率不相关,因此,不能进入混频器后面的中频通道,不能对跳频系统形成干扰,这样就达到了抗干扰的目的。在这里,混频器实际上担任解跳器的角色,只要收发双方同步,就可将频率跳变信号转换成一固定频率(中频 f_1)的信号。

5.4.2　跳频系统数学分析

设信源产生的信号 $a(t)$ 为双极性数字信号,则有

$$a(t) = \sum_{n=0}^{\infty} a_n g_a(t - nT_a) \tag{5-30}$$

式中: a_n 为信息码,取值为 +1 或 -1。

$$g_a(t) = \begin{cases} 1, & 0 \leqslant t \leqslant T_a \\ 0, & \text{其他} \end{cases} \tag{5-31}$$

T_a 为信息码元宽度。

采用 FSK 调制。由频率合成器产生的频率为 f_i,则有

$$f_i \in \{f_1, f_2, \cdots, f_N\} \tag{5-32}$$

即 f_i 在 $(i-1)T_h \leqslant t \leqslant iT_h$ 内的取值为频率集 $\{f_1, f_2, \cdots, f_N\}$ 中的一个频率,由伪随机码确定, T_h 为每一频率(每一跳)的持续时间或驻留时间,用 $a(t)$ 去调制频率合成器产生的频率,可得射频信号为

$$s(t) = a(t)\cos\omega_i t \tag{5-33}$$

接收端收到的信号为

$$r(t) = s(t) + n(t) + J(t) + s_J(t) \tag{5-34}$$

式中：$s(t)$ 为信号分量；$n(t)$ 为噪声分量（高斯白噪声）；$J(t)$ 为干扰信号分量；$s_J(t)$ 为不同网的跳频信号。

接收端频率合成器产生的频率受与发端相同的伪随机码产生器的控制，产生的频率 f'_j 为接收频率合成器产生的频率集中的一个，即有

$$f_i \in \{f_1 + f_I, f_2 + f_I, \cdots, f_N + f_I\} \tag{5-35}$$

在混频器中，接收到的信号与本振相乘可得

$$r(t)\cos\omega'_j t = s(t)\cos\omega'_j t + n(t)\cos\omega'_j t + J(t)\cos\omega'_j t + s_J(t)\cos\omega'_j t$$
$$= s'(t) + n'(t) + J'(t) + s'_J(t) \tag{5-36}$$

下面分别讨论式(5-34)中的四个分量。首先看信号分量 $s'(t)$，即

$$s'(t) = s(t)\cos\omega'_j t = a(t)\cos\omega_i t \cos\omega'_j t \tag{5-37}$$

已知收发两端的频率合成器产生的频率是一一对应的，且受相同的伪随机码的控制，控制方式是相同的，只是两个伪随机码的初始相位可能不同。若使两伪随机码的初始相位相同，即同步，就可使收发双方的频率合成器产生的频率同步，即有 $i = j$。这样，收端频率合成器产生的频率正好比发端的频率高出一个中频 f_I（也可低一个中频）。经混频，取下边带，可得信号分量为

$$s'(t) = a(t)\cos\omega_i t \cos\omega'_j t$$
$$= \frac{1}{2}a(t)\cos(\omega'_j - \omega_i)t \tag{5-38}$$

经滤波后为

$$s''(t) = \frac{1}{2}a(t)\cos(\omega'_j - \omega_i)t$$
$$= \frac{1}{2}a(t)\cos\omega_i t \tag{5-39}$$

为一固定中频信号，与非跳频系统送入解调器的信号是相同的，经解调后可恢复出传送的信息，从而完成信息的传输。

对 $n'(t)$ 分量，由于 $n(t)$ 为高斯白噪声，经混频后噪声分量与一般的非跳频系统一样，也就是说，跳频系统对白噪声无处理增益。

对干扰分量 $J'(t)$，由于不知道跳频频率的变化规律，即不能得到跳频系统的信息，经混频后，被搬移到中频频带以外，不能进入解调器，也就不能形成干扰，从而达到了抗干扰的目的。$J(t)$ 要有效地干扰跳频信号 $s(t)$，就必须与 $s(t)$ 的频率始终相同，否则是无能为力的。

$s'_J(t)$ 分量是由其他网产生的跳频信号，不同网有不同的跳频图案。在组网时，已考虑到了不同网之间的相互干扰问题，即应使其频率跳变是正交的，互不重叠。不同网的信号由于频率跳变的规律不同，故不能形成干扰。

从跳频系统的信号分析来看,跳频系统的抗干扰机理是发送端的载频受伪随机码的控制,随机地改变,躲避干扰。在接收端,用与发端相同的伪随机码控制本地频率合成器产生的频率,使之与发端的载频同步跳变,混频后使之进入中频频带内;对于干扰信号,由于不知道跳频系统的载频变化规律,经接收机接收,不能进入中频频带内,也就不能形成干扰,这样,跳频系统就达到了抗干扰的目的。由此可见,跳频系统的抗干扰机理与直扩系统是不同的。跳频系统以躲避干扰的方式抗干扰,可以认为是一种主动式抗干扰方式;而直扩系统采用分散干扰功率的方法来降低干扰功率,提高解调器的输入信干比,以此来达到抗干扰的目的,故可以认为是一种被动式的抗干扰方式。

另外,跳频系统由于载波频率随机跳变,只有网内用户的跳频频率出现相互重叠的时候才引起远近效应,因而跳频系统抗远近效应性能强于直接序列扩频系统。

5.4.3 跳频系统处理增益

设在整个跳频带宽为 W,等间隔地分为 N 个载波频率,即可用频率数为 N,频率间隔为 Δf,信息带宽为 B_s。跳频系统的发送端以伪码控制频率合成器的频率,使之按伪码方式跳变,带宽 W 与所采用的伪码速率 R_c 无关,即 $W = N\Delta f$。处理增益为

$$G_p = \frac{W}{B_s} = \frac{N\Delta f}{B_s} \tag{5-40}$$

若不考虑各载波没有保护间隔,则 $B_s = \Delta f$,从而有 $G_p = N$。由此可见,跳频系统的处理增益在理论上表明了跳频通信系统在射频可用带宽内的可用频率数。

实际上,在计算处理增益时应该考虑相邻瞬时频带是否交叠的影响。若各个瞬时频带相邻或者互相重叠,则按照处理增益为射频带宽与信息带宽之比可得

$$G_p = \frac{B_{射频}}{B_a} \leqslant N \tag{5-41}$$

由此可见,跳频系统的抗干扰性能即处理增益是与跳频系统的可用频道数 N 成正比的,N 越大,射频带宽 $B_{射频}$ 越宽,抗干扰能力越强。

5.4.4 跳频系统跳频图案

跳频系统中载波频率的跳变规律是关乎跳频系统性能的关键问题,它决定了系统的抗干扰能力和组网能力。用来控制载频跳变的多值序列称为跳频序列。载波频率跳变规律称为跳频图案或跳频图样,如图 5-10 所示。

在跳频序列控制下,载频以某种既随机又确定的方式跳变,载频跳到某一频率时,已调信号占据中心频率在跳频点附近的一个狭窄频带,也称频隙,在下一个跳频时刻又跳到另一个频隙。发射机和接收机以同样的规律控制频率在较宽范围内变化,虽然瞬时信号带宽较窄,但宏观信号带宽很宽,这就实现了频谱扩展。另

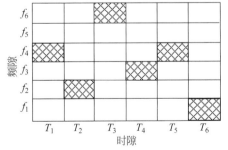

图 5-10　跳频系统的时频矩阵图

外跳频组网时跳频序列可作为地址码,给每个用户分配一个跳频序列作为地址码,发射机根据接收机的地址码选择通信对象,当许多用户在同一频段同时跳频工作时,跳频序列是区分每个用户的标志。

根据跳频系统的实际应用和出于对跳频序列应具有的性质的考虑,在设计跳频序列时,通常要考虑以下几个方面:

(1) 每一个跳频图案都可以使用频隙集合中的所有频隙,以实现最大的处理增益。

(2) 跳频序列集合中的任意跳频序列,在允许的时延情况下,各种跳频图案间可能重叠的频隙数最小。

(3) 为了实现多址通信要求,提高跳频系统的保密性能,给定一个允许的重叠准则,其构成的跳频图案的数目应是最大的。

(4) 在某些工程应用中,要求跳频序列能控制实现宽间隔跳频,即要求在相邻的时隙内发射的两个载频间隔大于某个规定的值。

(5) 为了使跳频系统具有良好的抗干扰性能,应使各频率在一个序列周期中出现的次数基本相同,即要求跳频序列具有均匀性。

(6) 跳频序列应具有较好的随机性和较大的线性复杂度,以保证系统的安全性。

(7) 跳频序列产生的电路比较简单。

实际应用中,跳频图案并不是简单地由伪随机码直接产生,而是通过一种复杂的变换关系得到的。如许多战术跳频电台,其跳频图案的产生是由带时间信息(Time of Day,TOD)的参量、原始密钥(Prime Key,PK)和伪随机码模 2 加后经非线性变换,确定跳频图案,由于考虑了时间信息,因而是一种时变的跳频图案,经过多重加密,大大增加了破译跳频图案的难度。

从前面的分析可以看出:跳频系统具有抗干扰、抗衰落、抗截获能力强,抗远近效应能力强,安全保密性能好等优势;但跳频系统也存在一些问题,例如,慢速跳频时,隐蔽性和抗跟踪式干扰能力变弱,而快速跳频可避免转发式和跟踪式干扰,但又受硬件制作的限制。

5.5 其他扩频抗干扰技术

视频

5.5.1 软扩频技术

在无线通信系统中,DSSS 信号传输时需要很宽的带宽,但有时需要利用窄带信道(如话音信道)来传输扩频信号,以便获得扩频技术带来的好处,采用软扩频技术可以很好地解决这一问题。

软扩频又称缓扩频,实际上它是一种由信息空间到伪随机码空间的映射过程,即用长为 N 的伪随机码代表 k 位信息。k 位信息共有 2^k 个状态,在长为 N 的伪随机码中选取 2^k 个随机码与其对应,解码时,根据伪随机码与原始信息的对应关系获得 k 位信息。2^k 个伪随机码可以是多个伪随机码,或者某个伪随机码及其位移序列。软扩频实际上可看作一种 (N,k) 编码,用于 (N,k) 软扩频的 2^k 个伪随机码应正交或接近正交,即具有好的自相关特性和互正交特性,以保证接收机正确解扩,因此软扩频又称为正交码扩频。

(N,k)软扩频的处理增益为 N/k。

前面介绍的直扩技术是将信息码与伪随机码进行模 2 加来获得需要的序列,并且扩频伪随机码的扩频速率 R_c 远大于信息码元速率 R_b,即 $R_c \gg R_b$,且 $\dfrac{R_c}{R_b} = N$(N 为整数)。而软扩频采用编码方法实现频谱的"扩展",即用 k 位信息码元的 2^k 个组合对应 2^k 个伪随机码,$R_c > R_b$,且 $\dfrac{R_c}{R_b}$ 不一定为整数。

软扩频技术除了可获得扩频增益外,还可以使信息的编码获得编码增益。软扩频技术不但可以有效限制速率,而且有很强的抗干扰、抗多径、保密、多址通信能力,同时具有频谱效率高、误码率低、硬件简单、计算量小等优势。

软扩频技术主要应用于频带受限而数据率要求较高的通信系统中,如突发通信、计算机无线通信、无线局域网通信、移动通信等。

例如,在 Link-16 系统中,采用(32,5)编码,由一个 32 码片的伪随机码循环移位,形成 32 个伪随机码,对应 5 位信息码的 32 个状态,处理增益为 32/5=6.4。经过扩频后,每个 5 位信息码元扩展为一个 32 码片伪随机码序列。

5.5.2 跳时扩频技术

跳时扩频是通过时间跳变实现频谱扩展的通信方式,跳时是指发射信号在时间轴上离散地跳变。在跳时扩频通信系统中,通常先将时间轴分成帧,每个帧分成许多时隙,数字信号在时隙上使用快速突发脉冲传输,一帧内发射信号的时隙由扩频码序列控制。因此,跳时也可以理解为用一定扩频码序列进行选择的多时隙的时移键控。由于采用了很窄的时隙发送信号,相对来说,信号的频谱也就展宽了。图 5-11 为跳时扩频系统原理框图,图 5-12 为跳时扩频信号的时间-频率图。可以看出,跳时扩频是占用整个频段的一小段时间,而不是在全部时间里使用部分频段。

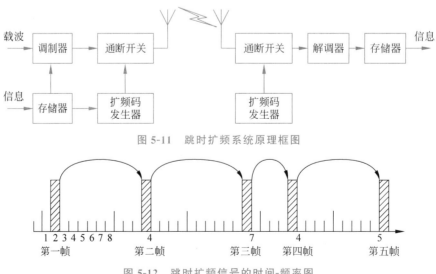

图 5-11 跳时扩频系统原理框图

图 5-12 跳时扩频信号的时间-频率图

跳时扩频系统由扩频码序列控制时隙的位置按照一定规律跳变,用时间的合理分配来减少时分复用系统之间的干扰和避开附近发射机的强干扰。

跳时系统能与 TDMA 自然衔接,具有抗脉冲干扰性能好、数模兼容等特点,而且跳时系统在时间上避免了网内用户信号的相互重叠,故其抗远近效应性能良好。但是,跳时系统对连续波干扰无防护能力,并且需要精确的时间同步。跳时信号的占空比通常小于 1,在发射瞬时功率不变的情况下,比特能量降低,对发射机的利用率降低。因此,跳时扩频在扩频系统中通常不单独使用,而是与其他扩频方式结合成混合式扩频方式,如与 FHSS 混合使用,或者利用伪随机序列控制的跳时来实现时分多址。

5.5.3　混合扩频技术

在电磁环境异常恶劣的条件下,或者要求通信系统的抗干扰指标非常高,单独用一种扩展频谱技术难以满足要求时,可以采用混合式扩展频谱系统。常用的混合扩频(Hybrid SS)方式有跳频/直接序列(FH/DS)、跳时/直接序列(TH/DS)、跳时/跳频(TH/FH)等。这里仅介绍前两种。

1. 直扩/跳频混合扩频系统

图 5-13 给出了 DS/FH 混合扩频系统的原理框图。DS/FH 系统的发射机是直接序列调制器和跳频载波的直接叠加。这种混合调制器与单纯的直接序列调制的区别在于其载波是按跳频图案变化的,而 DS 调制的载波是固定不变的;与单纯的 FH 系统的区别在于,每次跳变必须把直扩 $\sin x/x$ 型功率谱依跳频图案的规则搬移,且跳变频道的最小间隔必须等于直接序列的伪随机码速率,目的是保证相邻跳变频道之间的正交性。图 5-13 中的跳频序列产生器向频率合成器提供跳频图案,直扩序列产生器提供 DS 扩频调制序列,所以发射机输出的就是 DS/FH 信号。DS/FH 系统在任何一个跳频时间内都是一个 DS 系统,即其瞬时频谱是宽带的,而在一个跳频周期内它是由许多 DSSS 信号的频谱构成的。占有一定带宽的直接序列信号按照跳频图案伪随机地出现,每个直接序列信号在发射瞬间只覆盖系统总带宽的一部分频段,采用这种混合系统能够提高抗干扰能力并简化设备,并能达到多址的目的。图 5-14 给出了 FH/DS 混合扩频信号的频谱图。

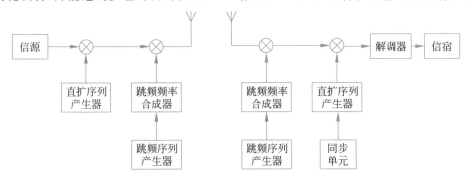

图 5-13　FH/DS 混合扩频系统的原理框图

DS/FH 混合系统的处理增益为跳频和直扩系统的处理增益的乘积,即

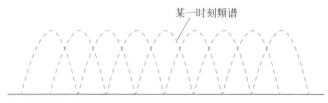

图 5-14　FH/DS 混合扩频信号频谱图

$$G_{FH/DS} = G_{FH}G_{DS}\tag{5-42}$$

式中：$G_{FH} = N$ 为 DS/FH 系统的跳频可用频率数；$G_{DS} = R_C/R_B$，用分贝可表示为

$$G_{FH/DS}(\mathrm{dB}) = G_{FH}(\mathrm{dB}) + G_{DS}(\mathrm{dB})\tag{5-43}$$

若单纯使用直扩时 PN 序列产生器的时钟速率 R_c 已达到最大值，或者单纯使用跳频时跳频器的可用跳频数已达到最大限度，也就是说，单纯使用跳频或直扩难以达到指定的扩频增益，那么使用 DS/FH 混合扩频方式就可以很好地解决这一问题。例如，某数字话音通信系统要求处理增益为 50dB，数据传输速率为 16kb/s。若只采用直接序列扩频，要求 PN 序列码片传输速率为 1500Mc/s，这么高的传输速率目前的技术水平达不到。若采用 DS/FH 混合式扩频系统，则可以满足总处理增益为 50dB 的要求。例如，DS 系统的伪码传输速率为 50Mc/s，数据传输速率为 16kb/s，则直扩系统处理增益为 35dB，剩下的 15dB 处理增益可由跳频系统来完成。当要求跳频处理增益为 15dB 时，跳变频率的数目要求为 32 个。这样，采用 DS/FH 混合扩频系统既能满足指标要求，又容易实现。

直扩与跳频混合扩频系统，可实现优势互补，使其具有全面的抗干扰能力。例如，DSSS 系统存在抗单频瞄准式干扰和抗远近效应干扰能力差的缺点，FHSS 系统存在抗宽带干扰和抗中继转发式干扰能力差的缺点，将两者结合起来，可有效克服各自的缺点。

2. 直扩/跳时混合扩频系统

在 DSSS 系统中，有时地址码的数目不能满足多址和复用的要求，在系统中增加时分复用技术就可以有效地解决这一问题。由于 DSSS 系统中收、发两端之间本来具备准确的定时和伪码时钟同步，只需增加一个通断开关以及有关的控制电路就构成了 DS/FH 混合扩频系统。因此，直扩/跳时混合扩频系统就是在直扩系统基础上增加了对射频信号突发时间跳变控制的功能。DS/TH 混合扩频系统原理框图如图 5-15 所示。

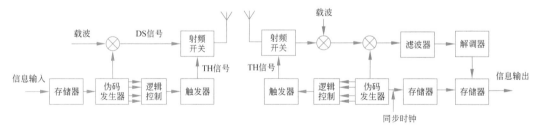

图 5-15　DS/TH 混合扩频系统原理框图

DS/TH 系统中由于在 DSSS 的基础上加入了跳时，这一伪随机的时间分配不但使系统可以容纳更多的用户，而且由于加入了 TH 功能，系统的抗远近效应能力大大增强。

5.6 伪随机序列

伪随机序列是实现直扩和跳频通信系统的前提。香农编码定理指出：只要信息速率 R 小于信道容量 C，总可以找到某种编码方法，使在码字相当长的条件下，能够几乎无差错地从遭受到高斯白噪声干扰的信号中恢复出原发送信息。

这里有两个条件：一是 $R \leqslant C$；二是编码码字足够长。香农在证明编码定理时，提出了用具有白噪声统计特性的信号来编码。白噪声是一种随机过程，它的瞬时值服从正态分布，功率谱在很宽的频带内都是均匀的，它有极其优良的自相关特性。但是，人们至今无法实现对白噪声的放大、调制、检测、同步及控制等，而只能用具有类似于白噪声统计特性的伪随机码来逼近它，并作为扩频系统的扩频码，这些伪随机码又称为 PN 序列或伪噪声码。

目前所知的伪随机序列有多种，大多数都是以 m 序列为基础而构成的。本节主要介绍最为常见的 m 序列、Gold 序列和沃尔什（Walsh）码的构成原理。

5.6.1 相关性的概念

扩频系统中，接收端信号的恢复要经过相关处理，实际上是将接收到的信号与本地参考信号相乘，然后输入到积分器的过程。如果一个用户接收到发给它的信号，那么相关处理就是一个计算信号的自相关函数的过程，在数学上是用自相关函数来表示信号与它自身相移以后的相似性的。

同时，其他用户的信号通过某用户接收机的相关处理器的过程实际上是一个计算信号的互相关函数的过程。在数学上是用互相关函数表示一个信号和另一个信号的相似性的。为了有效消除用户间的干扰，就要求各个用户的信号的互相关值处处为零。由此可见，伪随机码在扩频系统或码分多址系统中起着十分重要的作用。通常要求用于扩频系统的伪随机码应具有如下理想特性：

（1）有尖锐的自相关特性，便于信号的检测和同步的识别；

（2）有处处为零的互相关，易于实现码分多址，克服用户间干扰；

（3）有足够长的码周期，以确保抗侦破和抗干扰的要求；

（4）有足够的编码数量，用来作为独立的地址，以实现码分多址的要求；

（5）工程上易于产生、加工、复制和控制。

以上特性中，伪随机序列的相关特性和互相关特性最为重要，所以首先给出码序列的自相关、互相关函数的计算，再给出伪码的定义。

这里讨论等长二进制码，即码字长度（周期）相等，且码元都是二元域上的 $\{0,1\}$ 的元素。每个码元利用负逻辑映射组成波形序列，即元素"0"映射为"+1"，元素"1"映射为"−1"。设 x、y 是码字周期（长度）为 P 的两个码序列，码序列 x、y 的互相关函数定义为

$$R_{xy}(j) = \frac{1}{P} \sum_{i=1}^{P} x_i y_{i+j} \tag{5-44}$$

式中：y_{i+j} 为 y_i 移位 j 后的码序列。

定义序列 x 的自相关函数为

$$R_x(j) = \frac{1}{P} \sum_{i=1}^{P} x_i x_{i+j} \tag{5-45}$$

对于二进制序列，其自相关系数也可由下式求得，即

$$R_x(j) = \frac{A-D}{A+D} = \frac{A-D}{P} \tag{5-46}$$

式中：A 为 x_i 和 x_{i+j} 对应码元相同的数目；D 为对应码元不同的数目；P 为码序列周期长度。

5.6.2 m 序列

m 序列是一种重要的伪随机序列，有优良的自相关函数。它易于产生和复制，在扩展频谱通信和码分多址技术中有着广泛的应用，并且在其基础上还能构造其他的伪码序列，因此无论对 m 序列的直接应用还是对掌握伪随机序列基本理论而言，必须熟悉 m 序列的产生及其主要特性。

1. m 序列的产生

m 序列是最长线性移位寄存器序列的简称。顾名思义，m 序列是由多级移位寄存器或其延迟元件通过线性反馈产生的最长的码序列。在二进制移位寄存器中，若 n 为移位寄存器的级数，n 级移位寄存器共有 2^n 个状态，除去全 0 状态外还剩下 $2^n - 1$ 种状态，因此它能产生的最大长度的码序列为 $2^n - 1$ 位。所以产生 m 序列的线性反馈移位寄存器称为最长线性移位寄存器，如图 5-16 所示。

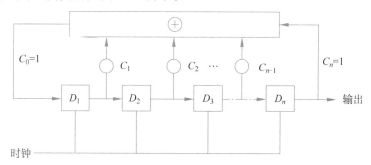

图 5-16 由 n 级简单型移位寄存器构成的码序列发生器

2. m 序列的特性

m 序列自相关函数具有二值的尖锐特性，但其互相关函数是多值的。下面就 n 级线性移位寄存器生成的 m 序列的主要特性进行分析。

1）随机特性

m 序列的随机特性主要是指码序列的平衡性、游程平衡性和移位相加特性。

（1）平衡性。m 序列一个周期内码元"1"的数目和码元"0"的数目只相差 1 个，这种平衡性使得用 m 序列做平衡调制实现扩展频谱时有较高的载波抑制度。例如，m 序列 111100010011010 中"1"有 8 个，"0"有 7 个，"1"与"0"相差 1 个，且"1"比"0"多 1 个，此为

码的平衡性。

（2）游程分布。在一个序列中把相同的相邻码元称为一个游程,在 m 序列中即为连续"0"或"1"的元素。在一个游程中,相同码元的个数称为游程的长度。一般来说,在 m 序列的一个周期内,共有 2^{n-1} 个元素游程,其中码元"0"的游程和码元"1"的游程数目各占一半。当 $1 \leqslant k \leqslant n-2$ 时,长为 k 的游程占游程总数的 $1/2^k$。长为 $n-1$ 的游程只有一个,为码元"0"的游程;长为 n 的游程也只有一个,为码元"1"的游程。这些称为 m 序列的游程平衡特性。表 5-1 列出了 m 序列 111100010011010 的游程分布。

表 5-1 m 序列 111100010011010 的游程分布

游程长度/位	游 程 数 目		所包含的比特数
	"1"	"0"	
1	2	2	4
2	1	1	4
3	0	1	3
4	1	0	4
游程总数为 8			

（3）移位相加特性。m 序列和其移位后的序列逐位模 2 相加,所得的序列还是该 m 序列,只是起始位不同而已,这一特性称为 m 序列的移位相加特性。例如,原 m 序列 $\{x_i\} = 1110100$,那么右移 2 位的序列 $\{x_{i-2}\} = 0011101$,把它们模 2 加后为 1101001。观察可见这个序列只是原 m 序列的左移一位序列。

2）周期性

m 序列周期或称长度 $P = 2^n - 1$,n 为线性反馈移位寄存器的级数。

3）m 序列的自相关函数

自相关函数的定义式为

$$R_x(j) = \frac{1}{P} \sum_{i=1}^{P} x_i x_{i+j} \tag{5-47}$$

由于序列电平的乘法运算等价于序列负逻辑映射前码元的模 2 加,所以自相关函数实际上是序列与逐位移位后序列相似性的一种度量。

当 $j \neq 0$ 时,根据移位相加特性,m 序列 $\{x_i\}$ 与移位后的 m 序列 $\{x_{i+j}\}$ 进行模 2 加后,仍然是一个 m 序列,依据 m 序列的平衡性,码元"1"和"0"的个数相差一个,所以有

$$R_x(j) = -\frac{1}{P}, \quad j \neq 0 \tag{5-48}$$

当 $j = 0$ 时,根据移位相加特性,m 序列 $\{x_i\}$ 与移位后的 m 序列 $\{x_{i+j}\}$ 进行模 2 加后,全部为"0",负逻辑映射后的电平为 $+1$,所以

$$R_x(j) = 1, \quad j = 0 \tag{5-49}$$

因此,m 序列的自相关函数为

$$R_x(j) = \frac{1}{N} \sum_{i=1}^{N} x_i x_{i+j} = \begin{cases} 1, & j = 0 \\ -\dfrac{1}{N}, & j \neq 0 \end{cases} \tag{5-50}$$

假设码序列周期为 P，码元宽度（常称为码片宽度，以区别于信息码元宽度）为 T_c，则自相关系数是以 PT_c 为周期的函数，如图 5-17 所示。图中横坐标以 τ/T_c 表示，如 $\tau/T_c=1$，即 $\tau=T_c$，则移 1 位；若 $\tau/T_c=2$，即 $\tau=2T_c$，则移 2 位。以此类推。

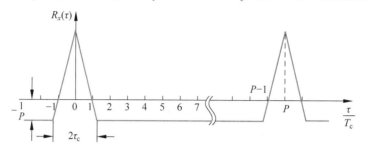

图 5-17 m 序列的自相关函数

在 $|\tau| \leqslant T_c$ 的范围内，自相关系数为

$$R_x(\tau) = 1 - \left(\frac{P+1}{P}\right)\frac{|\tau|}{T_c}, \quad |\tau| \leqslant T_c \tag{5-51}$$

由图 5-17 可知，m 序列的自相关系数在 $\tau=0$ 处出现尖峰，并以 PT_c 时间为周期重复出现。尖峰底宽为 $2T_c$，T_c 越小，相关峰越尖锐。周期 P 越大，$|-1/P|$ 就越小。在这种情况下，m 序列的自相关特性就越好。

自相关函数既是周期函数又是偶函数，所以有 $R(\tau)=R(-\tau)$。

由于 m 序列自相关函数在 T_c 的整数倍处取值只有 1 和 $-1/P$ 两种，所以 m 序列称为二值自相关序列。

4）m 序列的互相关函数

两个码序列的互相关函数是两个不同码序列一致程度（相似性）的度量，它也是位移量的函数。其计算如下：

$$R_{xy}(j) = \frac{1}{P}\sum_{i=1}^{P} x_i y_{i+j} = \frac{A-D}{A+D} \tag{5-52}$$

式中：A 为两序列对应位相同的个数，即两序列模 2 加后"0"的个数；D 为两序列对应位不同的个数，即两序列模 2 加后"1"的个数。

研究表明，两个长度（周期）相同，由不同反馈系数产生的两个 m 序列，其互相关函数与自相关函数相比没有尖锐的二值特性，是多值的。作为地址码而言，希望选择互相关函数越小的越好，这样便于区分不同用户，或者说抗干扰能力强。

3. m 序列的功率谱

信号的自相关函数和功率谱之间形成一傅里叶变换对，即

$$\begin{cases} G(\omega) = \displaystyle\int_{-\infty}^{+\infty} R_x(\tau)\mathrm{e}^{-\mathrm{j}\omega\tau}\,\mathrm{d}\tau \\ R_x(\tau) = \displaystyle\int_{-\infty}^{+\infty} G(\omega)\mathrm{e}^{\mathrm{j}\omega\tau}\,\mathrm{d}\omega \end{cases} \tag{5-53}$$

由于 m 序列的自相关函数是周期性的，因而对应的频谱是离散的。自相关函数的波

形是三角波,对应的离散谱的包络为 $\mathrm{Sa}^2(x)$。由此可得 m 序列的功率谱为

$$G(\omega)=\frac{1}{N^2}\delta(\omega)+\frac{N+1}{N^2}\sum_{\substack{n=-\infty \\ n\neq 0}}^{\infty}\left(\frac{\sin\dfrac{T_c}{2}\omega}{\dfrac{T_c}{2}\omega}\right)^2\delta\left(\omega-\frac{2\pi n}{NT_c}\right) \tag{5-54}$$

图 5-18 给出了 $G(\omega)$ 的频谱图,其中 T_c 为伪码码片的持续时间。

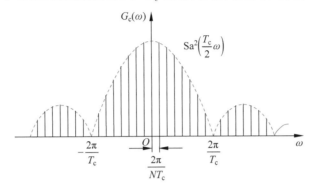

图 5-18 $G(\omega)$ 的频谱图

由此可得:

(1) m 序列的功率谱为离散谱,谱线间隔 $\omega_1=2\pi/(NT_c)$;

(2) 功率谱的包络为 $\mathrm{Sa}^2\left(\dfrac{T_c\omega}{2N}\right)$,每个分量的功率与周期 N 成反比;

(3) 直流分量与 N^2 成反比,N 越大,直流分量越小,载漏越小;

(4) 带宽由码元宽度 T_c 决定,T_c 越小,即码元速率越高,带宽越宽;

(5) 第一个零点出现在 $2\pi/T_c$ 处;

(6) 增加 m 序列的长度 N,减小码元宽度 T_c,将使谱线加密,谱密度降低,更接近理想噪声特性。

5.6.3 Gold 序列

m 序列有近乎理想的自相关特性,但 m 序列的数目不多,互相关性不好且互相关函数是多值的。

对于周期 $P=2^n-1$ 的 m 序列,若序列对 $\{a_i\}$ 和 $\{b_i\}$ 的互相关函数值只取三个值:

$$R_c(\tau)=\begin{cases}\dfrac{t(n)-2}{P} \\[2mm] -\dfrac{1}{P} \\[2mm] -\dfrac{t(n)}{P}\end{cases} \tag{5-55}$$

式中

$$t(n)=1+2^{[(n+2)/2]} \tag{5-56}$$

其中：[ ]表示取实数的整数部分。

上述三个值称为理想三值。能够满足这一特性的 m 序列对 $\{a_i\}$ 和 $\{b_i\}$ 称为 m 序列优选对。

R. Gold 于 1967 年提出了一种基于 m 序列优选对的码序列，称为 Gold 序列。它是 m 序列的组合码，由优选对的两个 m 序列逐位模 2 加得到，当改变其中一个 m 序列的相位（向后移位）时，可得到一新的 Gold 序列。虽然 Gold 序列是由 m 序列模 2 加得到的，但它已不再是 m 序列。

一对周期 $P=2^n-1$ 的 m 序列优选对 $\{a_i\}$ 和 $\{b_i\}$，$\{a_i\}$ 与 $\{b_i\}$ 后移 τ 位后的序列 $\{b_{i+\tau}\}$（$\tau=0,1,2,\cdots,P-1$）逐位模 2 加所得的序列 $\{a_i+b_{i+\tau}\}$ 都是不同的 Gold 序列。

周期为 7 的 Gold 序列发生器如图 5-19 所示。把 m 序列发生器 1 的初始状态 $Q_1Q_2Q_3$ 设置为 111 不变时，输出的 m 序列 $\{a_i\}=1110010$。当把序列发生器 2 的初始状态设置为 111 时，输出的 m 序列 $\{b_i\}=1110100$，从而得到 Gold 序列为 0000110；同样方法，固定 m 序列发生器 1 的初始状态，改变 m 序列发生器 2 的状态，即可输出 2^n-1 个 Gold 序列。

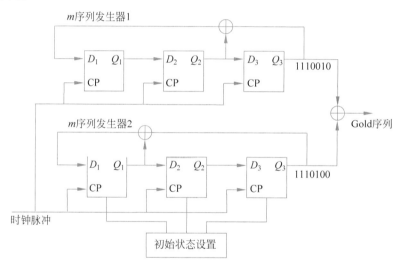

图 5-19　周期为 7 的 Gold 序列发生器

周期 $P=2^n-1$ 的 m 序列优选对生成的 Gold 序列，由于其中一个 m 序列不同的移位都产生新的 Gold 序列，共有 $P=2^n-1$ 个不同的相对移位，加上原来的两个 m 序列本身，总共有 2^n+1 个 Gold 序列。

分析表明，Gold 序列的自相关函数 $R_a(\tau)$ 在 $\tau=0$ 时与 m 序列相同，具有尖锐的自相关峰值；Gold 序列具有与 m 序列一样的优良互相关特性，同一对 m 序列优选对产生的所有 Gold 序列连同这两个 m 序列在内，任意两个序列的互相关特性都和 m 序列优选对一样，其互相关值取式(5-55)所示的三个值；周期为 $P=2^n-1$ 的 m 序列优选对生成的 Gold 序列，由于其中一个 m 序列不同的一位都产生新的 Gold 序列，共有 $P=2^n-1$ 个不同的相对移位，加上原来两个 m 序列本身，共有 2^n+1 个 Gold 序列，例如周期为 7

的 m 序列优选对,相对移位产生的 Gold 序列为 7 个,加上优选对本身共 9 个。随着 n 的增加,Gold 序列数以 2 的 n 次幂增长,因此 Gold 序列数目比 m 序列数目多得多,并且 Gold 序列都具有优良的自相关性和互相关特性,完全可满足实际工程的需要。

5.6.4 Walsh 码

在工程上往往要寻找一类有限元素的正交函数系,在数学上属于这类有限元素的正交函数的类型很多,如哈达玛(Hadamard)函数系、Walsh 函数系、Harr 函数系、离散傅里叶、离散余弦等。由于在 CDMA 中采用了 Walsh 正交码,因此下面介绍 Walsh 函数与 Walsh 码。

Walsh 函数是一类取值于 1 与 −1 的二元正交函数系。它有多种等价定义方法,最常用的是 Hadamard 编号法。一般,Hadamard 矩阵为一方阵,并具有下列递推关系:

$$\boldsymbol{H}_{2^0} = \boldsymbol{H}_1 = 1, \quad \boldsymbol{H}_{2^r} = \begin{pmatrix} \boldsymbol{H}_{2^{r-1}} & \boldsymbol{H}_{2^{r-1}} \\ \boldsymbol{H}_{2^{r-1}} & -\boldsymbol{H}_{2^{r-1}} \end{pmatrix}, \quad r = 1, 2, \cdots \tag{5-57}$$

当 $r = 1$ 时,有

$$\boldsymbol{H}_{2^1} = \boldsymbol{H}_2 = \begin{bmatrix} \boldsymbol{H}_1 & \boldsymbol{H}_1 \\ \boldsymbol{H}_1 & \bar{\boldsymbol{H}}_1 \end{bmatrix} = \begin{bmatrix} 0 & 0 \\ 0 & 1 \end{bmatrix}$$

当 $r = 2$ 时,有

$$\boldsymbol{H}_{2^2} = \boldsymbol{H}_4 = \begin{bmatrix} \boldsymbol{H}_2 & \boldsymbol{H}_2 \\ \boldsymbol{H}_2 & \bar{\boldsymbol{H}}_2 \end{bmatrix} = \begin{bmatrix} 0 & 0 & 0 & 0 \\ 0 & 1 & 0 & 1 \\ 0 & 0 & 1 & 1 \\ 0 & 1 & 1 & 0 \end{bmatrix}$$

可依次递推下去。

Walsh 矩阵与 Hadamard 矩阵对应关系如下:

$$\boldsymbol{W}_{2^r}^n(i) = [\boldsymbol{H}_{2^r}]_{n+1, i+1} \quad (r = 1, 2, \cdots; n = 0, 1, \cdots, 2^{r-1}; i = 0, 1, \cdots, 2^{r-1}) \tag{5-58}$$

或简记为

$$\boldsymbol{W}_{2^r}^n = [\boldsymbol{H}_{2^r}]_{n+1} \tag{5-59}$$

它表明以 2^r 为周期、编号为 n 的离散沃尔什函数是由 $\boldsymbol{H}_{2^r}$ 的第 $n+1$ 行确定的。

Walsh 函数最重要的性质是正交性。若 r 为非负整数,而 m(或 n)$= 0, 1, \cdots, 2^{r-1}$,则

$$\sum_{i=0}^{2^r-1} \boldsymbol{W}_{2^p}^n(i) \boldsymbol{W}_{2^p}^m(i) = \begin{cases} 2^r, & m = n \\ 0, & m \neq n \end{cases} \tag{5-60}$$

即在同一周期中,Walsh 序列是正交的。但理论上可以证明,Walsh 码具有理想的同步正交性能,即 $R_a(0) = 1$ 及 $R_e(0) = 0$。但是,在非同步的情况下 Walsh 地址码的自相关性和互相关性均不很理想,并随同步误差值增大,恶化也十分明显。

无线信道多数情况下为变参多径信道,很难保证严格同步,所以在扩频码分多址系统中不能只采用 Walsh 函数码。对码序列的正交性研究表明,正交 Walsh 码组与伪随

PN 码序列级联形成的级联码组既保持了同步正交性又降低了非同步互相关函数值。因此,在无线通信系统中通常将 Walsh 码与 PN 码特性中各自优点进行互补,即利用复合码特性,这样就可以很好地克服各自的缺点。

视频

5.7 自适应阵列抗干扰技术

自适应阵列处理是阵列信号处理的主要分支之一,广泛应用于雷达、通信、声呐、导航、话音信号处理、地震监测、地质勘探、射电天文以及生物医学工程等众多军事及国民经济领域。

传统天线一般只考虑主瓣,不过有时也兼顾旁瓣要求,但一般不考虑方向图零点设计,更不能对空间干扰自适应地形成零陷。自适应阵列天线将电磁理论与信息及控制理论、信号处理、微电子技术、计算机处理技术相结合,构成完整的阵列信号处理系统。自适应阵列除了能进行主波束控制、低旁瓣控制以外,更重要的是它能在空间来向未知的干扰方向自适应地形成零陷,从而达到抗干扰、保护有用信号的目的,以此提高电子信息系统的电子对抗能力。自适应阵列处理系统可与空间谱估计技术相结合,在估计空间信源到达方向的同时自适应抑制干扰,且谱估计结果可直接应用于自适应空间滤波,这进一步提高了系统的电子战能力和性能。

自适应阵列处理,也称空域自适应滤波,是一种空间采样处理技术,即通过一定布置的空间阵元对空间信号场进行采样,然后经加权相加处理得到期望的输出结果。自适应阵列可方便地进行波束控制,可有效地抑制空间干扰和噪声、增强有用信号。自适应阵列分为空间阵列处理器和自适应处理算法两个部分,由于它对特定信号的接收和对干扰的抑制都是通过形成自适应方向图来实现的,因此自适应阵列处理也称为自适应波束形成。

5.7.1 自适应阵列处理数学模型

通常情况下,考虑含 N 个阵元的均匀直线阵(ULA),假设各阵元均为各向同性阵元,如图 5-20 所示,阵元间距为 d,每个阵元后面接一路接收机,各阵元接收的信号进入自适应阵列处理器进行加权相加,得到阵列输出。

假设 $P+1$ 个空间入射信号均为远场窄带信号,其中期望信号角度为 θ_0,P 个干扰的角度分别为 $\theta_1, \theta_2, \cdots, \theta_P$。图 5-20 中 R_c 代表各阵元接收机,$x_1(k), x_2(k), \cdots, x_N(k)$ 分别为 N 个接收通道的输出信号,$w_1, w_2, \cdots, w_N$ 分别为对各阵元通道接收信号的加权值。远场是指信号源离阵列足够远,以至于到达阵列处的波前可近似看成平面波。近场信号和远场信号的示意图如图 5-21 所示。

图 5-22 为自适应阵列接收机通道示意图,包括两个正交通道,首先对阵元接收信号分别进行下变频,然后通过低通滤波器,再进行 A/D 变换,得到接收信号的同相分量 $x_1(k)$ 和正交分量 $x_Q(k)$。数字化后的信号 $x(k) = x_1(k) + jx_Q(k)$ 进入自适应阵列处理器,完成空域滤波。

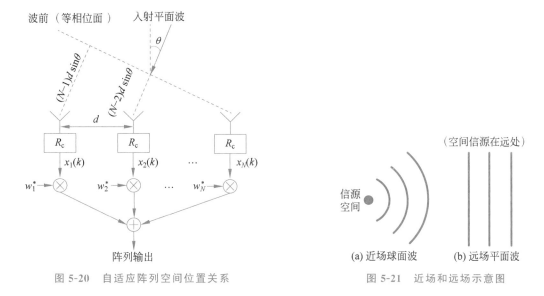

图 5-20　自适应阵列空间位置关系　　　　图 5-21　近场和远场示意图

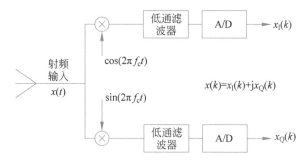

图 5-22　自适应阵列接收通道示意图(以经典正交双通道处理为例)

5.7.2　相干阵与非相干阵、窄带信号与宽带信号

在自适应阵列处理中,窄带信号和宽带信号是相对阵列本身而言的,与之相对应的两个概念是相干阵和非相干阵。相干阵是指空间同一信源(无特别说明时均指远场)到达阵列各阵元处的信号之间满足相干性,即各阵元处的信号满足不变可加性。不变可加性是指信号相加后频谱不发生改变,一个简单例子是两个相同频率的正弦波初始相位不同,二者是相干的,相加后的频谱仍然不变。若阵列为相干阵,即同一信源在各阵元处的信号之间满足不变可加性,则进行加权相加后,信号的频谱仍可保持不变,即信号不失真。

若阵列相对某一信号为相干阵,则此信号到达各阵元的最大时差 $\tau_{\max}$ 应足够小,以满足不变可加性,换言之,$\tau_{\max}$ 应小至不影响各阵元处信号的包络。设信号的时间分辨率为 $\tau_{\mathrm{res}}=1/B_{\mathrm{w}}$,$B_{\mathrm{w}}$ 为信号带宽,阵列的最大轮廓尺寸为 L,信源在空间的传播速度为 v,则 $\tau_{\max}=L/v$,则相干阵应满足如下条件:

$$L/v=\tau_{\max}\ll\tau_{\mathrm{res}}=1/B_{\mathrm{w}} \tag{5-61}$$

则有

$$L \ll v/B_{\mathrm{w}} = v\tau_{\mathrm{res}} \stackrel{\mathrm{def}}{=} d_{\mathrm{c}} \tag{5-62}$$

式中：d_{c} 为相干距离。

由式(5-62)可得

$$B_{\mathrm{w}} \ll 1/\tau_{\max} = v/L \tag{5-63}$$

由式(5-63)可知，若阵列和空间信源的传播速度一定，相干阵需满足的条件是信号带宽必须足够小，因此一般也称相干阵为窄带阵，其信号称为窄带信号。

若阵列相对信号不满足不变可加性，则不能直接进行加权相加，阵列称为非相干阵。信号带宽较宽时，不满足式(5-63)，称信号为宽带信号。对非相干阵，如果对各阵元的接收信号直接进行加权相加，信号模型失配会导致信干噪比损失和信号失真，可通过对每个通道加时域延迟线加以克服，这就是宽带自适应阵列处理。值得指出的是，宽带自适应阵列处理实际上是一种空时二维自适应阵列处理，它仍然属于空域滤波，与主要集中于机载雷达、星载雷达对地面杂波的空时二维滤波抑制的空时二维自适应信号处理不同，宽带自适应阵列处理利用时域加权完成宽带信号的"聚焦"。

5.7.3 阵列信号模型

考虑 N 元等距线阵，阵元间距为 d 且假设阵元均为各向同性阵元。远场处有一个期望信号和 P 个窄带干扰以平面波入射（波长为 λ），到达角度分别为 θ_0 和 θ_k（$k=1,2,\cdots,P$），阵列接收的快拍数据可表示为

$$\boldsymbol{X}(t) = \boldsymbol{A}\boldsymbol{S}(t) + \boldsymbol{n}(t) \tag{5-64}$$

式中：$\boldsymbol{X}(t)$ 为 $N\times 1$ 阵列数据矢量，$\boldsymbol{X}(t) = [x_1(t), x_2(t), \cdots, x_N(t)]^{\mathrm{T}}$；$\boldsymbol{n}(t)$ 为 $N\times 1$ 阵列噪声矢量，$\boldsymbol{n}(t) = [n_1(t), n_2(t), \cdots, n_N(t)]^{\mathrm{T}}$；$\boldsymbol{S}(t)$ 为信号复包络矢量，$\boldsymbol{S}(t) = [s_1(t), s_2(t), \cdots, s_p(t)]^{\mathrm{T}}$，$s_k(t)$ 为第 k 个信源的复包络；$\boldsymbol{A}$ 为阵列流形矩阵，$\boldsymbol{A} = [\boldsymbol{a}(\theta_0), \boldsymbol{a}(\theta_1), \cdots, \boldsymbol{a}(\theta_p)]$，$\boldsymbol{a}(\theta_k) = [1, \mathrm{e}^{\beta_k}, \cdots, \mathrm{e}^{\mathrm{j}(N-1)\beta_k}]$ 为第 k 个信源的导向矢量，其中

$$\beta_k = \frac{2\pi}{\lambda} d \sin\theta_k \tag{5-65}$$

阵列的协方差矩阵定义为

$$\boldsymbol{R} = E[\boldsymbol{X}(t)\boldsymbol{X}^{\mathrm{H}}(t)] = \boldsymbol{A}\boldsymbol{R}_{\mathrm{S}}\boldsymbol{A}^{\mathrm{H}} + \sigma_{\mathrm{n}}^2 \boldsymbol{I} \tag{5-66}$$

式中：$\boldsymbol{R}_{\mathrm{S}} = E[\boldsymbol{S}(t)\boldsymbol{S}^{\mathrm{H}}(t)]$ 为信号复包络协方差矩阵，$\boldsymbol{I}$ 为 N 维单位阵；σ_{n}^2 为阵元噪声功率。

为了方便地表示阵列输入信号中期望信号、干扰及噪声之间的功率对比，定义信号噪声比（信噪比（SNR））、干扰噪声比（干噪比（INR））。

信噪比定义为每个阵元上的期望信号功率与噪声功率之比

$$\mathrm{SNR} = \sigma_{\mathrm{s}}^2 / \sigma_{\mathrm{n}}^2 \tag{5-67}$$

式中：$\sigma_{\mathrm{s}}^2 = E[|s_0(t)|^2]$ 为期望信号功率，"||"表示复数求模。

信噪比可用分贝数表示为 $\mathrm{SNR(dB)} = 10\log(\sigma_s^2/\sigma_n^2)$。

第 k 个干扰的干噪比定义为

$$\mathrm{INR}_k = \frac{\sigma_k^2}{\sigma_n^2} \tag{5-68}$$

式中：$\sigma_k^2 = E\left[\left|s_k(t)\right|^2\right]$ 为第为个干扰的功率，$k=1,2,\cdots,P$。

同样，干噪比可用分贝数表示为

$$\mathrm{INR}_k(\mathrm{dB}) = 10\log\left(\frac{\sigma_k^2}{\sigma_n^2}\right)$$

5.7.4 阵列方向图

方向图定义为给定阵列权矢量对不同角度信号的阵列响应

$$\boldsymbol{F}(\theta) = \boldsymbol{W}^{\mathrm{H}} \boldsymbol{a}(\theta) \tag{5-69}$$

$$\boldsymbol{W} = [w_1, w_2, \cdots, w_N]^{\mathrm{T}} \tag{5-70}$$

$$\boldsymbol{a}(\theta) = \left[1, \mathrm{e}^{\mathrm{j}\frac{2\pi}{\lambda}d\sin\theta}, \cdots, \mathrm{e}^{\mathrm{j}\frac{2\pi}{\lambda}(N-1)d\sin\theta}\right]^{\mathrm{T}} \tag{5-71}$$

注意：这里假设各阵元均为各向同性阵元，且取左边第一个阵元为参考阵元。一般对式(5-71)取模的平方并进行归一化，然后取对数，即方向图增益为

$$G(\theta) = \frac{\left|\boldsymbol{F}(\theta)\right|^2}{\max\left|\boldsymbol{F}(\theta)\right|^2} \tag{5-72}$$

$$G(\theta) = 10\log G(\theta)(\mathrm{dB}) \tag{5-73}$$

通常约定阵列法线方向为 $0°$，顺时针方向为正角度方向，逆时针方向为负角度方向。

5.7.5 确知波束形成

当对均匀直线阵各阵元均匀加权时，其权矢量为

$$\boldsymbol{W} = [1, 1, \cdots, 1]^{\mathrm{T}} \tag{5-74}$$

由式(5-69)～式(5-72)可得

$$G(\theta) = \frac{1}{N^2}\left|\sum_{k=1}^{N}\mathrm{e}^{\mathrm{j}\frac{2\pi}{\lambda}(k-1)d\sin\theta}\right|^2 = \left|\frac{\sin(\pi d N \sin\theta/\lambda)}{N\sin(\pi d \sin\theta/\lambda)}\right|^2 \tag{5-75}$$

图 5-23 为式(5-75)对应的 8 元、16 元均匀线阵的功率增益方向图，阵元间隔取为 $\lambda/2$。

方向图在 $0°$ 方向有一个增益最高的主瓣，在其他方向存在多个旁瓣。主波束宽度一般定义为半功率宽度，即相对最大增益下降 3dB 处的宽度。主瓣宽度决定了阵列的分辨率，主瓣越宽，分辨率越低；反之，则越高。高的阵列分辨率更有利于将空间来向较接近的有用目标和干扰信号分开。

主波束宽度可用如下方法计算得到：

令

$$G(\theta) = \left|\frac{\sin(\pi d N \sin\theta_{0.5}/\lambda)}{N\sin(\pi d \sin\theta_{0.5}/\lambda)}\right|^2 = 0.5 \tag{5-76}$$

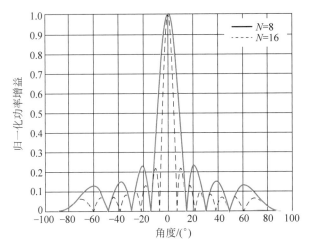

图 5-23　均匀加权 ULA 的功率增益方向图($d=\lambda/2$)

$$\frac{\sin(\pi d N \sin\theta_{0.5}/\lambda)}{N\sin(\pi d \sin\theta_{0.5}/\lambda)} = \frac{1}{\sqrt{2}} \tag{5-77}$$

则主波束宽度为

$$\theta_{mb} = 2\theta_{0.5} = \frac{50.7\lambda}{Nd} \tag{5-78}$$

从式(5-78)可知,主瓣宽度取决于波长与阵列孔径(Nd)之比。图 5-24 为阵元数及阵元间隔分别为 $N=8, d=\lambda/2$ 和 $N=16, d=\lambda/4$ 时的方向图。由于两种情况下均有 $Nd=4\lambda$,故二者的主瓣宽度相同,副瓣略有差异。图 5-25 同样为阵元数目和阵元间距改变时的另两种情况下的方向图。

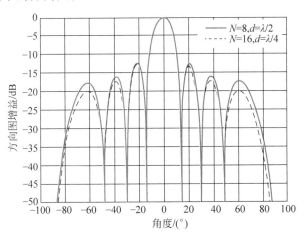

图 5-24　相同孔径的均匀加权 ULA 的方向图

经过自适应波束,方向图在干扰方向形成零陷,从而达到从空域抑制干扰的效果。

自适应阵列处理是一种空间滤波技术,包含空间阵列和自适应处理两部分。根据空时等效性原理,时域的各种统计自适应信号处理技术均可应用于空域的自适应阵列处

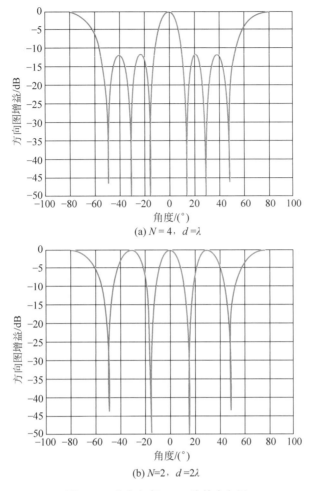

(a) $N = 4$，$d = \lambda$

(b) $N = 2$，$d = 2\lambda$

图 5-25 均匀加权 ULA 阵的方向图

理。自适应阵列处理的目的与时域滤波一样,即从空间复杂的信号环境中提取有用信号的相关信息,不同的是空域自适应阵列处理常用来抑制空间干扰,特别是对那些从时频域上无法分开而在空间上可分离的干扰。总的来说,可认为自适应阵列处理是干扰抑制最有效的工具之一。

习题

1. 简述无线通信中的通信干扰的种类和特点。
2. 简述无线通信中抗干扰技术类型。
3. 简述扩频调制的基本原理及其特点。
4. 说明扩频系统中扩频增益和干扰容限的物理意义。
5. 某直扩系统信息码元速率为 16kb/s,伪随机码速率为 50Mb/s,带宽为 100MHz。在带宽不变的情况下,码元速率降为 2.4kb/s,系统的处理增益增加多少?

6. 某 FH/DS 混合扩频系统信息码元速率为 16kb/s,PN 序列速率为 32Mc/s,跳频频率点数 20,求系统处理增益。

7. 一多径信号的多径时延为 1μs,则直扩系统为了克服这样的多径干扰需要扩频码的速率至少为多少?

8. 画出 DSSS 和 FHSS 系统的原理方框图,并作简要说明。

9. 几种扩频方式都有抗干扰能力,请分析比较它们各自抗干扰能力特点。

10. 简述自适应阵列天线抗干扰的基本原理。

第6章

航空通信网络接入协议

随着科学技术的进步,通信规模、范围、单元等都在不断改变,这些变化不仅对通信技术提出了更高的要求(如通信容量要求更大、数据传输要求更快、通信终端数量要求更多等),而且通信方式也必然上升至通信网络层面。为了实现无线网络通信,需要制定相应的通信协议标准。

本章首先阐述国际标准化组织(International Standardization Organization,ISO)IEEE802 委员会提出的开放系统互联参考模型;然后介绍无线通信系统中常用的网络接入协议,并对这些接入协议的性能进行对比分析;最后简单介绍新型的非正交多址接入技术。

视频

6.1 无线通信网络体系结构

从通信的硬件设备来看,有端机、信道和交换设备就可以接通两个用户。但是,要顺利地进行信息交换,或者说通信网络要正常运转,还是很不够。尤其是自动化程度越高,人的参与越少,就越显得如此。只有事先约定一些规则,并严格执行这些规则,才能正常进行通信。在通信网络中,把这些规定、约定、规程统称为通信协议。协议协调网络的运转,使之达到互通、互控和互换的目的,因此通信协议对于一个通信网络来说十分重要。

6.1.1 无线通信协议基本概念

无线通信协议特指在无线网络终端之间实现数据传输的规则标准,是无线通信网络不可缺少的组成部分。无线通信协议定义了信息单元含义、同步方式、传送步骤、检纠错方式等。无线通信协议主要包括三个要素:一是语法,定义"如何讲",规定通信双方以何种方式交流数据信息,其内容包括信息传送的格式、接口标准、差错控制方式等;二是语义,定义"讲什么",规定通信双方所要交流的数据信息,其内容包括发送数据内容或控制信息、完成何种动作、返回何种应答等;三是定时关系,规定通信执行的顺序、速率匹配、排序等。

无线通信协议是复杂而庞大的规则标准集合,其主要功能包括:①信号的传送与接收,规定的内容包括信息传送的格式、接口标准即启动控制、超时控制等功能;②顺序控制,对发送的信息进行编号,以免重复接收或丢失;③流量控制,为了避免链路阻塞,应能调节数据链路上的信息流量,能够决定暂停或继续接收信息;④差错控制,应使终端输出的数据具有一定的差错控制功能,目的终端根据收到的数据可进行相应的检错和纠错操作;⑤链路控制与管理,控制信息的传输方向,建立和约束链路的逻辑连接,显示数据终端设备的工作状态等;⑥路径选择,确定信息报文通过多个节点和链路到达目的节点的传输路径和最优路径选择策略;⑦对话控制,包括信息的处理、信息安全和保密、应用服务等内容;⑧透明性,对用户端使用的代码无任何约束性的限制,采取必要的措施保证所传送的数据信息为随机的比特序列。

6.1.2 开放系统互联参考模型

OSI(Open System Interconnection,OSI)模型是由国际标准化组织在 1984 年提出

的,是一种典型的分层类型的通信网络协议,具有层次性、可靠性、有效性等特点,各层相互独立,灵活性较好,方便实现和维护。OSI 模型覆盖了完整的数据通信过程,可用于理解数据是如何从一个通信终端转移到另一个通信终端,其在通信网络中具有重要意义。OSI 模型共有七层,分别为应用层、表示层、会话层、传输层、网络层、数据链路层和物理层,如图 6-1 所示。

图 6-1 OSI 参考模型

应用层是 OSI 参考模型中最接近用户的一层,直接针对用户的需要提供服务,可为各类网络服务提供基础功能,用于支持用户端网络应用程序。网络应用多种多样,因此应用层较复杂,其所包含的协议多达几十种,常见有 HTTP/S 协议、SMTP 协议、E-mail协议、Telnet 协议等。应用层中的数据可能是以话音、文字、图片、视频等人类易于理解的形式出现的,但通信终端难以理解上述类型的数据。

表示层负责将上述数据转换成机器可以理解的二进制格式,如将 ASCII 码转换为EBCDIC 码,此功能称为“翻译”。数据传输之前,表示层将通过数据压缩方式减少待传输数据量,此功能对于图片、视频等大容量信息传输十分重要。加密和解密是保障数据安全性的重要措施,表示层通常采用安全套接层(Secure Socket Layer,SSL)协议进行加密/解密,用于提高通信网络的安全性。表示层代表性的协议有 HTML 协议、FTP 协议、ASN.1 协议等。

会话层不参与具体的数据传输,其作为用户进入传输层的接口,主要负责进程间建立/维持/终止会话,控制会话期间的对话,使会话获得同步。此外,会话层还提供其他服务,如身份验证、检查用户授权、文件跟踪等。通过上述服务,会话层为用户提供组织、控制信息交互过程的手段。会话层典型协议有 ADSP 协议、NetBIOS 协议、SCP 协议、SDP协议等。

传输层通过分段、流量控制和差错控制来控制通信的可靠性。在分段服务中,传输层将会话层数据分成为数据段,每个数据段包含源端口号、目标端口号和序列号,端口号用于引导数据段指向正确的应用程序,序列号用于按照正确顺序重新组合数据段,以便在接收端形成完整的、正确的信息。此外,传输层通过调整传输数据量实现流量控制,以此提高通信网络整体性能。为实现差错控制,传输层在数据段中添加校验,用来找出接收端所接收到的错误数据段。若传输过程中有数据损坏或者丢失,传输层将会自动重传该数据段。面向连接的传输控制协议(Transmission Control Protocol,TCP)和面向非连接的协议(User Datagram Protocol,UDP)是传输层中的重要协议。

网络层任务是选择合适的网间路由和交换节点,确保数据及时传送。网络层通过寻址建立系统之间的网络连接,将通信终端经过网络节点用数据链路连接起来,形成通信通路。在无线通信中,网络层主要功能是管理链路连接、控制呼叫过程、支持附加业务、进行移动管理和资源管理等,代表协议有 IP 协议、RIP 协议、ARP 协议、RARP 协议等。

数据链路层提供经由本地介质将数据从一台设备传输到另一台设备的规则标准,其具备介质访问控制、错误监测等功能。通信过程中,网络层或更高层在数据链路层的帮助下,可通过获取介质中的数据帧控制数据的传输过程,相应技术称为介质访问控制技术。数据链路层的数据帧包含用于检测信息是否正确的检验位,通过检验位可进行错误监测。数据链路层典型协议有 Wi-Fi 协议、WiMAX 协议、ATM 协议、DTM 协议、FDDI 协议、ISDN 协议、STP 协议等。

物理层规定通信设备的机械、电气、功能和过程特性,用以建立、维护和拆除物理链路连接。物理层为数据端设备提供传送数据的通路,形成适合数据传输需要的实体,为数据传送服务。物理层数据的单位为比特,物理层将二进制序列转换成信号并在传输介质上传输。对于无线通信,物理层提供无线信道中传输信息所需的全部功能,如极化方式、调制/解调方式、频率分配、功率设定等。物理层代表协议包括 PLC 协议、SONET/SDH 协议、G.709 协议等。

OSI 模型中,应用层、表示层、会话层和传输层主要面向用户,主要功能为处理用户接口、数据格式、应用访问等,其中实体为进程,用于实现端到端的通信,通常称为资源子层;网络层、数据链路层和物理层则面向传输,定义了数据如何在网络传输介质之间传送,以及数据如何通过传输介质和网络设备传输到期望的终端,其中实体为网络互联设备和网络通信介质,用于实现点到点的通信,通常称为通信子层。

OSI 模型是分层体系结构,具有以下特点:一是分工合作,责任明确,性质相似的工作划分为同一层,每层负责的工作范围区分清楚,彼此不重叠,便于查缺补漏,易于维护;二是逐层处理,层层负责,OSI 模型层次清楚,通过数据逐层处理,层与层之间既相互独立又相互依赖,上层依赖于下层,下层为上层提供服务;三是对等处理,效率提升,通信过程中,双方同层负责事务相同,由此简化各层所负责的事情,进而提升网络效率。

6.1.3 TCP/IP 协议模型

TCP/IP 协议是目前互联网实际遵守的协议,是以 TCP 协议和 IP 协议为核心的协议群/协议簇,由美国国防高级研究计划局(DARPA)在 20 世纪 70 年代提出。TCP/IP 模型只包含应用层、传输层、网络层和网络接口层四层体系结构。与 OSI 模型中各层的功能相比,TCP/IP 协议模型的应用层对应着 OSI 模型中的应用层、表示层和会话层,传输层对应 OSI 模型的传输层,网络层对应 OSI 的网络层,网络接口层对应 OSI 模型的数据链路层和物理层,如图 6-2 所示。

　　TCP/IP 协议模型通常被视为 OSI 模型的简化版本,发送端和接收端数据封装和解封过程如图 6-3 所示。发送端传输层从应用层得到数据,将其转换为传输层的数据段(其中不仅包含用户数据,也包含 TCP/UDP 标头等),随后传输至网络层。网络层得到数据段后,进一步增加源 IP 地址、目的 IP 地址等,形成网络数据包。数据链路层增加发送端MAC 地址、接收端 MAC 地址等,并加上执行差错

图 6-2　TCP/IP 参考模型

控制的帧尾,形成数据帧。最终,物理层将数据帧转换为数据比特,通过双绞线、光纤等物理介质传送至接收端。接收端通过逆过程,将比特流转换为应用端数据。

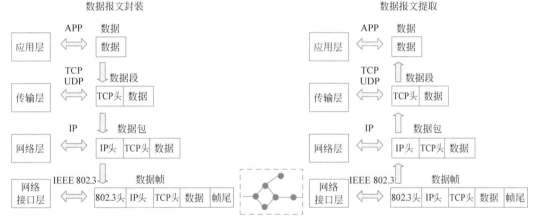

图 6-3　TCP/IP 协议模型数据封装和解封

6.1.4　MAC 协议

　　无论 OSI 七层模型还是 TCP/IP 五层模型,都存在数据链路层。数据链路层又可细分为逻辑链路控制(Logic Link Control ,LLC)子层和媒体接入控制(Medium Access Control,MAC)子层。LLC 子层提供节点与节点之间信号传输的差错控制机制和流量控制机制,旨在实现节点之间数据正确无误地发送/接收。MAC 子层提供节点信号传输的信道使用机制,旨在实现节点按照满足某些指标要求使用信道,相应的通信协议和通信机制统称为媒体接入控制协议。

　　MAC 协议的主要目的是提高网络的吞吐量,降低分组传输时延,同时协议设计中还考虑公平性、服务质量(Quality of Service,QoS)等因素。MAC 协议的好坏直接影响网络性能。在无线通信网络领域中,实现 MAC 子层机制的技术常称为多址接入技术。

视频

6.2 无线信道多址接入原理

无线通信显著的特点是使用具有开放性质的广播信道,通信系统通常是多信道同时工作,只要接收机在信号传递区域内且具有相同接收频率,就可能接收到所传递的信息。如何建立多用户之间的无线连接? 如何满足不同用户同时通信的要求? 如何实现用户地址的动态划分、动态寻址和识别? 如何实现多用户共享信道资源? 上述问题均属于无线通信中的多址接入问题。多址接入技术是无线通信领域中的关键技术,涉及通信系统容量、信道利用率等方面。本节将对多址接入技术原理、分类等进行介绍,并将多址接入与多路复用进行对比分析。

6.2.1 多址接入基本原理

多址接入(Multiple Access,MA)技术是无线通信领域的重要技术之一,主要研究如何分割信息资源、如何使得多个用户接入并共享同一信道、如何提高频谱利用率、如何获得较高的系统容量。通常将信道按照时域、频域、码域、空域等维度进行分割,不同用户在不同分割段中使用无线信道,不会明显感受到其他用户的存在。不同用户占用不同分割段就如同拥有不同的地址,此即为多址接入技术中"地址"的由来。多址技术的数学基础是信号的正交分割原理,多址划分的核心在于区分不同的用户地址,赋予信号不同的特征,如此接收端具有信号识别能力,能从混合信号中分离出接收信号,利用信号特征差异实现互不干扰的通信。假设第 i 个原始信号为 x_i,信号是随机的,信号与信号之间无法保证正交性,需要对信号进行设计,可通过增加满足正交性的参量区分不同的信号,此参数记为 λ_i,第 i 路信号可表示为 $x_i\lambda_i$,其中 λ_i 满足正交性

$$\lambda_i\lambda_i = \begin{cases} 1, & i=1,2,\cdots \\ 0, & i \neq j \end{cases} \tag{6-1}$$

假设网络中有 n 个发送端,n 个信号混合在一起,整体信号可表示为

$$X = \sum_{i=1}^{n} \lambda_i x_i \tag{6-2}$$

若只提取第 k 个信号 x_k,只需设计与参数 λ_k 相关的接收装置,则接收端接收到的信号为

$$\lambda_k X = \lambda_k \sum_{i=1}^{n} \lambda_i x_i = x_k \tag{6-3}$$

由此可知利用正交分割原理,即可针对性地提取特定信号。实际中,信号之间难以满足完全正交特性,但是只要将信号干扰控制在一定范围,就能进行正常通信。

6.2.2 多址接入技术分类

在航空通信领域中,研究多址接入技术的主要目的是确保多个通信节点间公平、高效地共享无线信道资源,多址接入技术对航空通信网络的信道利用率、网络吞吐量、网络规模等性能指标有重要影响。通信网络应用需求不同,所需信道共享方式不同,多址接入技术也不同。按照用户共享信道的方式,通信网络多址接入技术可分为固定分配多址

接入技术、随机竞争多址接入技术和预约分配多址接入技术,如图 6-4 所示。固定分配多址接入技术包括时分多址、频分多址、码分多址、空分多址等;随机竞争多址接入技术有ALOHA(夏威夷本地居民用于表示致意的问候语)协议、载波侦听多址访问(CSMA)协议等;预约分配多址接入技术包括集中预约多址接入技术、分布预约型多址接入技术等。每一种多址接入技术均有各自的优缺点。

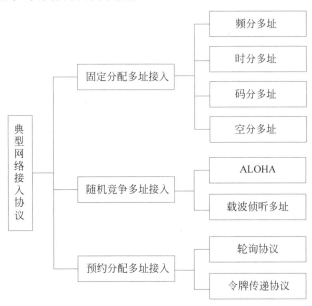

图 6-4 典型多址接入协议

6.2.3 多址接入与多路复用

多路复用(Multiplexing)是将不同信源信号按一定方式合并成一个信号,通过同一信道传输,到达接收端后按照相应方式进行分解,最终分送给不同终端。典型多路复用方式有频分复用、时分复用、码分复用、波分复用等。多址技术是实现多个用户共享同一信道,并独立传输各自信息的技术。典型多址接入方式有频分多址、时分多址、码分多址、空分方式(SDMA)等。多址接入与多路复用既有密切联系又存在本质区别,具体可归纳如下:

(1)两者实现前提相同,均要求信道容量大于单一信号所需的传输能力。

(2)两者基本原理相同,均需要进行信号分离,均要满足正交分解原理。

(3)两者实现目标相同,均为了实现信道资源共享,提高信道利用率。

(4)多路复用主要研究如何分割信道资源供用户使用,其重点在于资源,多址接入主要研究如何通过给多个用户分配不同"地址",进而区分用户,其重点在于用户。

(5)多路复用中,用户对资源共享的需求是相对固定的,或是缓慢变化的,资源需要预先分配给各用户,多址接入中的信道资源通常是动态分配的,需要按照用户对资源的需求动态改变信道资源分配。

(6)多址接入一定要用到多路复用技术,不同用户必须占用不同的资源才能区分;

多路复用不一定采用多址接入技术,通信双方为了提高传输速率,可同时占用多个频率、时隙、码字等资源,不属于多址接入技术。

视频

6.3 固定分配多址接入技术

固定分配多址接入协议又称为无竞争多址接入协议或静态分配多址接入协议,在固定分配多址接入中,网络为通信终端固定分配专用的信道资源,如频率、时间、伪随机码、空间等,通信过程中该终端独享分配的资源,可以进行无冲突地通信。按照信道资源的不同,固定分配多址接入方式可分为频分多址(Frequency Division Multiple Access,FDMA)、时分多址(Time Division Multiple Access,TDMA)、码分多址(Code Division Multiple Access,CDMA)、空分多址(Space Division Multiple Access,SDMA)等。

6.3.1 频分多址

频分多址技术在第一代移动通信中便得到了广泛应用,往往被视为应用最早、最为经典的多址技术。将信道频带分割为若干等间隔的频带(子频带),并按要求分配给请求服务的不同用户使用,这种技术称为频分多址技术。这些子频带间互不重叠,其宽度可传输一路用户数据信息,相邻频带间无明显的串扰,如图 6-5 所示。类似于男女二重唱,男女声频率不完全相同,女声频率高于男声频率,基于频率不同可区分出男声和女声。

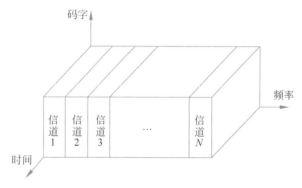

图 6-5 频分多址示意图

频分多址系统为每一个用户分配一定特定频率范围的信道,该信道分配具有专用性,其他用户不能共享此信道。频分多址系统特点归纳如下:

(1)若某一频分多址信道未被分配,则其一直处于空闲状态。

(2)分配好信道后,频分多址系统可连续不断地发送信号,因此只需要较少的系统开销,系统相对简单。

(3)频分多址信道带宽相对较窄,每个信道的一对载波仅支持一个双向电路连接。

(4)频分多址信道的符号时间与平均延迟扩展较大,码间干扰较低,因此频分多址系统可不需要均衡。

(5)频分多址系统需要高性能的射频滤波器,如此才能将相邻信道干扰抑制到容许范围。

频分多址系统基于频率划分信道,每个用户在其特定频道内进行通信,若其他频率信号落入该频道内,则会对正常通信信号造成干扰。频分多址系统干扰类型主要有以下三种干扰:

(1)互调干扰:通信系统内,非线性器件会产生各种噪声,落入接收机通带内的噪声会对正常通信信号造成干扰。为了减少互调干扰,应尽可能提高系统线性程度、选用无互调频率集等。

(2)邻道干扰:通信过程中,若相邻频道信号的寄生辐射落入接收机通带内,则会对正常通信信号造成干扰。为了减少邻道干扰,应适当增加频道间的隔离度、限制发射机寄生辐射和接收机中频选择性等。

(3)同频干扰:在频率集重复使用的蜂窝系统中,频率相同的信号会相互干扰。为了减少同频干扰,应合理选定蜂窝结构、科学进行频率规划等。

系统可同时支持的信道数是频分多址系统的重要性能指标。假设频分多址系统的系统带宽为 B_s,分配频谱时的保护带宽为 B_p,设定的信道带宽为 B_c,则该系统可同时支持的信道数可通过下式计算:

$$N = \frac{B_s - 2B_p}{B_c} \tag{6-4}$$

式中:B_p 是为了防止工作在频带边缘的用户因为"溢出"进入邻近无线业务系统,而设置的保护带宽。

【例 6.1】 假设某一频分多址系统的频段分配为 12.5MHz,保护带宽 $B_p = 10\text{kHz}$,信道带宽 $B_c = 30\text{kHz}$,求该频分多址系统的有效信道数。

解:根据公式,系统有效信道数可表示为

$$N = \frac{12.5 \times 10^6 - 2 \times 10 \times 10^3}{30 \times 10^3} = 416(\text{个})$$

通过计算可知,该频分多址系统的有效信道数为 416 个。

第一代移动通信(1G)系统是基于模拟调制技术的通信系统,其多址接入技术就是 FDMA 方式,如美国先进的移动电话系统(AMPS)和欧洲开发全入网通信系统(TACS)。FDMA 接入技术不但适用于模拟系统,也适用于数字系统。频分多址是最基本的多址方式,大多无线通信系统是先将整个频段划分成若干频率间隔(频分),针对每个频率间隔,进一步采用其他多址方式,如 TDMA、CDMA 等,是多种多址方式的结合。

6.3.2 时分多址

在时分多址系统中,时间被分割为周期性的时帧,每一个时帧被分割为若干个时隙。系统根据某一时隙分配原则将一个或多个时隙分配给各个用户,用户仅在指定时隙内进行通信,若用户在此时隙中没有数据传输要求,则此时隙空闲,如图 6-6 所示。类似于大学教室使用情况,在某一间教室内,安排不同班级在不同时间段使用,同一时间只由特定班级使用。

在时分多址系统中,TDMA 帧是 TDMA 系统传输、接收、处理信息的基本单元,其

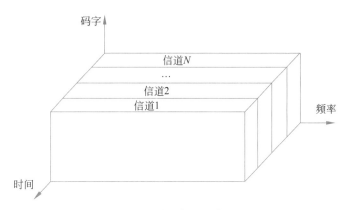

图 6-6　时分多址示意图

主要由若干时隙构成的,如图 6-7 所示。不同通信系统的帧长度和帧结构可以不同,不同用户周期性占有一系列时隙传输信息,但在每一个 TDMA 帧中,一个用户只占有某一特定时隙。通常 TDMA 帧由帧头比特、信息数据和保护比特组成。头比特包含基站和用户用来确定彼此的地址信息和同步信息,信息数据包含各用户时隙,保护比特用来保证帧与帧之间的同步。

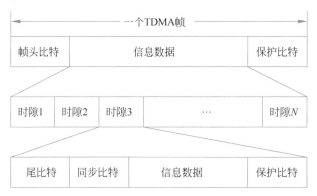

图 6-7　典型 TDMA 帧结构

在航空通信系统中,时分多址方式得到了广泛应用,其特点可归纳为五方面:一是时分多址系统为每个用户分配不同的时隙,各用户仅在所分配的时隙范围内工作,若干个用户共享一个频带资源,因此时分多址系统频带利用率高、系统容量大;二是时分多址系统中的若干时分信道共用一个载波频道,因此只需一部收发信机,通信设备复杂性较小;三是时分多址系统可采用不同时隙来发送或接收信号,因此通信设备不需要双工器;四是时分多址系统可根据用户需求灵活地进行时隙分配,必要时可将多个时隙分配给一个用户使用;五是时分多址系统发射响应速率较高,为了消除码间干扰的影响,系统需要采用自适应均衡,用以补偿传输失真。

对于时分多址系统而言,定时和同步是其正常工作的前提和关键。定时是为了确保不同用户只能在规定的时间发送数据,主从同步和独立时钟同步是时分多址系统常见的两种定时方法。主从同步是指系统所有设备的时钟均直接或间接地从属于某一高精度的主时钟信息,其信息以广播方式或分层方式传送给其他设备,各设备从接收到的时钟信号中提取定时信息,进而锁定到主时钟。独立时钟同步方式要求网中各设备均设置高精度时钟,在通信开始或进行过程中,根据某一标准时钟进行二次时差校正,时钟在很长时间内都不发生明显漂移,进而实现准确定时。只有在同步的前提下,通信接收端才能正确恢复原始信息,时分多址系统必须保证严格的帧同步、位同步、时隙同步和载波同步,其中位同步和帧同步是时分多址系统常采用的同步方式。实现位同步的方法有多种,大致可分为外同步法和自同步法两大类型。在外同步法中,接收端除了发送有用数字信息之外,还要独立传送同步信号,接收端收到信号后,再用窄带滤波器或锁相环进行滤波,提取出同步信号。在自同步法中,发送端不需要专门向接收端发送同步信号,接收端直接从接收信号中或从解调后的数字基带信号中提取同步信号。时分多址系统能够正常工作,很大程度上依赖是否能够准确定时和精确同步。

帧效率和系统容量是衡量时分多址系统的重要性能指标。时分多址系统的帧效率是指一个数据帧中用户数据比特数占总比特数的百分比,即有效比特数与总比特殊的比值,可以表示为

$$n_f = \left(1 - \frac{b_{OH}}{b_T}\right) \times 100\%$$ (6-5)

式中:b_{OH} 为每一帧的系统开销;b_T 为每一帧的总比特数。

在实际通信系统中,时分多址方式与频分多址方式通常联合使用,假设每个频率信道所含时隙数为 m,系统带宽为 B_s,保护带宽为 B_p,信道带宽为 B_c,则时分多址系统容量为

$$N = m \times \frac{B_s - 2B_p}{B_c}$$ (6-6)

【例 6.2】 某一 GSM 蜂窝移动通信系统工作在 900MHz 频段,其前向信道总带宽为 25MHz,即信道带宽 $B_c = 25$MHz,采用频分多址方式可将 25MHz 分为若干 200kHz 无线信道,采用时分多址方式将每个频段分为 8 个时隙,假定保护带宽 $B_p = 100$kHz,求该频分多址系统的有效信道数。

解:根据时分多址系统容量计算公式,可得该蜂窝小区所能容纳的最大用户数量为

$$N = 8 \times \frac{25\text{MHz} - 2 \times 100\text{kHz}}{200\text{kHz}} = 992(\text{个})$$

通过计算可知,该频分多址系统的有效信道数为 992 个。

【例 6.3】 某 GSM/TDMA 系统中,每个 TDMA 帧支持 8 个用户且数据速率为270.833kb/s,试求每一用户原始数据速率,在保护时间、跳变时间和同步比特共占用10.1kb/s 情况下,每一用户传输效率是多少?

解:每个用户原始数据速率为

$$b_T = \frac{270.833}{8} = 33.854(\text{kb/s})$$

根据题意可知系统开销 $b_{OH} = 10.1$kb/s,则每一用户传输效率为

$$n_f = \left(1 - \frac{b_{\mathrm{OH}}}{b_{\mathrm{T}}}\right) \times 100\% = \left(1 - \frac{10.1}{33.854}\right) \times 100\% = 70\%$$

第二代移动通信(2G)系统是以传送话音和数据业务为主的窄带数字通信系统,可提供比 1G 系统更大的容量和更加优质的话音通信服务,也可提供低速的数据业务和短消息业务。2G 系统多址接入方式主要是 FDMA 与 TDMA 相结合的技术。2G 系统典型系统有 USDC、GSM、CDMA(IS-95)、PHS 等。与 1G 系统采用的 FDMA 方式相比,由于 2G 系统采用了 TDMA 多址接入技术,提高了系统容量(可容纳的用户数),同时信息配置也更灵活。时分多址接入方式在航空数据链中应用广泛,如美军/北约的 Link-16 数据链就是一种无中心节点的分布式网络结构,网络工作方式采用了 TDMA 组网协议,也正是这种网络结构和接入方式给 Link-16 带来了较强的网络抗毁能力。

6.3.3 码分多址

1. 码分多址基本原理

码分多址技术以码型结构作为信号分割参数,系统将正交或者准正交的码字分配给不同用户,允许用户在同一频带、同一时间段同时发送数据,接收端通过不同码字进行区分,如图 6-8 所示。此类似于人们在同一房间内用汉语、英语、德语等进行交流,同一语言的人们可以彼此交谈,其他人员则不可以。在码分多址系统中,每个用户根据各自的伪随机序列进行寻址,伪随机序列即为地址码。常见的伪随机序列有 m 序列、M 序列、Gold 序列、GMW 序列、Walsh 序列、OVSF 序列、R-S 序列、互补序列等。

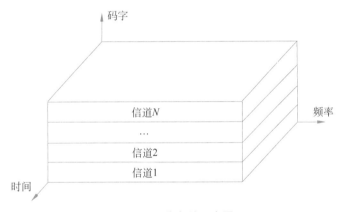

图 6-8   码分多址示意图

扩频技术是实现码分多址的基础,根据实现方法的不同,码分多址可以分为直接序列码分多址(DS-CDMA)、跳频码分多址(FH-CDMA)、跳时码分多址(TH-CDMA)以及混合码分多址(HCDMA)。

DS-CDMA 是通过将携带信息的窄带信号与高速的地址码信号相乘而获得宽带扩频信号。通过直接序列(DS)扩频,将信号功率谱在一个很宽的频谱上进行平均,或者说是在背景噪声不变的情况下信噪比降得很低,好像是将信号在噪声中隐藏起来。因此,DS-CDMA 系统具有抗窄带干扰、抗多径衰落和保密性好的优点。

FH-CDMA 中的每个用户根据各自的伪随机序列,动态地改变已调信号的中心频率。在信息传输过程中,发送设备不断更换频率,接收设备必须使用同样的跳频规律才能进行解扩。FH-CDMA 类似于 FDMA,但 FH-CDMA 所用的频道是动态变化的。FH-CDMA 通信过程中要求频率序列正交,在一个 PN 序列周期内,所有使用频率在任意时刻必不相同。

TH-CDMA 用一组正交跳时码序列控制各个用户的通信信号,在一帧时间内的不同位置进行伪随机跳变。TH-CDMA 信号可以看成是一种由伪随机码控制的多进制脉冲位置调制信号。为进一步提高抗干扰性能,TH-CDMA 通常都是与其他扩频技术混合使用。

HCDMA 是指不同扩频方式的码分多址相结合或者码分多址与其他多址方式之间混合使用的多址方式。HCDMA 可以克服使用单一多址方式的缺点,获得优势互补的效果。组合的具体方式有多种,常见的有 FH/TH-CDMA、FH/DS-CDMA、TH/DA-CDMA。码分多址还可与其他多址方式结合,如 FDMA/DS-CDMA、TDMA/DS-CDMA、TDMA/FH-CDMA 等。

2. 码分多址系统容量分析

码分多址系统区别于频分多址和时分多址系统,其容量不固定,容量主要取决于系统能容忍的总干扰电平。假设码分多址系统的信号比特能量为 E_b,信号比特速率为 R_b,总频段宽度为 W,干扰功率谱密度为 N_0,则码分多址系统载干比为

$$\frac{C}{I} = \frac{R_b E_b}{N_0 W} = \frac{E_b}{N_0} \Big/ \frac{W}{R_b} \tag{6-7}$$

式中:E_b/N_0 为归一化信噪比;W/R_b 为系统处理增益。

考虑移动通信上行链路的容量,假设理想的功率控制(在上行链路对所有移动台的发射功率进行控制,使到达基站接收机的信号功率均相同),则基站接收机的载干比为

$$\frac{C}{I} = \frac{P_r}{(m-1)P_r} = \frac{1}{m-1} \tag{6-8}$$

式中:P_r 为基站接收到的每个移动台的信号功率;m 为同时工作的移动通信端,则小区内最大用户数为

$$m = 1 + \frac{W/R_b}{E_b/N_0} \tag{6-9}$$

考虑到背景热噪声 η,则接入系统用户数为

$$m = 1 + \frac{W/R_b}{E_b/N_0} - \frac{\eta}{C} \tag{6-10}$$

该式表明,在误比特率一定的条件下,减小归一化信噪比,增大系统处理增益,降低热噪声功率,有利于提高码分多址系统容量。由于码分多址是一个干扰受限系统,所以减小干扰会使 CDMA 系统容量线性增加。

【例 6.4】 假设 IS-95CDMA 系统中的归一化信噪比 $E_b/N_0 = 7\text{dB}$,信号比特率 $R_b = 9.6\text{kb/s}$,传输频道带宽 $W = 1.25\text{MHz}$,求此系统可容纳的用户数。若传输频道带

宽 $W=25\text{MHz}$,求此系统可容纳的用户数。

解：当传输频道带宽 $W=1.25\text{MHz}$ 时,则码分多址系统容量为

$$m=1+\frac{1.25\times10^6/9.6\times10^3}{10^{0.7}}=27$$

若传输频道带宽 $W=25\text{MHz}$,则码分多址系统可容纳用户数为

$$m=1+\frac{25\times10^6/9.6\times10^3}{10^{0.7}}=540$$

3. 码分多址的特点

码分多址的特点可归纳为以下几方面：

（1）频率共享。码分多址系统可以实现在同一时间、同一频率内多用户通信。

（2）系统容量大。码分多址系统是一个干扰受限系统,系统容量只受限于干扰,减少任何干扰均可以提高系统容量,因此抗干扰技术可用于提高系统容量（相同条件下,码分多址系统容量约为时分多址系统容量的 5 倍、频分多址系统容量的 12 倍）。

（3）具有软容量特性,对于码分多址系统而言,增加用户数只会降低通信质量不会出现硬阻塞现象,因此码分多址系统用户数目没有绝对限制。

（4）具有扩频通信所有的优点。抗多径衰落,码分多址系统属于扩频系统,其信号被扩展在较宽频谱上,因此具有扩频通信的所有优势,如隐蔽性好、保密性好、抗干扰性好等。

（5）低功耗,可与窄带系统共存。码分多址系统信号功率被扩展到较宽频谱上,其功率谱密度大大降低,如此系统具有较强的抗窄带干扰能力；反之,码分多址信号对窄带系统干扰小,可与其他系统共用频段,提高频谱利用率。

（6）信道数据速率高,无须自适应均衡。由于伪随机序列具有良好的自相关性,因此大于码片宽度的时延扩展可以被接收机自然抑制；同时,Rake 接收机技术可进一步提高抗多径衰落效果。

码分多址技术存在以下两大问题：

（1）多址干扰。在码分多址系统中,当且仅当发送端和接收端使用相同的本地码时,接收端才能对信号进行解调,通信过程中不同用户地址码并非完全正交,虽然其他码型信号不能被检测,但其会对正常通信信号造成干扰,此通常称为多址干扰。由于多址干扰是系统本身产生的,因此属于自干扰。设计与优化伪随机序列,使其互相关系数等于或趋近于零,可解决或减小多址干扰对系统性能造成的影响。

（2）远近效应。假定码分多址系统中所有用户发送功率相同,对于同一接收端而言,近距离用户的强信号会抑制远距离用户的弱信号,即便各用户距离相等,衰落不同也会造成信号强弱不同,强信号对弱信号会产生抑制作用,严重的抑制作用会造成弱信号无法通信,此即为码分多址系统的远近效应。通过自动功率控制技术,可削弱远近效应对于码分多址系统的影响。

CDMA 是目前应用较多的码分多址方式,它在 2G 移动通信中已获得成功的应用,并且也是 3G 移动通信的核心技术。例如,美国高通公司的 2G 系统 IS-95、中国的 3G 标

准 TD-SCDMA、欧洲的 3G 标准 WCDMA 和美国的 3G 标准 CDMA2000,均采用 CDMA 技术,并且获得了巨大的成功。另外,CDMA 技术在航空卫星通信领域也获得了十分广泛的应用。

6.3.4 空分多址

空分多址是一种利用空间位置不同来划分信号的多址方式。空分多址技术通常利用天线的方向性波束,将通信空间划分为不同子空间,以此实现空间的正交分割,进而区分区别不同用户。蜂窝移动通信中,系统利用扇区天线,依靠功率控制,合理安排频谱,便实现了空分多址,进一步提高频谱利用率,在有限频谱条件下可构建大容量的通信系统,如图 6-9 所示。

实际应用中,空分多址方式一般不会单独使用,通常与频分多址、时分多址、码分多址等其他多址方式结合使用。3G 移动通信的自适应天线技术、4G 移动通信的 MIMO 技术、5G 移动通信的 MU-MIMO 技术,均与空分多址方式相关,利用信号传播方向的差别,将同频率、同时隙信号进行区分,尽可能扩展通信容量,最大限度地利用有限的频谱资源。实现空分多址方式的关键在于智能天线技术,若智能天线能够实现利用空间过

图 6-9 空分多址示意图

滤用户信号,则可以提供理想的空分多址模式,为每个用户提供一个不受其他用户干扰的唯一信道。进一步,一个完善的智能天线系统还能为某一个用户搜索多个多径分量,以理想方式叠加起来,分集接收从用户发来的所有有效信号的能量。

6.3.5 固定分配 MAC 协议特点

固定分配 MAC 协议是静态分配协议,为网络节点固定分配专用的信道资源,在整个通信过程中节点独享所分配的频率、时间、码字、空间资源,从而使网络节点无冲突地使用信道。这种固定分配的 MAC 协议具有如下特点:

(1) 固定分配 MAC 协议能保证每个节点数据发送的公平性。

(2) 能保证数据分组的平均传输时延,且时延固定,时延抖动小。

(3) 节点数很少时,将带来信道资源的空闲,导致信道利用率降低,因此较适合于业务量比较恒定的情况。这类似于高速公路,往往高速公路被划分为多个车道,当每个车道都有车通过时,车流量最大,效率最高,若仅有个别车道有车通过时,且该车道车辆无法转至其他车道时,效率便降低。

(4) 协议灵活性较低,对网络拓扑结构的变化缺乏适应性。

固定分配 MAC 协议能够公平地给节点提供信道资源以及低时延的优势,使得其在无线通信领域,尤其是航空通信领域中获得了广泛的应用,但固定分配 MAC 协议对网络拓扑结构的低适应性也限制了其在有些场合的应用。为了提高网络高负载情况下的信道利用率和多网络结构的适应能力,人们提出了随机竞争多址接入方式。

6.4　随机竞争多址接入技术

在随机竞争多址接入协议中,用户优先级、功能属性相同,各用户采用随机策略,以竞争方式接入信道,随机是指任何用户都无法确定是否能够接入信道以及信号成功发送的具体时间,竞争是指所有用户自由竞争信道的使用权,一旦竞争得到信道则拥有整个信道资源,用户就可利用全部信道资源来发送数据。

随机竞争多址接入系统存在两个及以上用户同时发送数据的可能性,此类情形会造成数据发送冲突,因此需要有相应机制检测数据发送过程是否冲突。发送端数据帧发送之后等待接收端确定,是典型的冲突检测机制。若接收端在规定时间内给予确认,则通信过程无冲突;反之,认为存在冲突,数据发送失败。当发送数据过程存在冲突时,如何恢复数据是随机竞争多址接入方式需要解决的问题之一,最简单的数据恢复方式即为重新发送数据。不同的重发数据方法对于随机竞争多址接入系统会有不同的影响。广泛应用的随机竞争多址接入协议主要有 ALOHA 协议和 CSMA 协议。

6.4.1　ALOHA 协议

1968 年,夏威夷大学启动了 ALOHA 研究计划,旨在通过无线电信道使得分散在夏威夷各岛的多个用户可以使用中心计算机,从而实现一点到多点的数据通信问题。该网络所采用的多址接入方式即为 ALOHA 协议,是最早的随机接入信道访问方式,可分为纯 ALOHA 协议(P-ALOHA)和时隙 ALOHA(S-ALOHA)协议。

最初的 ALOHA 协议通常称为纯 ALOHA 协议或非时隙 ALOHA 协议,协议运行过程如图 6-10 所示。在 P-ALOHA 协议中,任一用户如果有数据分组需要发送,任何时刻可立即发送,如果发生冲突,各节点等待随机时间后再次发送。很明显,这种做法极容易造成多个数据分组发生碰撞,导致信道利用率降低。P-ALOHA 协议的最大信道利用率仅为 18.5%。

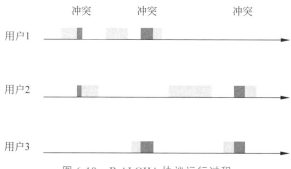

图 6-10　P-ALOHA 协议运行过程

S-ALOHA 协议运行过程如图 6-11 所示。为了实现 S-ALOHA 协议,通信系统需满足三个前提条件:一是网络中所有用户发送的数据帧大小相同;二是信道使用时间被划分成等长的时隙,任一用户在时隙开始时刻发送数据帧,在时隙结束时刻刚好被发送完毕,因此时隙大小与数据帧有关;三是任一用户必须在时隙开始时刻发送数据,不能在其他时刻发送。用户在时隙开始时刻发送数据,那么一定会在时隙结束之前发送完毕。

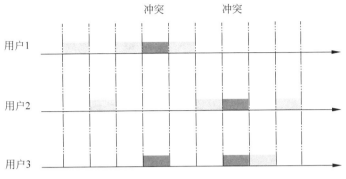

图 6-11　S-ALOHA 协议运行过程

在 S-ALOHA 协议运行过程中,当某一用户需要发送数据时,若正好是时隙开始时刻,则直接发送数据;若此时并非时隙开始时刻,则需要等待临近的下一个时隙,在下一时隙开始时刻随即将数据发送出去。当且仅当一个用户发送数据,信号发送成功;当两个或两个以上的用户同时发送数据时,通信过程会发生冲突。用户检测到数据发送失败后,需要重新发送数据。若通信过程存在冲突,则说明至少有两个用户在同一时隙开始时刻发送了数据,如果上述两个用户在下一个时隙开始时刻再次直接发送数据,则会又一次发生冲突,周而复始,易造成信道资源的极大浪费。在 S-ALOHA 协议中,用户不会直接在下一个时隙开始时刻发送数据,而是以一定概率 p 发送数据帧,以概率 $1-p$ 不发送数据帧。即便如此,下一时隙开始时刻,两个用户依然有 p^2 的概率发生冲突,有 $2p(1-p)$ 概率同时不发送数据,造成信道资源的浪费。当且仅当一个用户发送数据,另一个用户不发送数据时,通信过程才能正常运行。

效率是衡量多址接入协议的重要指标之一,效率是从长期运行角度来计算信道成功发送数据的所占比例。假设 S-ALOHA 系统中有 N 个用户共享信道,且每个用户在时隙开始时刻均以概率 p 发送数据,以概率 $1-p$ 不发送数据。对于某一用户而言,当且仅当其以概率 p 发送数据,同时其他 $N-1$ 个用户以概率 $(1-p)^{N-1}$ 不发送数据时,该用户能够成功发送数据。通信网络中任一用户能够成功发送数据,都可视为在该时隙信道被成功利用,因此某一时隙信道被成功利用的概率等于 $Np(1-p)^{N-1}$。对此式求导取极值,当用户数 N 趋近无穷时,此式等于 $1/e$($e=2.718$),约等于 37%,即此时 S-ALOHA 协议的信道平均最大被利用率是 37%。其余 63% 时隙内,信道要么存在冲突,要么被空闲浪费。图 6-12 给出了 ALOHA 协议的效率曲线。

ALOHA 协议的特点可以概括为"想发就发,冲突停发,随机延时重发"。ALOHA 协议实际上并不"智能",即便信道中已有用户在传输数据,其他用户依然会直接通过信道发送数据,从而造成信道冲突,任何用户都无法成功发送数据。

6.4.2　CSMA 协议

1. 基本 CSMA 协议

CSMA 协议主要包括基本 CSMA 协议、载波侦听多址接入/冲突检测(CSMA/CD)

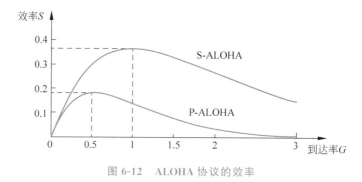

图 6-12　ALOHA 协议的效率

协议和载波侦听多址接入/冲突避免（CSMA/CA）协议。在基本 CSMA 协议中,用户会首先侦听信道是否空闲,然后决定是否发送数据,从而减少信道发生冲突的可能性,提高信道利用率。计算机网络系统时常采用 CSMA 协议,通过数据总线将分布式计算机连接起来,某一计算机在发送数据前,需检测总线是否存在电压或电流,若存在电压或电流,说明总线中有数据传输,则此计算机不发送数据。CSMA 协议特点可以概括为"先听后发,冲突停发,随机延时重发"。根据信道空闲后数据发送方式的不同,基本 CSMA 协议可划分为三类:

（1）1-坚持 CSMA 协议:在此协议中若用户检测到信道忙,则该用户将持续检测信道,一旦检测到信道空闲,该用户以概率 1 发送数据。

（2）p-坚持 CSMA 协议:在此协议中若用户检测到信道忙,则该用户依旧会持续检测信道,当检测到信道空闲时,该用户以概率 p 发送数据,以概率 $1-p$ 延迟发送。

（3）非坚持 CSMA 协议:在此协议中若用户检测到信道忙,会随机等待一段时间,随后再次检测信道,若空闲则发送数据,反之继续等待。

上述三类 CSMA 协议在不同数据到达率情况下的效率曲线,如图 6-13 所示。整体而言,非坚持 CSMA 协议优于 p-坚持 CSMA 协议,p-坚持 CSMA 协议优于 1-坚持 CSMA 协议,其主要原因是各类协议中信道空闲后数据发送方式的不同。假设两个用户同时发送数据,其采用 1-坚持 CSMA 协议,若检测到信道空闲,则两个用户会持续监听,一旦信道空闲,两个用户都会立即发送数据,则数据传输发生冲突。若采用 p-坚持 CSMA 协议,则两个用户当检测到信道空闲后,会以概率 $2p(1-p)$ 成功发送数据,以概率 p^2 发生冲突,以概率 $(1-p)^2$ 空闲信道,后两种情况均不利于提高信道整体概率。若采用非坚持 CSMA 协议,两个用户会分别随机等待一段时间,再次检测信道时,信道可能已完全空闲,此时发送数据成功概率较高。

2. CSMA/CD 与 CSMA/CA 协议

在基本 CSMA 协议中,用户只在数据发送前侦听信道,即使发送数据过程中出现冲突,也会坚持发送数据,直至数据发送完毕,由此造成时间和信道的浪费。为此,CSMA/CD 协议被提出,在基本 CSMA 协议中增加了 CD（Collision Detection）环节,用户除在数据发送前进行侦听之外,在发送过程中依旧需要进行侦听。CSMA/CD 协议特点可概括为"先听后发,边发边听,冲突停发,随机延时重发",如图 6-14 所示。

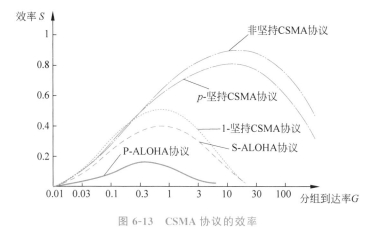

图 6-13　CSMA 协议的效率

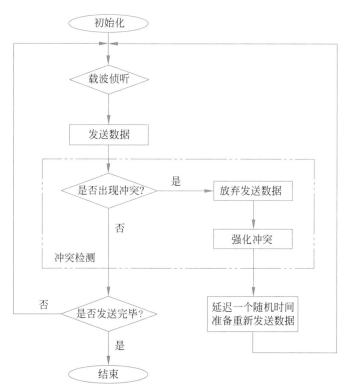

图 6-14　CSMA/CD 协议工作流程

在有线通信网络中,CSMA/CD 协议应用十分广泛,对于有线网络系统性能具有重要影响,如最大通信距离等。但 CSMA/CD 协议并不适合于无线通信环境,具体原因归纳如下:

(1) 在有线通信网络中,用户可检测有线信道是否存在电压或电流,以此判断信道是否有数据传输。在无线网络环境中,信号是通过自由空间传输的,自由空间传输损耗巨大,难以实现检测,难以实现"边发边听"。

（2）CSMA/CD 协议在无线通信网络中存在"隐蔽终端"问题,如图 6-15 所示。无线通信网络中用户发送范围可近似为一个以用户为中心的圆。假设用户 B 和用户 C 均希望向用户 A 发送数据,当用户 B 和用户 C 相距较远时,用户 B 和用户 C 均检测不到对方,两者误以为信道空闲而同时向用户 A 发送数据,用户 A 同时接收到用户 B 和用户 C 数据,从而导致冲突。

（3）CSMA/CD 协议在无线通信网络中存在"暴露终端"问题,如图 6-16 所示。假设用户 B 拟向用户 A 发送数据,用户 C 拟向用户 D 发送数据,当用户 B 和用户 C 相距较近时,用户 C 总能检测到用户 B 发出的信号,认为信道非空闲,无法正常发送数据;同理,用户 C 总能检测到用户 B 发出的信号,认为信道非空闲,也无法发送数据。实际上,用户 B 可以向用户 A 发送,用户 C 可向用户 D 发送,由此造成信道资源浪费。

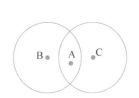

图 6-15　CSMA 隐蔽终端问题

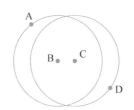

图 6-16　CSMA 暴露终端问题

通过上述分析可知,CSMA/CD 协议更适合于有线通信网络,无线通信网络系统常用 CSMA/CA 协议,即带有冲突避免的 CSMA/CA 协议。在 CSMA/CA 协议中,用户在发送数据之前便会进行碰撞检测与碰撞避免,其检测方式主要有能量检测（ED）、载波检测（CS）和能量/载波混合检测。能量检测是指接收端对接收到信号能量进行检测,功率大于某一确定值则意味着信道已被占用,反之信道空闲。载波检测是指接收端将接收到的信号与本地伪随机码进行比较运算,其值超过某一阈值表示有用户占用信道,反之信道空闲。能量/载波混合检测是能量检测和载波检测的结合方式。

CSMA/CA 协议实现过程:①发送数据前,用户先检测数据是否空闲;②若信道忙,继续等待;③若空闲,用户发送 RTS（Request to Send）数据帧,RTS 数据帧中包含收、发端地址以及数据发送持续时间等信息;④接收端收到 RTS 数据帧后,将响应 CTS（Clear to Send）数据帧;⑤发送端收到 CTS 数据帧后,开始发送数据,同时预约信道;⑥接收端收到数据后,检验是否正确,正确则响应 ACK（Acknowledgment）数据帧;⑦若发送端未收到 ACK 数据帧,则重新发送数据;⑧若发送端收到 ACK 数据,则发送下一个数据,直至发送完全部数据。待数据发送完毕后,所有用户再次进行信道随机竞争,再次发送数据。

通过分析 CSMA/CA 协议实现过程可知,CSMA/CA 协议存在三种机制避免冲突:一是预约信道,通过预约信道可大概率规避冲突;二是 ACK 确认帧,发送端只有在收到接收端 ACK 确认帧,才会继续发送数据,否则不会发送新数据;三是 RTS 数据帧/CTS 数据帧,使用 RTS/CTS 数据帧可解决隐蔽终端和暴露终端问题。基于 CSMA/CA 协议特点,CSMA/CA 协议常用于无线局域网,如蓝牙、WIFI 等。

3. CSMA 协议在航空通信领域的应用

在民用航空通信领域,CSMA 协议获得了广泛的应用。民航地空数据链 ACARS 系统进行地空双向数据传输时采用"非坚持-CSMA"多路访问协议;甚高频数据链模式 2 (VDL-2)系统的媒体访问存取采用 p-CSMA 多路访问协议。但是,CSMA 在军事航空通信领域应用不多,主要是因为 CSMA 协议在传送数据前需要检测信道(CSMA)或者需要多次握手机制(CSMA/CA),这必将带来额外的通信时延,造成信道利用率的降低,而通信时延是衡量战术航空数据链系统的一个重要指标。在军事航空数据链中,虽然 CSMA 多址接入技术没有直接应用,但随机竞争机制仍然被采用。

Link-11 数据链的轮询协议能够确保网控站对已经注册的所有参战单元进行轮询。如果有新的作战单元入网,或者在网的某参战单元需要退出网络,这时网络规模将发生变化,轮询协议将采用 CSMA 方式进行处理。具体方法是:每个轮询周期中,预留一段空闲时间,需要入网或退网的参战单元以随机竞争方式向网控站发送入网或退网申请信息。网控站接收到申请信息后,增加或减少参战单元数量,调整轮顺序,在新的网络规模下开始新一轮的循环。竞争时间段的使用,使轮询协议对网络规模的变化具有适应性。

Link-16 数据链中也引用了竞争协议的思想。当参战单元有数据要在指定为竞争模式的时隙中发送时,直接占用该时隙。无冲突时,数据发送成功;有冲突时,采用 p-CSMA 算法计算出一个随机数,随机延迟若干个时隙后重新发送,直至发送成功。

6.5 预约多址接入技术

视频

固定分配多址接入协议通过对频率、时间、码型、空间等信道资源进行划分,可保证用户公平稳定地使用信道资源,但是固定分配协议对网络拓扑结构的变化缺乏适应性,容易造成信道资源空闲,导致降低信道利用率。相比于固定分配多址接入协议,随机竞争多址接入协议不需要提前划分信道资源,对于网络拓扑结构的变化具有很好的适应性,但是引入竞争机制,会造成数据传输过程的冲突,增加了冲突开销。为了能够综合固定分配多址接入协议和随机竞争多址接入协议的优点,人们提出了预约多址接入协议。

预约多址接入协议包括集中预约多址接入、分布预约多址接入等。在集中预约多址接入协议中,中心控制节点依据轮询序列集中控制,各用户无竞争地接入信道,某一时刻仅一个用户使用信道。在分布预约多址接入协议中,通常需要一个专用的控制信道,所有用户以固定分配方式或竞争方式交互预约申请信息。预约多址接入协议有轮询协议、令牌传递协议、PRMA、DPRMA、C-PRMA、DQRUMA、CATA、DTDMA、HRMA、RSV-MAC 等,这里只介绍常用的轮询协议和令牌传递协议。

6.5.1 轮询协议

轮询协议系统存在一个主节点,此节点轮流邀请从属节点发送数据,且从属节点当且仅当主节点被邀请后,才有机会发送数据,若从属节点没有数据发送要求,也可不发送。在轮询协议中,主节点每次只会邀请一个从属节点,因此任意时刻仅可能只有一个从属节点发送数据,显然不会有数据冲突。另外,若被邀请的从属节点需要发送数据,则其可利用信道全部带宽。如此,轮询协议既具有固定分配协议数据发送无冲突的优点,又有随机竞争协议用户每次发送数据都可利用全部信道带宽的优点。同时,轮询协议系统存在一些不足,主要表现在三方面。

(1) 需要轮询开销。主节点向从属节点所发送的邀请本质上是特定形式的数据帧,发送轮询数据帧也需要占用信道带宽,该过程与通信消息传输无关。

(2) 存在等待延迟问题。轮询协议系统主节点发送邀请往往是依次进行的。假定用户1,用户2,…,用户 N 构成轮询协议系统,主节点依次向用户1,用户2,…,用户 N 发送轮询开销,即使前 $N-1$ 个节点都不发送数据,只有第 N 个节点需要发送数据,第 N 个节点也要等待主节点完成前 $N-1$ 次轮询,此即为轮询协议的等待延迟问题。

(3) 存在单点故障风险。轮询协议系统依靠主节点,若主节点一旦发生故障无法正常,则整个系统瘫痪。在实际系统中,为了避免此类问题,系统往往设置主备节点,若主节点停机,立即启动备用主节点。

轮询协议在军事数据链中被广泛采用,例如北约的 Link-11 战术数据链的网络工作模式就采用了轮询方式。

6.5.2 令牌传递协议

令牌(Token)传递协议系统存在一个特殊形式的令牌,此令牌代表信道资源的使用权。令牌在网络中通常从一个节点传递到下一个节点,若某一节点需要发送数据,就争取抓取令牌。因为系统有且仅有一个令牌,所以任一时刻有且仅有一个节点发送数据,信道不会冲突。因为令牌传递协议的传递特征,所以令牌传递系统往往被设置为环形网络,令牌沿着逆时针或顺时针方向在环形网络中进行循环。类似于轮询协议,令牌传递协议亦有着不足,主要表现在三方面:

(1) 存在令牌传递开销。本质上,令牌是一种特殊形式的数据帧,其在网络中一直被传递,即便所有用户都不需要发送数据,所有用户也要完成令牌传递,存在令牌传递所带来的开销问题。

(2) 存在等待延迟问题。在令牌传递协议系统中,有数据发送需求的某一节点并不能想发就发,其需要等待令牌,当且仅当其抓取到令牌,才能发送数据,此即为等待延迟问题。

(3) 存在单点故障问题。在令牌传递协议系统中,若某一节点没有将令牌转发到网络中,或是令牌发生故障失效,就会导致令牌丢失,从而整个系统没法发送数据。在实际系统中,为了解决此问题,系统往往设置一个监测节点,若在一定时期内该节点没有检测到令牌,则此节点认为令牌已丢失,其产生一个新的令牌放入系统中,从而保证系统正常工作。

6.6 多址接入协议性能分析

在固定分配多址接入方式中,每个用户均分配有固定资源,从而可保证用户发送数据的"公平性"。固定分配多址接入方式对信道资源进行了确定性分配,避免了由信道竞争带来的不确定性,因此固定分配协议具有"稳定性"。固定分配协议中的数据分组平均传输时延相对固定,时延抖动小。在高节点密度和高业务负载情况下,固定分配协议信道资源利用率高。与此同时,固定分配多址接入方式对网络拓扑结构的变化缺乏适应性,信道资源空闲将导致信道利用率的降低,当用户业务量变化较大时,固定分配多址接入协议性能下降明显。因此,固定分配多址接入方式多用于业务流量规律、平稳和时延敏感、拓扑稳定的通信网络。

在随机竞争多址接入协议中,用户以随机竞争方式接入信道,一旦竞争得到信道则拥有信道整体资源。相比于固定分配多址接入方式而言,随机竞争多址接入协议机制简单,管理开销少,易于实现。随机竞争多址接入协议系统中,用户数据发送异步,用户之间不需要相互协调,对网络同步要求低。随机竞争多址接入协议系统的网络构建、节点加入/退出等过程简单快速,协议的灵活性高。与此同时,随机竞争多址接入协议数据分组的平均传输时延不固定,时延抖动大。随机竞争多址接入协议具有一定的不稳定性,在高节点密度和高业务负载情况下,信道利用率低。因此,随机竞争多址接入协议适用于业务流量随机、突发和时延要求低、拓扑变化的网络。

预约多址接入协议对业务量的变化具有良好的适应性,能够灵活合理地按需分配信道资源。预约多址接入协议能够支持有不同服务质量要求的各种业务类型,能够在网络重负载情况下有效工作。预约多址接入协议机制复杂,协议开销较大,且系统存在专用控制信道,从而一定程度降低了信道利用率。因此,预约多址接入协议适用于业务流量无规律、业务量变化较大(低速数据到多媒体)、业务有服务质量要求以及拓扑变化的网络。

多址接入协议性能比较见表 6-1。

表 6-1 多址接入协议性能比较

性　　能	固定 MAC	随机竞争 MAC	预约 MAC
冲突	无竞争冲突	存在竞争冲突	预约信道存在竞争冲突
吞吐量	重负载时,吞吐量稳定	重负载时,吞吐量较低	吞吐量稳定
时延	轻负载时,时延较大	重负载时,时延较大	拓扑变化大时,时延较大
时延抖动	时延抖动小	时延抖动大	时延抖动小
适合业务类型	实时性业务	突发性业务	流量变化范围大的业务
信道利用率	流量大时信道利用率高	竞争机制相关	有所降低
公平性	较好	较差	好
鲁棒性	较差	较好	好
稳定性	稳定	不稳定	稳定
服务质量	一般	无	较高

6.7 新型多址接入技术简介

多址接入技术可以将信号维度按照时间、频率或码字分割为正交或者非正交的信道,分配给用户使用。历代移动通信系统各自有其标志性的多址接入技术作为革新换代的标志。例如,1G 移动通信系统的模拟频分多址接入技术;2G 移动通信系统的时分多址接入和频分多址接入技术；3G 移动通信系统的码分多址接入技术；4G 移动通信系统的正交频分复用技术。1G 移动通信系统到 4G 移动通信系统采用的都是正交多址接入技术。对于正交多址接入技术，用户在发送端占用正交的无线资源，接收端易于使用线性接收机来进行多用户检测，复杂度较低，但系统容量会受限于可分割的正交资源数目。针对 5G 移动通信系统的设计理念和技术要求，非正交多址接入技术日益受到人们的重视。从单用户信息论角度讲，点到点链路的频谱效率和系统容量已经逼近香农极限；从多用户信息论角度看，非正交多址技术还能进一步提高频谱效率，也是逼近多用户信道容量上界的有效手段。此外，从系统设计的角度看，非正交多址接入技术还可以增加有限资源下的用户连接数。

由日本 DoCoMo 公司提出的基于功率叠加的非正交多址接入（Non-Orthogonal Multiple Access，NOMA），以及中国华为公司提出的基于稀疏码本的非正交多址接入（Sparse Code Multiple Access，SCMA）以及大唐公司提出的基于非正交特征图样的图样分割多址接入（Pattern Division Multiple Access，PDMA）等是典型的非正交多址接入技术，通过开发功率域、码域等用户信息承载资源的方法，极大地拓展了无线传输带宽，使之成为 5G 移动通信系统多址接入技术的重要候选方案。本节首先介绍串行干扰消除（SIC）技术，然后简单介绍 NOMA、SCMA 和 PDMA 三种非正交多址接入技术。

6.7.1 串行干扰消除 SIC 技术

空中接口承载用户信息的无线资源主要有频域、时域、空域、码域和功率域，前三种有子载波正交、接入循环前缀和适当空间距离等成熟技术保证多用户接入的独立性，凡用到后两种资源的都叫非正交多址接入技术，在接收端区分多用户信息时只能通过串行干扰消除技术保证。

SIC 技术是非正交多址接入方式接收端必备的技术，是一种针对多用户接收机的低复杂度算法，该技术可以顺次地从多用户接收信号中恢复出原始数据。在常规匹配滤波器中，每一级都提供一个用于再生接收到的来自用户信号的用户源估计，适当地选择延迟、幅度和相位，并使用相应的扩频序列对检测到的数据比特进行重新调制，从原始接收信号中减去重新调制的信号（干扰消除），将得到的差值作为下一级输入。在这种多级结构中，这一过程重复进行，直到将所有用户全部解调出来，SIC 接收机利用串联方法可以方便地消除同频同时用户间的干扰。

基本的 SIC 接收机结构如图 6-17 所示（以三个用户接收为例）。接收信号进入 SIC 检测器后，多用户检测器串行进行检测，即每次仅检测出一个用户的数据，用户的数据由相对应的单用户检测单元器检测得出。该检测器运行后，首先由用户 1 检测单元检测译码得到第一个用户的数据，并且重构出用户 1 的信号，然后从接收信号中消除重构的用户 1 的信号，将消除后的信号输入用户 2 检测单元以检出用户 2 的数据，以此类推，直至完成所有用户数据的检测。

在 SIC 接收机中，第 1 个用户信号的检测并不能从这种干扰消除算法中获益，但因为它是最强的信号，所以将它放在最前面进行检测也是最精确的。弱信号可以从这种干

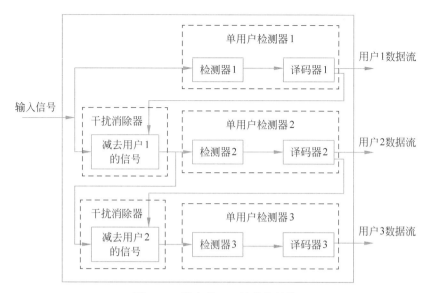

图 6-17　基本的 SIC 接收机结构

扰消除算法中获得最大好处。因此,接收信号必须按功率的大小由强到弱进行排序。SIC 技术是消除多址干扰最简单、最直观的方法之一,性能上比传统检测器有较大提高,结构简单、实现容易、适合 5G 通信系统的设计要求,但因运算复杂度与用户数呈线性关系,同一资源单元上叠加的用户数不能太多。SIC 接收机还存在每一级干扰消除都会带入一个比特的延迟、用户功率发生变化时系统需要重新排序、若初始信号比特估计不可靠则会对后级检测产生影响等缺点。

6.7.2　功率域非正交多址接入技术

2012 年,NTT DoCoMo 提出功率域非正交多址接入(Non-Orthogonal Multiple Access,NOMA)技术,NOMA 是指在发送端将多个用户的信号在功率域进行直接叠加,在接收端通过串行干扰消除,区分不同用户的信号,也称功分多址。通过发射机和接收机的联合设计,可使多层数据流在相同的时/频/空域资源里传输。NOMA 是典型的仅有功率域应用的非正交多址接入技术,也是所有非正交多址接入技术中最简单的一种。

以下行 2 个用户为例,图 6-18 给出了 PNMA 方案的发送端和接收端信号处理流程。

基站发送端:小区中心的用户 1 和小区边缘的用户 2 占用相同的时/频/空资源,二者的信号在功率域进行叠加。其中,用户 1 的信道条件较好,分得较低的功率;用户 2 的信道条件较差,分得较高的功率。

用户 1 接收端:考虑到分给用户 1 的功率低于用户 2,若想正确地译码用户 1 的有用信号,则必须先解调/译码并重构用户 2 的信号,然后进行删除,进而在较好的 SNR 条件下译码用户 1 的信号。

用户 2 接收端:虽然在用户 2 的接收信号中存在传输给用户 1 的信号干扰,但这部分干扰功率低于有用信号/小区间干扰,不会对用户 2 带来明显的性能影响,因此可直接译码得到用户 2 的有用信号。

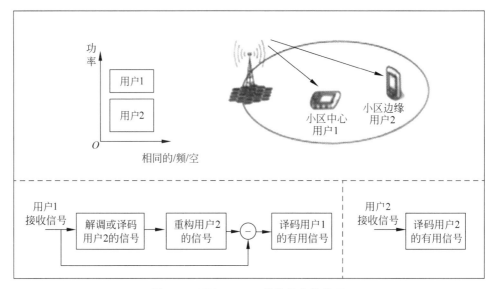

图 6-18　下行 NOMA 收发端信号处理

上行 NOMA 的收发信号处理与下行基本对称,叠加的多用户信号在基站接收端通过干扰删除进行区分。其中,对于先译码的用户信号,需要将其他用户信号当成干扰。

NOMA 主要有三个技术特点:

(1)接收端采用 SIC 技术。接收端采用逐级消除干扰策略,一次逐个分离单个用户数据,直至消除所有的多址干扰。技术的关键就是能够设计出复杂度可接受的 SIC 接收机。

(2)发送端采用功率复用技术。功率复用不同于简单的功率控制,是遵循相关的算法进行功率分配。发送端对不同的用户分配不同的发射功率,接收端以此作为区分用户的依据。

(3)不依赖用户反馈。现实网络因为移动性和反馈延迟等,用户不能实时反馈有效的网络信息。NOMA 方案可以很好地适应这种情况,在高速移动场景下获得更好的性能。

6.7.3　稀疏码多址接入技术

稀疏码多址接入(Sparse Code Multiple Access,SCMA)是华为公司提出的全新空口核心技术,是一种基于稀疏码本的、频谱效率接近最优化的新型非正交多址技术,其基本思想是通过使用稀疏编码将用户信息在时域和频域上扩展,然后将不同用户的信息叠加在一起,在同样的物理资源下容纳更多的用户,增加网络总体吞吐量。

SCMA 的发送端的基本原理如图 6-19 所示。图中,QAM 调制器和低密度扩频(Low Density Signature,LDS)两个模块进行联合优化,直接将数据比特映射为稀疏码字;通过一个 SCMA 编码器直接得到了稀疏的 SCMA 码字(仅有少量零元素),形成稀疏码多址。

SCMA 可包含单个或多个数据层,用于实现多用户复用。单个用户的数据对应其中

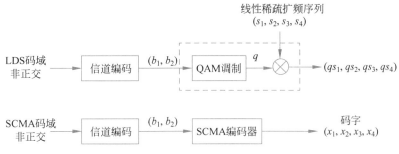

图 6-19　SCMA 的发送端的基本原理

的一层或多层。SCMA 编码器在预定义的码本集合中为每个数据层(或用户)选择一个SCMA 码本,其中包含多个由多维调制符号组成的 SCMA 码字,然后基于所选择的码本,信道编码后的数据比特将直接映射到相应的码字中,最后将多个数据层(或用户)的码字进行非正交叠加。

SCMA 和现有技术的一个区别是其将比特到码字的映射过程。图 6-20 所示的比特到码字的映射包括 6 个数据层,每一数据层对应每一个码本,有 6 个码本,每个码本包含4 个码字,码字长度为 4,每个码字包含两个非零元素和两个零元素。映射时,根据比特对应的编号从码本中选择码字,不同数据层的码字直接叠加。比如,对于用户 1 的编码数据 11,其选择用户 1 对应的码本 1 中第 4 个码字,对于用户 2 的编码数据 10,选择其对应码本 2 中的码字 3,其他用户以此类推。

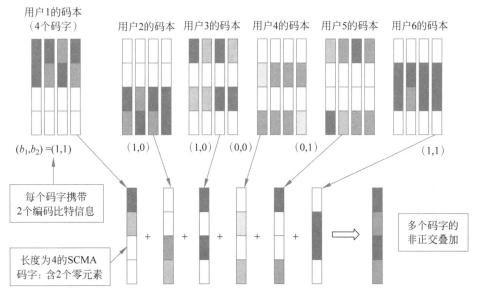

图 6-20　SCMA 的比特到码字映射过程(码长 4,用户数 6)

发送端将来自一个或多个用户的多个数据层,通过码域扩频和非正交叠加在同一时频资源单元中发送;接收端通过线性解扩和 SIC 接收机分离出同一时频资源单元中的多个数据层。

SCMA 码本设计是其核心,码本设计主要是低密度扩频和高维 QAM 调制两大部分。将这两种技术结合,通过共轭、置换、相位旋转等操作选出具有最佳性能的码本集合,不同用户采用不同的码本进行信息传输。码本具有稀疏性是由于采用了低密度扩频方式,从而实现更有效的用户资源分配及更高的频谱利用;码本所采用的高维调制通过幅度和相位调制将星座点的欧几里得距离拉得更远,保证多用户占有资源的情况下利于接收端解调并且保证非正交复用用户之间的抗干扰能力。

6.7.4 图样分割非正交多址接入

图样分割多址接入(Pattern Division Multiple Access,PDMA)技术是大唐电信(电信科学技术研究院)提出的一种基于非正交特征图样的多址接入技术。PDMA 的基本思想是基于发送端和接收端的联合设计,在发送端将多个用户的信号通过编码图样映射到相同的时域、频域和空域资源进行复用传输;在接收端采用广义串行干扰消除接收机算法进行多用户检测,实现上行和下行的非正交传输,逼近多用户信道的容量边界。

PDMA 是一种可以在功率域、码域、空域、频域和时域同时或选择性应用的非正交多址接入技术,可以在时频资源单元的基础上叠加不同信号功率的用户信号,比如叠加分配在不同天线端口号和扩频码上的用户信号,并能将这些承载着不同用户型号或同一用户的不同信号的资源单元用特征图样统一表述。显然,这样等效处理将是一个复杂的过程。由于基站是通过图样叠加方式将多用户信号叠加在一起,并通过天线发送到终端,这些叠加在一起的图样,既有功率的、天线端口号的,也有扩频码的,所以终端 SIC 接收机中的图样检测系统要复杂一些。可以看出,PDMA 支持所有信息承载资源的能力,使其具有了超强的频谱资源利用率,这一优势是其他技术不可比拟的。

图 6-21 为 PDMA 下行链路工作的基本流程和特征图样的结构模式,当不同用户信号或同一用户的不同信号进入 PDMA 通信系统后,PDMA 就将其分解为特定的图样映射、图样叠加和图样检测三大模块来处理。发送端首先对系统送来的多个用户信号按照功率域、空域和码域等方式组合的特征图样进行区分,完成多用户信号与无线承载资源的图样映射;其次,基站根据小区内通信用户的特点,采用最佳方法完成对不同用户信号图样的叠加,并从天线发送出去;最后,终端接收到这些与自己关联的特征图样后,根据SIC 算法对这些信号图样进行检测,解调出不同的用户信号。

表面上,PDMA 的特征图样是用户信号承载资源的一个统一单位,本质上这些可以承载用户信号的特征图样却有可能是功率域、空域或码域等基本参量。要想统一管理这些不同的参量,必须对它们定义一个统一参数"图样",以方便 PDMA 系统参考。由于承载用户信号的图样间没有正交性的要求,所以 PDMA 的接收端必须使用 SIC 接收机。显然,只要 PDMA 能够简单快捷地换算出功率域、空域和码域与图样之间的关系,系统研究的就只是在相同的时频资源单元叠加和区分不同图样的问题了,其原理和 NOMA基本一样,硬件结构并不十分复杂。PDMA 系统中的图样包括三个物理量,理论上PDMA 的频谱利用率和多址容量可以达到 NOMA 的 3 倍以上。

PDMA 可以在时频资源以及空域资源进行有针对性的用户图样设计,其技术框架包

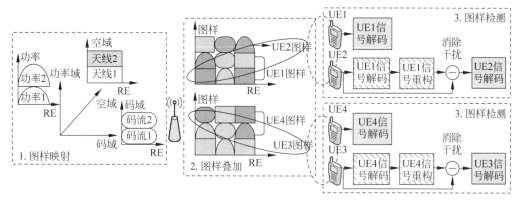

图 6-21 PDMA 下行链路工作的基本流程和特征图样的结构模式

括在发送端和接收端都进行基于多用户的整体优化和联合优化设计。发送端基于多个信号域（包括时域、频域、空域等）的非正交特征图样区分用户；接收端基于用户图样的特征结构，采用 SIC 方式实现准最优的多用户检测接收。

PDMA 关键技术包括发送端关键技术、接收端关键技术、多天线关键技术等。在发送端需要考虑图样矩阵设计、图样分配方案设计、功率分配方案设计、链路自适应等；在接收端需要考虑高性能低复杂度的检测算法及遇到平的激活检测算法等，同时还要考虑与多天线结合的技术。

6.7.5 非正交多址接入技术比较

NOMA 是仅有功率域应用的非正交多址接入技术，采用的是多个强度不同的用户信号的线性叠加，硬件结构简单，技术性不高，SIC 接收机也不复杂，设备实现难度较低，是非正交多址接入技术中最简单的一种。但功率域用户层不宜太多，否则系统复杂性将陡然增加，系统性能将快速下降。设备结构和技术的原因，系统的最大功率域强度值非常有限，功率域能够划分用户的层次数也不可能太多。所以，NOMA 技术的频率利用率比较有限，但其简单的技术有助于 5G 系统的规划设计。

SCMA 是码域应用的非正交多址接入技术，采用的扩频码是一种可以使接收端复杂度降低的消息传递算法和多用户联合迭代法的稀疏码，同时 SCMA 还辅以多维高效率调制技术（如 OFDM），可以灵活调整时频承载资源单元的大小，不仅能适应系统空口接入众多业务的各种需求，还能在一定程度上提高系统的频谱容量和多址接入效率。但因为是码域系统，所以同一时频承载资源单元的扩频用户数越多，扩频码本身的位数也越多，通过扩频后的用户信号位数也将呈几何级数增加，这不仅会影响有效的数据传输速率，还会增加系统处理扩频过程的负担和难度，降低系统性能。SCMA 性能优于 NOMA，较适合 5G 通信系统。

PDMA 是可以在时频承载资源的基础上灵活应用功率域、空域和码域的非正交多址接入技术，理论上系统可以同时采用功率域、空域和码域，所以 PDMA 的多址寻址能力最强，信道容量最大，频谱利用率最高。但是，PDMA 是所有非正交多址接入技术中最复杂的一种,还需要投入较大的研究力量。

习题

1. 简述无线通信协议的主要功能。
2. OSI 模型有几层? 每一层作用是什么?
3. 什么是多址接入? 什么是多路复用? 两者存在哪些区别与联系?
4. 根据用户共享信道的方式,通信网络多址接入技术可分为哪三类?
5. 简述码分多址技术的优缺点。
6. 载波侦听多址接入协议主要包括哪三种? 试简述三者之间的区别。
7. 简述 CSMA 在航空通信系统中的应用。
8. 典型的预约多址接入协议有哪些? 预约多址接入协议有哪些特点?
9. 对比分析固定分配多址接入、随机竞争多址接入、预约多址接入协议的优缺点。
10. 简述非正交多址接入技术的概念及优势。

第 7 章

典型航空通信系统

航空通信是由一系列通信收发设备来实现的,这些通信设备主要是通过航空短波、航空超短波、航空卫星、无线激光等传输链路来实现信息的传递和交换的。不同传输链路,信号的传播机理、链路特性、系统设备等不同,所采用的传输技术各异,从而形成各自的系统理论,构成具有相应特点的航空通信系统。本章介绍短波、超短波、卫星等常见航空通信的信息传输系统以及典型系统设备构成。

视频

7.1 航空短波通信系统

短波通信是最早的航空通信手段,尤其是第三代短波通信系统的研究和应用提高了短波通信的有效性,使短波通信在远程航空通信中的地位得到了提高。在军事应用中,短波通信作为一种有效的应急通信手段,具有不可替代的地位。

7.1.1 短波通信概述

短波通信是指利用波长为 $100\sim10\mathrm{m}$(频率为 $3\sim30\mathrm{MHz}$)的无线电波进行的超视距通信,又称高频无线电通信。短波通信可以利用地波传播,但更主要的是通过电离层反射(天波)机理进行远距离传输。信号经地面与电离层之间多次反射(多跳传播)之后,可以到达极远的地方,因此可以进行环球通信。电离层通信不仅可以用于超远距离通信,而且可以用于近距离通信。在地形复杂、短波地波或视距微波无法达到的地区,可以利用高仰角的短波信号实现通信。

短波通信有许多显著的优点,主要有:

(1) 低成本实现远距离通信。短波通信设备简单,既可以固定设置,进行固定通信,也可以背负或车载、船载或机载进行移动通信。

(2) 通信设备体积小,易隐蔽,可以方便地改变工作频率,以躲避干扰和窃听。

(3) 短波电台临时组网方便、迅速,使用灵活性大,对自然灾害或战争的抗毁能力强,遭到破坏后容易恢复。

短波通信也同时存在着一些明显的缺点,主要有:

(1) 可用频带窄,通信容量小。整个短波波段可用的频率范围只有 $28.5\mathrm{MHz}$,$3\mathrm{kHz}$左右的通信带宽,在很大程度上限制了通信容量和数据传输速率的提高。

(2) 信道不稳定,衰落严重。电离层作为短波传输的主要信道,信道参量的可变性很大。一方面电离层受季节、太阳活动等变化的影响较大,信道不稳定,使得信号产生衰落,并且衰落的幅度和频次不断变化;另一方面电离层还存在着严重的多径效应,造成频率选择性衰落和多径时延。因此,短波信道的变参特性严重限制了短波在数据通信中的应用。

(3) 大气和工业无线电噪声干扰严重。短波波段工业电器辐射的无线电噪声干扰平均强度很高,加上大气无线电噪声和无线电台间的干扰,影响着短波通信的可靠性,尤其是脉冲型突发噪声,经常会使数据传输出现突发错误,严重影响通信质量。

微波中继通信和卫星通信均可实现超视距通信,并且具有稳定、可靠、通信质量好、通信容量大等优点;但是初建费用高,灵活性有限。人们曾一度认为卫星通信可以完全取代短波通信,而实际上卫星通信并不能满足所有情况下的用户需要,原因有:①并不是所有用途都需要宽带线路;②战争时期卫星通信很容易遭受敌方攻击,信道不易抵御敌方电磁干扰;③短波通信不仅成本低廉,容易实现,更可贵的是它具有天然的不易被摧毁的中继系统(电离层)。从 20 世纪 80 年代初开始,短波通信又重新受到重视。在海湾战争中,美、法等国军队大量运用短波通信,取得了突出的效果。可以看出,在军事通信领域短波通信不可或缺,在民用通信,尤其是民用航空通信领域,短波通信的应用也非常广泛。

7.1.2　电离层

1. 电离层结构

地球被一层很厚的大气层包围着,厚度约为 1000km,大气层的密度随高度升高而减小,越高空气越稀薄。整个大气层随高度不同表现出不同的特点,分为对流层、平流层、中间层、热层和散逸层,再上面就是星际空间。在离地面 60km 以上的高空,由于受到强烈的太阳紫外线辐射和宇宙射线的作用,空气分子或原子中的一个或若干个电子游离出来成为自由电子而发生电离,形成了一个厚度为几百千米的电离现象显著的区域,这个区域称为电离层。电离层是部分或完全电离的地球高层大气区域,能使无线电波改变传播速度,发生折射、反射和散射,产生极化面的旋转并受到不同程度的吸收。

电离层电子密度呈不均匀分布,按照电子密度随高度变化的情况,可把它们依次分为 D 层、E 层、F_1 层和 F_2 层,如图 7-1 所示。F_2 层的电子密度最大,F_1 层次之,D 层电子密度最小。就每层而言,电子密度也不是均匀的,而是在每层中的适当高度上出现最大电子密度值 N_{max}。电离层分层的有关参数列于表 7-1。

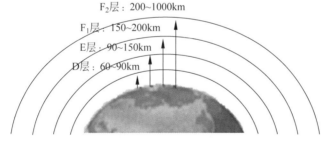

图 7-1　电离层示意图

表 7-1　电离层的分层状况

层　　名	D 层	E 层	F_1 层	F_2 层
区域范围/km	$60\sim90$	$90\sim150$	$150\sim200$	$200\sim1000$
最大电子密度高度/km	约 70	约 110	$180\sim200$	300
最大电子密度 N_{max}/(个/cm^3)	$10^3\sim10^4$	$10^3\sim10^5$	10^5	$10^5\sim10^6$
电子密度变化	夜间消失	昼高夜低	夏季出现,夜间消失	昼高夜低,冬高夏低

D 层出现在地球上空 $60\sim90$km 的高度处,最大电子密度发生在约 70km 处。D 层出现在太阳升起时,而消失在太阳降落后,故 D 层夜间不再对短波通信产生影响。D 层

的电子密度不足以反射短波,短波以天波传播时,将穿过 D 层,并且穿过 D 层时电波将遭受严重的衰减,频率越低,衰减越大,电波在 D 层中的衰减量将远大于 E 层、F 层,所以 D 层为吸收层。不过研究表明,D 层在白天有可能反射频率为 2~5MHz 的短波。

E 层出现在地球上空 90~150km 的高度处,最大电子密度发生在约 110km 处。在通信线路设计和计算时,通常都以 110km 作为 E 层高度。和 D 层一样,E 层出现在太阳升起时,而且在中午电离达到最大值,然后逐渐减小;在太阳降落后,E 层实际上对短波传播已不起作用。E 层被电离后可以反射高于频率 1.5MHz 的电波。

对短波通信来讲,F 层是最重要的,一般情况下,远距离短波通信都选用 F 层作为反射层,习惯上称 F 层为反射层。白天 F 层有两层,F_1 层位于地球上空 150~200km 高度处,F_2 层位于地球上空 200~1000km 高度处,它们的高度在不同季节和一天内不同时间段是不一样的。对 F_2 层来讲,冬季的白天最低,夏季的白天最高。F_2 层和其他层不同,日落以后不完全消失,虽然夜间 F_2 层的电子密度较白天降低了一个数量级,但仍足以反射短波某一频段的电波,当然夜间能反射的频率远低于白天。由此可知,若要保持昼夜通信,工作频率必须昼夜更换,夜间工作频率应远低于白天工作频率。这是因为频率越高,穿透能力越强,若夜间仍使用白天的频率,则将导致电波穿出电离层,造成通信中断。

2. 电离层的变化规律

1)规则变化

日夜变化。由于日夜太阳的照射不同,导致白天电子密度比夜间大,中午的电子密度又比早晚大。日落之后 D 层在很快消失,E 层和 F 层的电子密度减少;日出之后,各层的电子密度开始增长,到正午时达到最大值,以后又开始减少。白天和夜间电离层电子密度 N 随高度 h 变化的典型值如图 7-2 所示。可见,白天,电离层包含有 D 层、E 层、F_1 层和 F_2 层;晚上,D 层和 F_1 层消失,仅存在 E 层和 F_2 层。

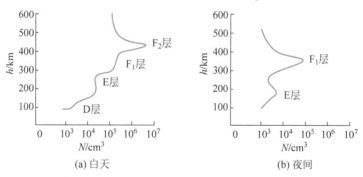

图 7-2 电离层日夜变化图

季节变化。由于在不同季节,太阳的照射不同,故一般夏季的电子密度大于冬季,但是 F_2 层例外,F_2 层冬天的电子密度反而比夏季大,其原因至今还不清楚,可能是由于 F_2 层的大气在夏季变热向高空膨胀,结果反而使电子密度减少。

年周期变化。太阳活动性一般用太阳一年的平均黑子数来代表,黑子数目增加时,太阳所辐射的能量增强,因而各层电子密度增大。黑子的数目每年都在变化,但是根据长期观测证明,它的变化也是有一定规律的,太阳黑子的变化周期大约为 11 年,因此电离层的电子密度也与这 11 年变化周期有关。

随地理位置变化。电离层的特性随地理位置不同也是有变化的。这是因为不同地点的上空受太阳的辐射不一样,赤道附近太阳照射强,电子密度大,南北极最小。

2)不规则变化

电离层除规则变化外,有时还发生一些电离状态随机、非周期、突发的变化,这些变化称为不规则变化,如突发 E(ES)层、电离层暴、电离层突然骚扰等。出现不规则变化时,往往造成通信中断。

ES 层是偶尔发生在地球上空 120km 高度处的电离层,具有很高的电子密度,甚至能将高于短波波段的频率反射回来。入射电波遇到 ES 层部分能量遭反射,部分能量穿过,有时受到 ES 层的全反射而到达不了 ES 层以上的区域,形成所谓"遮蔽"现象。ES 夏季出现频繁,白天和晚上出现的概率相差不大。

电离层暴。太阳黑子数增多时,太阳辐射的电磁波(主要是紫外线和 X 射线)和带电微粒都极大地增强,正常的电离层状态遭到破坏,这种电离层的异常变化称为电离层暴,持续时间可从几小时到几天。电离层暴在 F_2 层表现最为明显。出现电离层暴时常使 F_2 层的临界频率大大降低,因此就可能使原来使用的较高频率的电波穿透 F_2 层而不返回地面,造成通信中断。当太阳出现耀斑时,喷射出大量微粒流,也常常引起地磁场的很大扰动,即产生磁暴。磁暴发生时,地磁场急剧变化,大地中产生感应电流,严重干扰通信。

电离层突然骚扰。当太阳发生耀斑时,常常辐射出大量的 X 射线,以光速到达地球(时间约为 8min18s),当穿透高层大气到达 D 层所在高度时,会使 D 层的电离度突然大大增强,持续时间由几分钟到几小时,这种现象称为电离层突然骚扰。电离层突然骚扰对不同频段的无线电波分别引起不同的异常现象。由于 D 层的电子密度大大增强,使通过 D 层在上面反射的短波信号遭到强烈吸收,甚至使通信中断——"短波消逝"。此外,D 层的高度也会明显下降,从而使 D 层反射的信号相位发生突变——"相位突然异常"。

电离层不仅有反射电波的作用,还有吸收电波能量的作用。电子密度 N 越大,电离层对电波能量的吸收就越大,即电波衰减也就越大。电波频率越低(波长越长),吸收越大。电离层对电波的吸收大小除了与上述两个因素有关外,还与电波在电离层中所走的路程有关,因为在电离层中传播的距离远,势必造成较大的吸收。

7.1.3 短波天波传播特性

1. 天波传播模式

电波到达电离层,可能发生三种情况:被电离层完全吸收;反射回地球;穿过电离层进入外层空间。这些情况的发生与频率密切相关。低频端的吸收程度较大,并且随着电离层电离密度的增大而增大。

天波传播示意图如图 7-3(a)所示。电波进入电离层的角度称为入射角,入射角对通信距离有很大的影响。对于较远距离的通信,应用较大的入射角,反之应用较小的入射角。但是,如果入射角太小,电波会穿过电离层而不会折射回地面;如果入射角太大,电波在到达电离密度大的较高电离层前会被吸收。因此,入射角应选择在保证电波能返回地面而又不被吸收的范围。

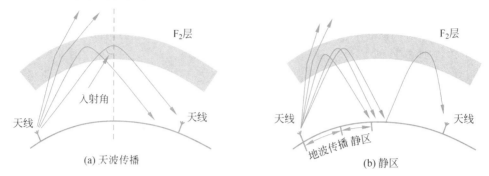

图 7-3　天波传播示意图

经过一次电离层反射实现信息收发的模式称为单跳模式。在天波传播中,往往存在着多跳模式,如图 7-3(b)所示。图中,电波经过两次 F 层反射(两跳),称为 2F 模式。不同通信距离时,可能存在的传播模式,如表 7-2 所示。

表 7-2　不同距离可能存在的传播模式

通信距离/km	可能存在的传播模式
＜2000	1E,1F,2E
2000～4000	2E,1F,2F,1E2F
4000～6000	3E,4E,2F,3F,4F,1E1F,2E1F
6000～8000	4E,2F,3F,4F,1E2F,2E2F

在短波传播中存在着地面波和天波均不能到达的区域,这个区域通常称为静区(盲区)。在短波对空通信中,在距机场 50～100km 处常发生通信中断,这就是静区的存在所导致的结果,如图 7-3(b)所示。缩小静区的办法是选用高仰角天线减小电波到达电离层的入射角,同时选用较低的工作频率,以使得在入射角较小时电波不至于穿透电离层。

在天波传播模式下,存在一个最高可用频率(Maximum Usable Frequency,MUF)。最高可用频率是指给定通信距离下的最高可用频率,是电波能返回地面和穿出电离层的临界值,如果频率高于此临界值,则电波穿过电离层,不再返回地面。最高可用频率还和反射层的电离密度有关,所以凡影响电离密度的诸因素,都将影响最高可用频率的值。当通信线路选用最高可用频率作为工作频率时,由于只有一条传播路径,所以一般情况下,有可能获得最佳接收。考虑电离层的结构变化和保证获得长期稳定地接收,在确定线路的工作频率时,不是取预报的最高可用频率值,而是取低于最高可用频率的最佳工作频率(Frequency of Optimum,FOT),一般情况下 FOT＝0.85MUF,选用最佳工作频率之后,能保证通信线路有 90% 的可通率。

2. 短波多径传播

短波多径传播如图 7-4 所示,图 7-4(a)中的多径由天波和地波构成,图 7-4(b)中的多径由单跳和多跳构成,图 7-4(c)和(d)的情况是寻常波和非寻常波之间的干扰以及电离层的漫射构成的多径。多径传播主要带来时延和衰落两个问题。

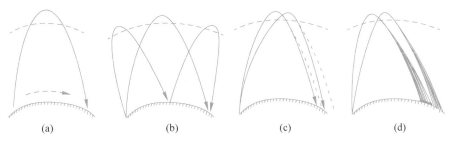

图 7-4 短波多径传播示意图

多径时延是指多径中最大的传输时延与最小的传输时延之差。多径时延与通信距离、工作频率和工作时刻有密切的关系。

1）多径时延与通信距离有较明显的关系

多径时延与通信距离的关系如图 7-5 所示。

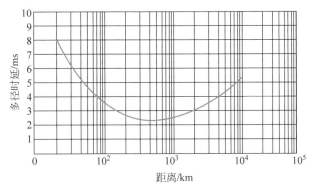

图 7-5 多径时延与通信距离的关系

在 200～300km 的短波线路上，多径时延最严重，可达 8ms 左右。在这样的距离上通常使用弱方向性天线，电波传播的模式比较多，而且在接收点的信号分量中各种传播模式的贡献相当，造成严重的多径时延。

在 2000～8000km 的短波线路上，电波在电离层与地面间多次反射，多径时延在 2～3ms。

当通信距离进一步增大时，由于不再存在单跳模式，多径时延又随之增大，当距离为 20000km 时，时延可达 6ms。

2）多径时延与工作频率有关

当频率接近最高可用频率时，多径时延最小，特别是在中午，D、E 层吸收较大，多跳难以实现，容易得到真正的单跳传播。当频率降低时，传播模式的种类就会增加，因而多径时延增大。当频率进一步降低时，由于电离层吸收增强，某些模式遭到较大的吸收而减弱，可以忽略不计，多径时延有可能减小。因此，要减小多径时延，必须选用比较高的工作频率。在短波数字通信中，多径时延会引起信号时间色散，导致码间串扰，增大误码率，因此选用工作频率一般要比短波模拟通信时略高一些才更有利。

3）多径时延随时间变化

电离层电子密度的变化，会造成多径时延随着时间的变化而变化。在日出日落时，电离层电子密度剧烈变化,多径时延现象最严重,也最复杂;中午和子夜时,多径时延一般较小且较稳定。

3. 短波信号的衰落

在电离层内电波传播过程中,电离层电特性的随机变化引起传播路径和能量吸收的随机变化,使得接收电平呈现不规则变化。短波通信中,即使在电离层的平静时期,也不可能获得稳定的信号。接收端信号振幅总是呈现忽大忽小的随机变化,这种现象称为"衰落"。持续时间仅几分之一秒的信号起伏称为快衰落,持续时间比较长的衰落(可能达 1h 或者更长)称为慢衰落。

慢衰落主要是吸收型衰落,电离层时变特性引起。电离层电子密度及高度的变化会造成电离层吸收特性的变化,从而导致信号电平的慢变化,其周期可从数分钟到数小时。日变化、季节变化及 11 年周期变化均属于慢衰落。吸收衰落对短波整个频段的影响程度是相同的。在不考虑磁暴和电离层骚扰时,衰落深度可能低于中值 10dB。

快衰落主要是干涉型衰落,随机多径传输引起。由于电离层媒质的随机变化,各路径相对时延也随机变化,使得接收端合成信号发生起伏。这种现象是多个信号的干涉所造成,因此称为干涉衰落。干涉衰落的衰落速率一般为 10～20 次/min,故也称为快衰落。干涉衰落具有明显的频率选择性。遭受干涉衰落的电场强度振幅服从瑞利分布。干涉衰落的深度可达 40dB,偶尔可达 80dB。

此外,短波信道还会发生极化衰落。由于地磁场的影响,发射到电离层的平面极化波,经电离层反射后,一般分裂为两个椭圆极化波,当电离层的电子密度随机起伏时,每个椭圆极化波的椭圆主轴方向也随之相应的改变,因而在接收天线上的感应电势出现相应的随机起伏。可见,极化衰落也是一种快衰落。不过,极化衰落的发生概率远比干涉衰落的小,一般占全部衰落的 10%～15%。

4. 短波多普勒频移

利用天波传播短波信号时,多径传播不仅造成信号幅度的起伏,还会引起信号相位的随机起伏。即使只存在一根射线,也就是单一模式传播的条件下,由于电离层经常性的快速运动以及反射高度的快速变化,使得传播路径的长度也不断变化,从而使信号相位随之起伏变化。当信号的相位随时间变化时,必然产生附加的频移。

如果在发送端发送的是一个单频(等幅、恒定相位的正弦波)信号,经多径传输后得到的接收信号不再是一条谱线的单频信号,高频载波的频谱将被展宽,这种现象称为多普勒频移或多普勒展宽。无线信道中的频率偏移主要是收发双方的相对运动而引起的。在短波信道中,电离层运动变化比较缓慢,因此多普勒频移一般比较小,不会超过几赫。若从时间域的角度观察这一现象,这将意味着短波传播中存在着时间选择性衰落。多普勒频移在日出和日落期间较严重,在电离层平静时期的夜间不存在多普勒效应,而在其他时间多普勒频移在 1～2Hz 的范围内。当发生磁暴时,频移最高可达 6Hz。

7.1.4 短波数据通信技术

短波通信原来主要用于话音通信,但各类数据信息包括数据传真、慢扫描图像和计算机等各类数据终端的数据,也希望能在短波信道上传输。由于短波波段可用频带窄,要达到短波数据传输具有高传输速率、高传输可靠性、强抗干扰性是十分困难的,短波通信主要靠天波传播,它的传输特性和传播条件比超短波和微波要差得多,必须深入了解短波信道特性及其对数字信号传输的影响,有针对性地采取有效的技术措施。

在短波数据传输中,短波信道对数据传输的影响主要有:

(1) 多径衰落引起的短波数据通信中的突发错误。

(2) 多径效应造成码元的时间扩展引起的码间串扰。

(3) 电离层的快速运动和变化引起多普勒频移,使发射信号的频谱结构发生变化造成数据信号的错误接收。

因此,抗多径衰落是实现短波数据通信的首要问题。在短波通信中,主要采用了以下几个方面的技术。

1. 调制技术

由于短波波段可用频带窄,可以采用调幅(AM)制,也可以采用调频(FM)制,但最常用,也是最重要的调制方式为单边带调幅制(SSB)。与常规的双边带调幅方式相比,SSB通信具有发射功率小、占用频带窄、能够进行多路通信等多方面的优点,特别适合在短波话音通信中应用。

短波通信用于数据传输,多径效应引起了时域扩展,若不采用专门的时域均衡措施,所能传输的最高码元速率仅为200Baud。采用专门的调制解调技术以后,可以将数据速率提高到2400kb/s以上。

1) 传输高速数据信号的调制技术

短波传输高速率数据信号的调制技术主要有并行体制和串行体制两种。

并行体制是将较长的串行码元数据变换为并行数据,然后利用足够数量且频率相近的并行低速子信道进行传输。虽然每个子信道传输低速数据,但多个子信道合并后的传输速率不低于2400b/s。子信道的间隔按照正交方式来分配,且子信道都处于一个标准的话音信道中,总带宽限制在300～3000Hz。每个子信道使用一个副载波(单音),通过被传输的二进制序列调制(通常采用DQPSK方式),调制后的单音同时并行发送,合成信号送往发射机。在接收端,由于所有单音在解调器进行检测的时间内是彼此正交的,从而保证了解调器能正确分路进行解调,恢复出发送的数据。在并行体制下多频同时发送会导致发射功率分散、信号峰值功率和平均功率比(峰均比)高等缺点;但是技术成熟,成本低,具有较高的性价比。并行体制原理框图如图7-6所示。

串行体制是在一个话路带宽内采用单载波串行发送高速数据信号,因此提高了高频发射机的功率利用率,克服了并行体制功率分散的缺点。由于串行体制采用了高效的自适应均衡、序列检测和信道估值等综合技术,通过这些技术,可以跟踪短波信道的时变色散特性,从根本上克服了多径传播和信道畸变所引起的码间串扰。串行体制原理框图如图7-7所示。通常有判决反馈均衡器(DFE)体制、最大似然序列估计(MLSE)体制和DFE与MLSE组合体制三类单音串行调制解调器,这里不再赘述。

从发展的角度看,串行体制提高数据速率的潜力较大。

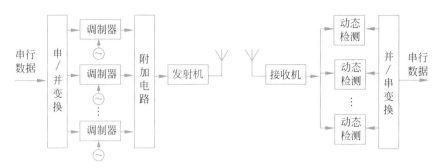

图 7-6　并行体制原理框图

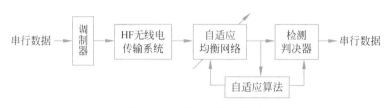

图 7-7　串行体制原理框图

2）时频组合调制

时频调制（TFSK）是一种组合调制，它是由时移键控和频移键控（FSK）组合而成的。时频调制是指在一个或一组二进制符号的持续时间内，用若干个窄的高频脉冲的组合来传送原二进制数据。每个高频脉冲在不同的时隙内具有不同的频率。这种由不同时隙和不同频率所构成的信号形式称为时频调制信号。

若将一个二进制码元分成两个时隙，每个时隙内分别发送两个载频 f_1、f_2 中的一个，则称为二时二频制，是时频调制中最简单的一种波形。具体来说，对于二进制数据 1，在前一个时隙发送 f_1，后一个时隙发送 f_2；对于二进制数据 0，在前一个时隙发送 f_2，后一个时隙发送 f_1。二时二频制信号的频率组合见表 7-3。

表 7-3　二时二频制信号的频率组合

1		0		1		1		0	
f_1	f_2	f_2	f_1	f_1	f_2	f_1	f_2	f_2	f_1

类似地，也可以把一组码元分成四个时隙，并在不同时隙内发送四个不同的频率，这种方法称为四时四频制。四时四频制可以传送一组两个二进制符号，称为四进制四时四频，也可以传送三个二进制符号，称为八进制四时四频。对应的信号频率组合见表 7-4。

表 7-4　八进制二时二频制信号的频率组合

000				001				010				011			
f_4	f_3	f_2	f_1	f_1	f_3	f_4	f_2	f_2	f_1	f_4	f_3	f_2	f_4	f_3	f_1
100				**101**				**110**				**111**			
f_3	f_1	f_2	f_4	f_3	f_4	f_1	f_2	f_4	f_2	f_1	f_3	f_1	f_2	f_3	f_4

可见，时频调制实际上是用编码的方法来传送信息的，因此也称为时频编码调制。

若与频率跳变系统相比较,也可以把这种时频调制系统看成一种比较简单的频率跳变系统,因为它具有频率跳变系统的一些特点。

时频调制的主要优点是它能够抗瑞利衰落。由于一个二进制符号就发送两个或多个不同频率的高频脉冲,只要选用的频率之间有足够的频率差(大于 500Hz),不同频率之间就具有几乎不相关的衰落特性,可以达到频率分集的效果。时频调制可以克服分集接收的一些不足之处,如可能造成的功率分散、设备复杂度增加等。另外,如果采用比较好的编码方式,时频调制不仅可以在抗衰落方面达到分集接收的效果,而且可以起到抗码间串扰的作用。

2. 短波通信抗衰落技术

短波通信中除信号会产生快衰落、慢衰落和极化衰落外,短波波段受工业和无线电干扰也很严重,所以研究抗衰落和抗干扰技术是实现短波波段有效通信的关键。

1) 增加发射功率

吸收型衰落(慢衰落)是电离层电子密度及高度的变化造成电离层吸收特性的变化而引起的。针对短波通信中的慢衰落,可以通过增加发射机功率来补偿传输损耗。根据测量得到的短波信道传输损耗中值的典型概率分布,可以预计在一定的可通率要求下所需增加的发射功率。通常,要保证 90% 的可通率,应补偿的传输损耗约为 −130dB;若要求 95% 的可通率,则应补偿可能出现的 95% 的传输损耗。

2) 传统抗衰落技术

干涉型衰落(快衰落)是随机多径传输引起的。虽然同样可以通过增加发射功率来对抗,但是单纯通过增加功率来补偿快衰落是不经济的。例如,可通率为 50% 时,发射功率是 100W;可通率提高到 90%,则需要增加发射机的功率提高到 660W;可通率为 99.3%,则发射机功率应为 10kW。所以,通常除了为补偿快衰落留有一定的功率余量外,主要采用分集接收、交织、时频调制和各种信道编码等抗衰落技术进行有效对抗。

针对极化衰落,可采用不同极化的天线进行极化分集接收。

3. 自适应选频技术

为了保证短波通信的质量,通信系统必须做相应的调控,以适应电离层的变化。一个短波通信系统建成以后,就确定了电台的发射机功率和接收机灵敏度,天线一般也不能随意变动,通信过程中只能通过调整工作频率来适应电离层的变化。所以,在短波通信系统中工作频率的选择非常重要。如果不能正确地选择工作频率,就很难保证通信质量,甚至不能正常通信。

传统的短波无线通信采用人工选择频率的方式,即根据在以往通信中积累的工作记录以及长期预报提供的最佳频率信息,通信双方预先制定好一张频率-时间呼叫表。通信时,根据此表,在提供的某段频率中的一小组信道上,由发送端操作员在不同频率上轮流发送呼叫信号,同时,接收端操作员利用一组接收机监视这些信道,一旦收到发送端呼叫,则人工选择一个最佳的接收频道,发回应答信号。这种人工选频的方法,不仅时效低,而且对短波通信操作人员的专业素质要求很高,通信质量也无法得到保证。尤其是当出现电离层骚扰和电离层暴时,这种联络方法往往会失败。

长期频率预报是根据太阳黑子数来预测通信电路的最高可用频率,但是这种方法工作频率不能实时跟踪电离层的变化,效果也不理想。

因此,要实现高质量的短波通信必须采用自适应技术。在通信过程中,通过不断测试短波信道的传输质量,实时选择最佳工作频率,使短波通信链路始终在传输条件较好的信道上。

典型自适应选频系统通过线路质量分析(Line Quality Analysis,LQA)、自动链路建立(Automatic Line Establishment,ALE)和自动转换信道切换三个环节,使无线电台在最佳信道上自动建立通信。

1) 线路质量分析

线路质量分析是一种实时选频技术。对信道进行 LQA 就是对参量进行测量和统计分析,利用电离层脉冲探测、Chirp 探测、导频探测等技术实时地获取信道参数,通过这些参数来定量描述信道的状态和对传输某种通信业务的能力。这一过程称为实时信道估值(Real Channel Evaluation,RTCE)技术。为适应不同系统自适应功能的要求,将探测到的信道参数通过自适应信号处理技术进行快速准确的计算、分析和处理,然后根据计算结果对信道进行评分和排序。LQA 的结果存储在 LQA 矩阵表中,当装配有自适应控制器的电台要进行选择性呼叫时,便依据 LQA 的结果,自动地在最佳信道上进行呼叫。在自适应系统中可以根据需要随时或定时进行 LQA。可以进行点对点的 LQA,也可以进行网络的 LQA。网络 LQA 着眼于测量网络中各台站之间公共信道的线路质量,然后得到网络信道评分。

线路质量分析测量的信道参量通常为信噪比和时延散布,由这些参量可以推算出通信系统的通信质量,从而进行信道排序。也有许多自适应电台直接测量二进制码元的比特错误率(BER),通过 BER 对信道优劣进行排序。

2) 自动线路建立

自动线路建立是短波自适应通信最终要解决的问题。短波通信的主呼台和被呼台各自不同的 ALE 过程如下:

(1) 主呼台选择性呼叫。主呼台的自适应控制器根据线路质量分析的结果,在 LQA 矩阵表中选出最佳信道。首先在最佳信道上进行呼叫,如果不能和被呼台建立通信,则试用次佳信道。如果仍不能建立通信,则试用第三个信道。这一过程一直持续到电路沟通为止。一旦呼通,两个电台均发出"音鸣"信号,通知操作员可以正常通信;如果在所有信道上均无法建立通信,那么呼叫台将显示出相应的信息。

(2) 被呼台预置信道扫描。当操作员发出扫描命令后,自适应电台便进入预置信道扫描状态。扫描速率一般是每秒 2 个信道,即每个信道的扫描驻留时间为 0.5s。电台根据内存中存储的预置信道信息,周而复始地在一组频率上进行扫描。当在某个信道上接收到呼叫该台的信号时,该电台便自动停止扫描,并在该信道上向主呼台发出"响应"信息;当再次从主呼台收到"认可"信息后,被呼台即完成了 ALE。若电台未收到呼叫信号,则继续扫描。

通过线路质量分析、自动选择呼叫及预置扫描信道,自适应电台便能在较好的信道上自动建立起短波通信。

3）自动转换信道

电台之间的通信链路在某一信道上建立以后，在进行通信的同时，电台仍然对该信道的通信质量不断进行检测。当该信道突然遭到强烈的无线电干扰，致使信道质量下降到低于门限值时，通信双方将自动转入下一个信道工作。

上述短波自适应选频的三个环节是建立在实时信道估值技术、自适应信号处理技术和自适应信号控制技术基础上的。在短波自适应通信中，随着自适应功能不断增强，控制的参数也不断增加，控制能力不断增大，需要自适应设计者统观全局、综合分析，获得尽可能多的自适应能力。

4. 短波扩跳频通信

短波直接序列扩频通信系统通常以话音频带的带宽（3kHz 左右）来传送扩频信号，即短波窄带扩频系统。由于信道带宽有限，信号传输速率受到较大限制，以码片速率为 2400kc/s 为例，如果扩频增益为 15 倍，则数据速率为 160b/s；如果扩频增益为 31 倍，则数据速率为 80b/s。扩频增益太低，扩频系统的优点体现不出来，扩频增益提高了，码片速率又太低，这是一对矛盾。为了提高码速率，可以采用多进制正交扩频技术（软扩频）进行传输，适当提高效率。正是这个原因，短波通信中这种窄带扩频系统用得不多，更多的是采用宽带扩频系统，即跳频扩频系统。

跳频扩频通信是短波扩频通信中使用比较广泛的一种形式，尤其是在军用电台中大量采用。在短波通信中使用 FHSS 有抗干扰能力强、抗截获能力强、抗多径衰落效果好、便于实现 CDMA、便于组网、便于和定频电台兼容、对"远近效应"不敏感等优点。20 世纪 80 年代以来，短波跳频通信技术不断得到发展，先后经过了常规跳频、自适应跳频和高速跳频三个阶段。

短波常规跳频通信即中低速跳频通信，它是在短波通信中运用较早的一种抗干扰技术体制。存在的问题是跳速低、跳频带宽窄。

自适应跳频通常有两种类型：一是跳频技术与频率自适应功能结合，在跳频同步建立前，通信双方首先在预定的频率表中通过自适应功能选出"好的频率"作为跳频中心频率，然后在该频率附近跳变；二是跳频通信过程中自动进行频谱分析，不断将"坏频率"从跳频频率表中剔除，将"好的频率"增加到频率表中，自适应地改变跳频图案，以提高通信系统的抗干扰性能并尽可能地增加系统的隐蔽性。

为了提高短波通信系统抗干扰、抗多径、抗衰落能力，增强通信的隐蔽性，提高短波通信的跳频速率是一种有效的途径。很多研究者提出了在短波波段采用"宽带高速跳频"的技术体制。美国的 HF2000 短波数据系统，跳速可达 2560 跳/s，数据传输速率达 2400b/s。美国的 CHESS 电台的跳速为 5000 跳/s，其中 200 跳用于信道探测，4800 跳用于数据传输，每跳传输 1～4 位数据，数据传输速率为 4.8～19.2kb/s。

5. 软件无线电技术

软件无线电是把硬件作为无线通信的基本平台，把尽可能多的无线通信功能用软件实现。这样无线通信新系统、新产品的开发将逐步转到软件上来，而无线通信产品的价值将越来越多地体现在软件上。

软件无线电充分利用嵌入通信设备里的单片机和专用芯片的可编程能力,提供一种通用的无线电硬件平台,这样既能保持无线电台硬件结构的简单化,又能解决拥有电台类型及性能的不同带来的无线电联系的困难。软件无线电就可以像个人计算机一样不断升级换代,具有较长的生命周期。

软件无线电摆脱了单一用途的设计思想,通过一种模块化的通用硬件平台,把电台提供的业务从基于硬件特性的方式中解放出来。其优点:软件无线电的特点和体系结构保证了电台的模块化、通用化、系列化设计,有利于统一各类电台装备的技术体制;软件无线电台的使用可以大大减少无线电设备保密机的品种和数量,降低电台的装备费用和维修费用;通过集成各种通信频段、调制方式、抗干扰模式及灵活的组网方式,使各种电台的协同通信能力明显增强;未来的软件无线电甚至可以实现无感觉地自动选择并接入不同的通信网络,选择最佳的通信模式、发送探寻信号建立通信链路,采用合适的通信协议和信号格式进行通信。

7.1.5 航空短波通信电台

航空短波(HF)通信系统是一种远距离的飞机与飞机之间、飞机与地面之间的通信系统,如图 7-8 所示。它是利用电离层的反射现象实现电波的远距离传播,所用的频率范围为 2~30MHz,从最早时候开始就是飞机通信的固有频带。

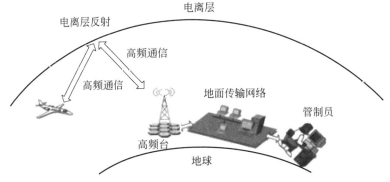

图 7-8　航空短波通信系统

早期航空短波通信系统主要用于话音通信,航空短波话音通信系统的主要通信设备是以调幅或单边带方式工作的高频发射机和高频接收机(航空短波话音电台)。现代航空通信迫切需要利用短波通信系统实现在飞行器和地面站之间进行超视距数据传输及信息交换。随着短波数据通信技术的日益成熟,航空短波通信系统已经具备话音/数据通信能力、自适应选频能力以及模拟话音跳频通信能力。

下面以机载第二代短波系统为例说明航空短波电台的组成,原理方框图如图 7-9 所示。电台主要包括天线适配器、HF-SSB 发射机、HF-SSB 接收机、自适应选频(ALE)模块、调制解调器(MODEM)模块、扩频模块、控制系统。

发射机与接收机。发射机通过单边带调制技术进行信号的调制,通常话音调制的带

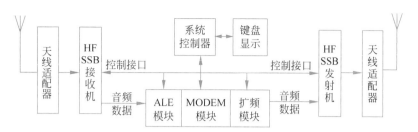

图 7-9　机载第二代短波系统框图

宽为 300～2700Hz，载波间隔为 1kHz。机载电台的允许峰值功率一般为 26dBW（最大 400W 进入天线传输线），在一些特殊环境，600W 也是允许的，地面台发射功率可以达到 37.78dBW（6kW）。机载发射机的频率准确度为 20Hz，地面发射机频率准确度为 10Hz。这一限制保证了信道内的带外泄漏在安全水平。接收机频率稳定度必须小于 45Hz，表面上看起来与发射机指标不一致，实际上这一指标的信号捕获效应能够确保短波接收机锁定接收信号。典型接收机灵敏度为 2μV/m。

　　飞机高速飞行带来严重的多径衰落和较大的多普勒频移，使短波自动链路建立 ALE、短波数传 MODEM 和短波自适应跳频成为航空短波通信的三大关键技术。因此，在航空短波通信系统中设计了 ALE、MODEM、扩频三大模块。

　　自适应选频完成的功能包括 ALE 通信协议、前向纠错（FEC）、交织与去交织、冗余与大数判决、8PSK 信号的调制与解调、信噪比与误码率的测量、同步与多普勒频率校正、线路质量分析等。LQA 是短波自适应选频系统中的一个重要功能，它通过测量线路信噪比和误码率，为线路使用者提供线路质量的优劣情况，自动选择最佳的工作频率。

　　调制解调器通常采用单音串行和多音并行两种调制解调器。

　　设计扩频模块的目的是提高抗干扰、抗截获能力，提高传输容量。在短波通信中，每一条传播路径都受到空间损耗、电离层吸收和地面反射损耗等因素影响，导致短波通信中的扩频带宽不能超过 2MHz。当前，航空短波系统主要采用的扩频模块设计有直接序列扩频、多进制正交码扩频和短波高速跳频。

　　为了充分保证航空通信的可靠性，航空短波通信系统需要满足相应的技术指标。现代航空通信，除了广泛使用的 VHF/UHF 数据链以外，在远距离飞行时，需要通过 HF 通信系统完成地面与飞机间的数据传输，用于增强导航、监视和通信性能。在民用航空通信领域，国际民航组织于 1999 年将 HF 数据链应用于飞机通信寻址与报告系统（ACARS），ITU 也在 1998 年 7 月提供了 HF 数据链的相关频带服务。

7.2　航空超短波通信系统

视频

　　航空超短波（V/UHF）通信系统是指通过发射米波（波长范围为 1～10m）、频率范围为 30～300MHz（军用航空通信通常向上扩展至 400MHz）的无线电波来实现信息传输的通信系统，该频段电磁波为直线传播方式。航空超短波通信的优点是视距传播特性好，可用频带宽，通信信道稳定，传输速率高，通信质量较好，可靠性和可用性远高于 HF 通信。航空超短波通信主要用于近中程距离的数据传输,是航空移动通信的主流,航空遥测遥控、空中交通管理系统、数据链传输都是基于超短波通信建立起来并逐渐融合其他通信方式的,民用航空数据链的 VDL 系统、联合战术信息分发系统(Joint Tactical Information Distribution System,JTIDS)系统也都是基于超短波通信进行部署的。超短波通信在未来全球互联互通的航空通信网络中仍将占据重要地位。本节仅介绍航空超短波系统设计及典型电台结构,关于超短波航空数据链系统,将在第 8、9 章专门介绍。

7.2.1 航空超短波通信发展阶段

V/UHF 航空通信始于 1917 年,经过一个世纪的发展,民航空管通信和军用航空通信都建立了许多系统,并且逐步走向规范化。航空领域中,V/UHF 通信的发展经历了以下四个阶段:

第一阶段:军民共用 VHF 航空通信。1947 年以前,在航空工业发展的初期,没有无线电通信,航空飞行执行的是目视飞行规则,这种方法显然会产生各种误解。1917 年首次成功实现空地、地空无线电通信,但目视飞行规则一直使用到 20 世纪 30 年代末。航空无线通信系统最早使用的是 3~30MHz 的 HF 频段,甚至是更低频段,系统容易受到天电噪声和大气噪声的影响。20 世纪 40 年代,随着飞机和地面之间可靠通信需求的不断增长,VHF 频段信号对于大气噪声的免疫,加上低功率传输能力的出现,118~132MHz 频段、信道间隔 200kHz、模拟制的 VHF 通信开始广泛应用于航空移动(航线)服务系统(AM(R)S)和航线外服务系统(AM(OR)S),主要用于飞行协调、境外和国际间民航航线通信,并被扩展到军用航空通信。这个阶段的军事航空通信系统与民用航空通信使用相同的体系和设备,不同点是军用航空具有专用性和保密性。随着 AM(R)S 和 AM(OR)S 系统的建立,军航和民航逐渐分离。

第二阶段:军事航空与民用空管通信频段分离。1947 年后,战术指挥航空通信与民航空管通信的使用频段逐渐分离,信道划分更加细化。航空管理 VHF 主要使用 108~137MHz 频段,采用 AM 调制,航空战术与指挥将使用频率转移扩展到了 137~144MHz 甚至更高,此频段通常也使用 AM 调制。这一阶段信道间隔逐渐从 100kHz 过渡到了 25kHz。

第三阶段:V/UHF 数据链的使用。进入 20 世纪 70 年代,随着航空技术的发展,飞行高度、飞行速度的攀升,作战平台类型的增多,战场态势越来越复杂,需要发展更加安全可靠的自动化航空管理系统,结合无线数字通信技术的发展,航空数据链应运而生。70 年代后期,出现的第一个系统是飞机寻址与报告系统(ACARS)。这一阶段,军事航空通信领域,为了提高军事航空的通信效率,保证通信的可靠性、抗干扰性和生存能力,航空战术指挥通信逐步使用了 UHF 频段,将通信频段扩展到了 225~400MHz、420~450MHz 和 JTIDS 数据链使用的 960~1215MHz。

第四阶段:信道划分进一步窄带化。随着无线通信技术的不断发展,频谱资源日趋紧缺,而航空通信业务却在不断朝大数据量、多用户接入这一方向发展,因此,迫切需要对信道的划分进一步窄带化,增加可用信道数,从而提高频率利用率。1996 年,欧洲首先提出了 8.33kHz 的航管通信信道分配,使得可用信道数大大增加。现阶段,航空通信领

域的信道划分与区域内航空业务数量是相关的,例如,欧洲地区航运发达,全部采用
8.33kHz 的信道分配,而美洲地域较广,为维护技术的独立性和延续性,坚持使用 25kHz
信道分配,有些地区甚至还在使用 50kHz 和 100kHz 的信道分配。军事航空通信领域,
关注点在于不断完善通信体系,增强通信的抗干扰性、抗截获性、保密性等性能,对于更
加细化的信道划分则依据战术需要而定。

7.2.2 航空超短波通信系统设计

航空 V/UHF 通信系统的设计涉及信号传播模式、覆盖范围、系统容量、通信质量等
方面。下面参考无线电通信工程行业部门的经验,利用公共蜂窝移动通信相关的概念,
来分析设计航空 V/UHF 通信系统。

1. V/UHF 航空通信信号的传播特性

航空超短波通信主要为飞机提供在高速移动条件的空对空和空对地的信息传输。
图 7-10 给出了超短波航空通信的基本传播模式,图中综合了反射、折射、散射、直射 LoS、
阴影衰落传播模式。V/UHF 航空通信信道的传播特性主要有以下特点:

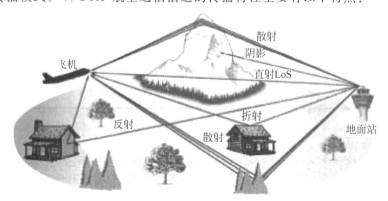

图 7-10 V/UHF 航空通信基本传播模式

（1）电波以视距传播方式为主,受地球曲率的影响,其通信距离主要与收发双方的天
线高度相关。

（2）视距传播条件下,信道较为稳定,通信质量较好,但是传输过程中容易受到飞行
器自身以及地形地物的影响。

（3）因为航空器的飞行高度和飞行速度,与陆地无线信道相比,航空超短波信道表现
出比陆地无线信道更强的多普勒频率扩展和更大的多径时延。

第 2 章中阐述的无线移动信道的衰落特性、航空信道模型和各种抗衰落技术均适用
于航空超短波通信,这里不再阐述。

2. V/UHF 航空通信系统信号覆盖

1）V/UHF 视距传播距离

V/UHF 频段采用直射方式即视距通信方式,地球曲率成为影响传输距离的最重要
因素。如图 7-11 所示,设超短波台站的发射天线高度为 h_1,接收机接收天线高度为 h_2,

则收发双方视距最远传输距离 d 可表述为二者连线与地球球面的切线。

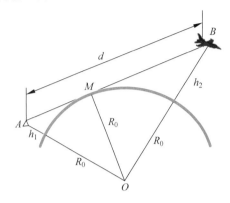

图 7-11　超短波视距传播极限距离

设地球半径为 R_0，则有

$$AM = \sqrt{OA^2 - OM^2} = \sqrt{(R_0 + h_1)^2 - R_0^2} = \sqrt{2R_0 h_1 + h_1^2} \tag{7-1}$$

$$BM = \sqrt{OB^2 - OM^2} = \sqrt{(R_0 + h_2)^2 - R_0^2} = \sqrt{2R_0 h_2 + h_2^2} \tag{7-2}$$

$$d = AM + BM = \sqrt{2R_0 h_1 + h_1^2} + \sqrt{2R_0 h_2 + h_2^2} \tag{7-3}$$

将地球半径 $R_0 = 6370\text{km}$ 代入并化简，可以得到视距传播最大通信距离为

$$d = 3.57(\sqrt{h_1} + \sqrt{h_2})(\text{km}) \tag{7-4}$$

式中：h_1、h_2 的单位为 m；d 的单位为 km。

实际航空通信信道中，电波在大气层中传播。由于大气层并不是均匀介质，当一束电波通过折射率随高度变化的大气层时，由于不同高度上的电波传播速度不同，从而使电波射束发生弯曲。大气折射率引起电波传播方向发生弯曲的现象称为大气对电波的折射。大气对电波传播的影响，工程上通常用"地球等效半径"表征，即认为电波依然按直线方向行进，只是地球的实际半径 R_0 变成了等效半径 R_e。在标准大气压下，等效地球半径 $R_e \approx 8500\text{km}$。由此对式(7-4)进行修正，可以得到

$$d = 4.12(\sqrt{h_1} + \sqrt{h_2})(\text{km}) \tag{7-5}$$

可见，大气折射有利于超视距的传播，但在视线距离内，因为折射现象所产生的折射波会同直射波同时存在，从而也会产生多径衰落。

典型航空通信场景下，地面台站发射天线高度 h_1 多为 10m 量级，而接收机天线即使位于飞机平台上高度也多为万米量级。例如，$h_1 = 9\text{m}$，$h_2 = 10000\text{m}$，则理论上，最远通信距离被限制在 $d = 4.12(\sqrt{9} + \sqrt{10000}) \approx 424(\text{km})$ 以内。

2）V/UHF 航空通信系统的覆盖

对于蜂窝移动通信系统，通信的覆盖是指移动通信的基本覆盖区域，通常分为郊区和城市覆盖区域。在航空通信领域，可以等效划分为远距离航线覆盖区域、末端区域或本场区域。

根据式(7-5)给出的发射天线与接收天线高度（机载设备可采用飞机飞行高度代替）

与视距传输距离或通信覆盖半径之间的关系,可以得到地面基站高度与通信覆盖之间的关系图,如图 7-12 所示。

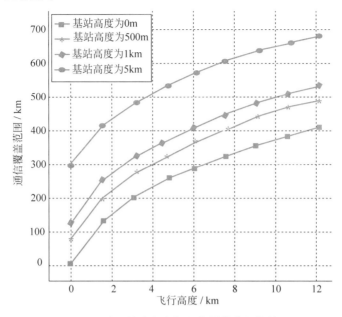

图 7-12 地面基站高度与通信覆盖范围的关系

通常来说,视距传输通信距离可以看作是远程 V/UHF 通信的限制因素,在水平面上,有障碍的无线电传输途径衰减非常快,因此有效的可用通信覆盖边界通常与水平方向传输范围是相近的。这个覆盖理论同样适用于航线上的飞机通信和高空通信。然而这种 LoS 模型不适合低空飞行状态时的非视线通信,如本场区域或机场附近的地面上,这种现象在山区尤其明显。在这些情况下,无线电波传输会发生折射或反射,两径传播模型比较适合于这种场景。按照标准,障碍物和平滑衍射通常可增加自由空间 LoS 路径损耗达到 10dB 以上。

鉴于以上分析,系统设计时还需考虑一些通用指导原则:①对于高空飞机,可以假设 LoS 链路只在水平方向有传输距离限制,其链路预算可正常计算,对于山区或海面之上的飞行,则需要考虑更多的因素。假设地面的通信基站按照网格结构部署,此时的通信覆盖可视为高空飞机地毯式覆盖。②对于地面通信链路和低空飞行时的通信链路,需要注意地形、建筑群,以及其他导致 LoS 链路传输中断的任何可能的障碍物,此时的地空通信覆盖图中,每个地面基站的覆盖区域都是根据地形和障碍物部署建立起来的不规则平面图形。注意,基于这两种指导原则设计的覆盖范围都需要通过实际测试进行验证和拓扑调整以满足连续覆盖的要求。

国际民用航空组织(ICAO)对于覆盖的相关细则:①在飞机巡航阶段,通信覆盖基本可达 350km,LoS 链路是收发两端天线高度的函数;②对于一些地面通信,由于路径障碍和反射,连续通信覆盖需要通过多个基站和多条信道完成。

对于地空飞行状态,LoS 通信链路可能不存在,为了能够实现灵活的通信覆盖,广泛采用两种技术来克服这一问题：一是区域内频率合并；二是采用填补载频技术。这两种技术的结果都是通过不完全使用操作设备来达到覆盖区域的切分。

（1）频率合并。假设由独立的空中交通管理区域组成的通信覆盖区域，在高峰期，峰值实时计数显著下降，只需要一个管理中心覆盖所有的通信区域。此时可以通过将所有信道的频率进行合并使用，使得所有的 ATC 信息在所有的频率信道传输，在接收端控制台通过选择电路挑选出信号最强的话音流。频率合并后的覆盖示意图如图 7-13 所示，区域内的通信覆盖由三个分区组成。

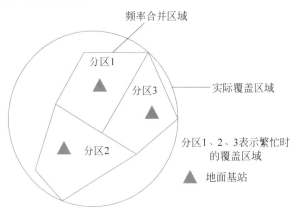

图 7-13　频率合并后覆盖示意图

频率合并后的信号选择可以把信噪比、信号强度原则或误比特率（BER）等作为实现分区使用与否或频率是否切换的依据。

（2）补偿载波技术扩展覆盖区域。有些情况下，分区的拓扑不太容易将其覆盖区域借给某一个地面基站完成覆盖，此刻可以考虑通过 4 个分离的地面基站组成的特殊五边形区域模式完成渗透覆盖，工作模式如图 7-14 所示。

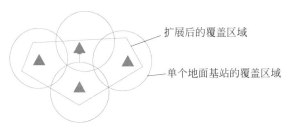

图 7-14　扩展覆盖工作模式

3. V/UHF 航空通信系统容量

通信容量可以用来说明整个网络或某一覆盖区域内的移动通信的质量，可定义为区域内接入的通信数量或单个区域单个用户所需的流量。通常，通信网络是按照最大容量要求设计的，在航空通信领域按照瞬间峰值飞机数量设计。

航空通信容量对于飞行非常繁忙的地区是一个瓶颈，一般通过如下几种方案提高区域内的通信容量：

（1）信道细化分配。信道细化是指航空通信系统将操作流量分配到一定数量的控制信道中。在飞机密度较低的郊区上空,一个信道可完成所有的通信任务。信道细化的另一种描述就是将单个信道占用的带宽降低到通信可接受的最小带宽,如从 25kHz 变换到 8.33kHz。

(2) 干扰控制。干扰控制是指系统在不同区域使用相同通信频段时的相互影响最小化。理想状态下,干扰可以减小到 0,而在实际系统中,由于频率资源的紧缺性,区域间的干扰只要能控制在系统设计可接受的范围即可。设计航空通信系统时定义了同频干扰和邻频干扰标准。通用的干扰控制空域-频域方法就是频率复用,即相邻的通信覆盖区域使用不同的通信频率。

(3) 信道聚合。航空通信中的频率聚合是指在郊区使用可用频段的一部分,而在通信热点地区通过复用方式将所有频段应用于飞机通信系统。

(4) 信道保护。在航空通信系统中,存在着优先级不同的各种业务,因此分配后的各个子信道也具有不同的优先级。如空中交通管制(ATC)系统中的信令通道和着陆指挥信息优先级高于航空运行通信(AOC)的业务。因此,对于高优先级的信道是密闭专用的,在应急通信频段(121.5MHz),两个 25kHz 信道相互之间是封闭的。

在硬件设计层面,解决机载设备容量限制的办法是安装多个工作信道不同的收发信机。在地面通信站的设计中,一般由多个基站收发信机与一套收发天线组成。

4. V/UHF 航空通信系统的通信质量

超短波航空通信质量主要包括:信道的可用性和可靠性;通信链路建立的阻塞率;通信链路掉线率;通信链路建立的延迟;可用信道传输的信噪比或 BER。

在传统无线通信系统中,覆盖是首先考虑的,在业务量较大的系统设计中,容量需要优先考虑,通信质量通常放在系统设计需求后考虑。这主要是因为通信质量和服务业务需求相关,可通过信号处理等方式相对微观地改进,而覆盖和容量是较为宏观的基础。

超短波航空通信中通信质量的具体指标:信道可用性和可靠性为 $99.9\% \sim 99.999\%$;由于航空通信中各业务都有专用信道,因此掉线率和阻塞率主要与信道可靠性相关;话音信号的解调率 SNR=15dB 时为 85%;数据通信的 BER 范围为 $10^{-4} \sim 10^{-7}$。

7.2.3 航空超短波通信电台

1. 常规超短波电台

航空超短波通信系统的主要设备为超短波通信电台。以军用机载电台为例说明超短波电台的组成。在军用航空超短波电台(V/UHF 电台)的设计中,需要实现多种通信方式,能完成半双工和全双工通信或者是半双工数话同传,还要兼容定频、跳频。系统的基本设计包括接收机、发射机、频率合成器、加密与跳频控制、接口与控制面板、话音处理、供电等模块组成,系统框图如图 7-15 所示。

发射机模块由调制环和功放组成,主要完成发送信号的调制、放大与滤波。在发射状态下,来自前级单元的中频调制信号分成两路:一路送至接收单元的高放模块,为接收机自检使用;另一路送至发射机的射频环单元,该已调中频信号在射频环单元内与来自频率合成器的本振信号和射频环的 VCO 振荡信号或 DDS 信号一起完成锁相变频,可产

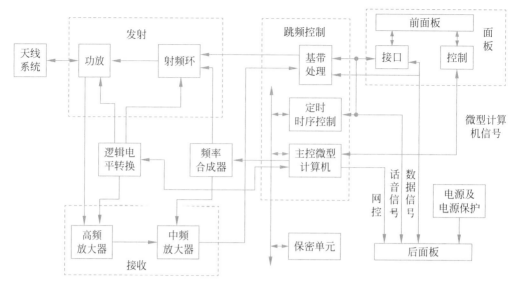

图 7-15　机载 V/UHF 通信电台框图

生 30～87.975MHz、138～144MHz 和 225～399.975MHz 范围内的已调射频信号,完成频率搬移,射频环输出的已调射频信号送至功放单元后完成功率放大和分段滤波,经收发开关再送至天线。

(1)射频单元:射频锁相环为发射机的激励部分,完成对跳频主控单元送来的已调信号频谱搬移到发射机所要求的范围内,同时将频率合成器可控频率范围扩大 1 倍,为功率放大器提供 26dBm 的激励信号。带有混频器的锁相环包括混频器、低通滤波器、鉴相器,环路滤波器、压控振荡器和射频放大器等部分。

直接数字频率合成器(Direct Digital Frequency Synthesizer,DDS)主要由标准参考频率源、相位累加器、波形存储器、D/A 转换器和低通平滑滤波器构成(图 7-16),参考频率源通常采用高稳定度的晶体振荡器。DDS 的实质是对相位进行可控等间隔的采样。

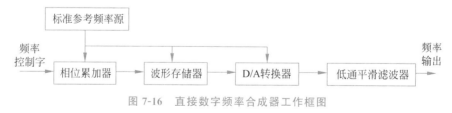

图 7-16　直接数字频率合成器工作框图

(2)功放单元:由一个接收通道、一个发射通道和一个收发转换开关组成。发射通道的输入来自射频环的输出。接收通道的输出送到调谐高放的输入端。功放单元的主要功能是将射频环输出的激励信号放大到额定功率输出。它还提供一个收发转换开关,发射通道包含一个射频放大器、三个不同频率范围的带通滤波器和两组相应的电子开关,以及高低功率开关、功率控制与保护、功率检测等。

接收机模块由高放、中放两部分组成,主要是完成接收信号的放大、滤波和解调。其具体过程:在接收状态下,来自天线端口的已调射频信号经收发开关送至高放单元,在高放单元内经预选滤波、低噪放大和滤波后送至中放单元,信号在中放单元内与来自频率合成器的一本振信号进行混频;混频后输出信号经晶体滤波器滤波后产生一中频信号,一中频信号与中放单元内的二本振信号进行二混频,输出信号经陶瓷滤波器滤波后产生二中频信号,二中频信号送至中放单元内的限幅放大鉴频电路,鉴频输出的解调音频信号经低通滤波分三路输出,第一路作为中放单元内解调信号的幅度检测使用,第二路送至带通滤波器后经放大检波作为导频信号检测器用,第三路经放大后送至终端作为话音或数据接收用。

2. 基于软件无线电的超短波通信系统

随着通信技术的发展,新的超短波电台越来越多地采用一种新的体系结构——软件无线电。基于软件无线电技术设计超短波通信系统可通过构造一个标准化、模块化的通用硬件平台,通过软件实现工作频段、调制解调类型、数据格式、加密模式和通信协议等的设定,使得 A/D 和 D/A 转换器尽可能地靠近射频,提高系统的通用性。

超短波软件无线电的理想设计框架是应用宽带多频带天线,在天线的后端进行宽带 A/D 采样,并将采样后的信号传输到通用数字信号处理器中进行处理。超短波软件无线电理想结构框图如图 7-17 所示。

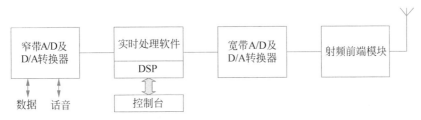

图 7-17　超短波软件无线电理想结构框图

这一架构具有非常大的通用性,可用来实现多频段、多调制方式和多址方式,构成多体制的通用无线通信系统。但是,当前的数据采样和数字信号处理能力有限,因此可使用超短波软件无线电中频数字化结构。在这种结构中,接收部分射频前端电路由带通滤波器、放大器、混频器和本地振荡器等部分组成,主要功能是将接收到的射频信号变换为适合于 AD 采样的中频信号;发射部分的射频前端电路由带通滤波器、功率放大器、混频器和本地振荡器等组成,主要功能是将 D/A 输出的中频信号变换为适合于天线发射的射频信号。数字下变频器的主要功能是对 A/D 输出的数字化中频信号进行数字混频和抽取,将中频信号变换为基带信号同时降低采样速率;数字上变频器的主要功能是对 DSP 输出的数字化基带信号进行数字混频和内插,将基带信号变换为中频信号同时增加采样速率。基于软件无线电的超短波通信系统中频数字化结构框图如图 7-18 所示。

基于这种设计,就可将跳频等环节以软件模块的形式应用进来,满足保密性和抗干扰等性能要求。

按照中频数字化超短波无线电设计,硬件设计中核心是中频宽带 A/D、D/A 转换和信号处理单元。图 7-19 为通用超短波中频数字化软件无线电的硬件设计图。信号经过天线接收和射频处理后,与本振信号混频得出中频信号,再通过 A/D 转换后将数字信号送入通用 DSP 组中完成中频信号的数字处理,专用数字电路一般采用现场可编程门阵列(Field Programmable Gate Array,FPGA)等可编程器件完成采样数据的接口电路和缓存处理。

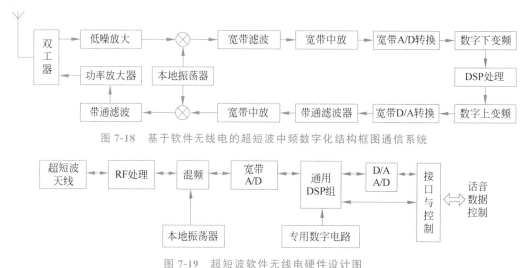

图 7-18　基于软件无线电的超短波中频数字化结构框图通信系统

图 7-19　超短波软件无线电硬件设计图

7.2.4　超短波航空通信发展趋势

超短波通信是航空移动通信中应用最广泛、支撑应用服务最多的通信手段。但是,随着超短波视距通信应用系统和应用频段的增加,频段的拥塞和不同超短波通信设备间的兼容问题凸显。尤其是军用超短波通信系统,具有保密和抗干扰的需求,如何在复杂对抗环境中实现有效的信息传输成为未来超短波通信技术研究的重点。

随着数字通信技术的发展,尤其是软件无线电技术和跳频技术的应用,航空超短波通信将向通用、开放的结构发展,以兼容不同频带和体制的超短波通信。针对部分拥塞频带,细化信道和 OFDM 调制是最有效的方法。跳频调制的应用将增强军事航空通信的可靠性和有效性。

从商业和军用需求出发,超短波通信的发展趋势如下:

(1)采用软件无线电等技术,减少硬件设计负担,从软件的角度实现更多功能使得超短波通信系统具有更好的升级能力和更为灵活的自我调整能力。

(2)现在通常采用快速跳频技术作为电子防御手段,提高超短波通信的抗干扰性能,但是宽带跳频在提高抗干扰性能的同时,降低了系统的实时带宽,降低了通信的信息传输能力,因此,采用更为先进的频率选择技术等手段成为未来的重要发展方向之一。

(3)人工智能技术的飞速发展为通信,尤其是超短波通信中众多难题的解决给出了新的思路,因此,应用人工智能技术,解决超短波通信现有问题,实现更好、更快的信息传输,也是未来重要的发展方向。

7.3 航空卫星通信系统

航空卫星通信系统是无线通信站利用通信卫星作为中继站的超视距通信系统,是 20 世纪 80 年代后的主要远程航空通信系统,具有覆盖范围广、通信模式多样、通信容量大、信道稳定、机动性好等优点。卫星通信的有效性极大地提高了远程通信的应用覆盖范围和系统信息传输容量。卫星传输链路特性导致其易被干扰、窃听和损毁,不能做到全时段、全空域、全电磁环境使用,可使用短波航空通信系统作为应急补充。

视频

7.3.1 航空卫星通信发展阶段

卫星通信在航空领域的应用始于 20 世纪 70 年代末,主要目的是克服传统航空通信频段中通信质量不高、通信覆盖范围有限等不足,尤其是不能满足飞机远程飞行的需要。1988 年,英国的 Racal 公司建立了世界上第一条航空卫星通信数字链路,使用的是国际海事卫星组织(INMARSAT)在北大西洋上空的卫星,1989 年完成了第二代 SATCOM,成为世界上第一个商用机载卫星通信系统,此后,Racal 又推出了第三、四、五代 SATCOM 系统。同期,日本也于 1990 年通过 INMARSAT 在客机上进行了低速数据通信,1991 年在太平洋区域通过航空卫星通信建立了飞机到地面的话音通信服务。随着民航运输的不断发展,ICAO 为协调国际航空运输的增长带来的压力,提出了用新概念和新技术改造、充实、更新现有系统而实现的一种新方案——未来空中航行系统(Future Air Navigation System,FANS)。

在军事航空领域,美国依托舰队卫星通信(FLTSATCOM)系统于 1979 年建立了空军卫星通信系统,用于提供国家指挥当局与战略核力量之间安全、可靠、抗干扰的双向全球通信。随着 MILSTAR 系统的不断发展,且为了能够提供 1.544Mb/s 的传输速率,美国也通过 MILSTAR 完成军事航空通信。

在图像传输和遥控遥测方面,美国、英国、法国、俄罗斯、以色列等国研制了预警机卫星通信系统和长航时无人机卫星通信系统,利用 Ku 频段卫星转发器,数据传输速率为 64~2048kb/s。

我国从 20 世纪 90 年代初开始研制机载卫星通信系统和设备,已完成机载 UHF 卫星站设备的研制,实现了 2.4kb/s 的数据传输,1995 年研制成功航空遥感机载卫星通信系统,工作频段为 C 频段,传输速率为 64kb/s。2000 年左右,我国又研制成功了测控机载卫星通信系统,工作频段为 Ku 频段,传输速率为双向 64~512kb/s。此后,我国成功研制了无人机测控与信息传输卫星中继数据链,以 Ku 频段为主,UHF 频段为备用链路,信息传输为上行 6.4kb/s,下行 25.6~2048kb/s。

近年来,随着通信业务宽带化的发展和军用信息保密、抗毁性需求的增长,航空卫星通信系统也在进行宽带以及军事领域的保密和隐匿技术研究,系统使用频率不断提高,并建立了多轨道、多层次、多通道的通信体系。

7.3.2 卫星运行轨道

卫星和地球运动服从万有引力定律,即

$$F = G\frac{m_1 m_2}{r^2} \qquad (7\text{-}6)$$

式中:F 为引力;G 为万有引力常数;m_1 和 m_2 为两个物体的质量;r 为两物体间的距离。

由于地球质量远大于卫星质量,因此可以忽略卫星对地球的影响,把卫星绕地球的运动看作受地球中心引力作用的质点运动。卫星围绕地球做无动力飞行的运动遵循开普勒定律,其运行轨道具有如下特性:

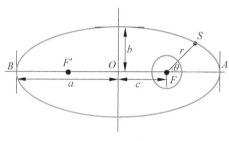

图 7-20 卫星轨道示意图

（1）卫星运行轨道是一个椭圆形轨道,地球位于此椭圆的一个焦点上,如图 7-20 所示。

在极坐标系中,卫星运动方程可写为

$$r = \frac{\rho}{1 + e\cos\theta} \qquad (7\text{-}7)$$

式中:ρ 为二次曲线的参数,e 为偏心率,它们均由卫星入轨时的初始状态决定;θ 为中心角;当 $0 < e < 1$ 时,为椭圆形轨道,$e = 0$ 时,为圆形轨道。

（2）卫星在轨道上运动的过程中,单位时间内地心 O 与卫星 S 的连线所扫过的面积（以轨道弧线为界）相等。

（3）卫星运行周期 T 的平方与它到地心距离的平均值的立方成正比,即 $T = 1.65866 \times 10^{-4}(R_e + h)^{3/2}$（min）。

卫星在轨道上做非匀速运动,在近地点速度快而远地点速度慢。通常,椭圆轨道卫星在相对运动速度较慢（远地点附近）时才提供通信服务,更加适合为特定的区域提供服务（特别是高纬度区域,如俄罗斯）。圆轨道卫星有相对恒定的运动速度,可以提供较均匀的覆盖特性,通常被提供均匀全球覆盖的卫星通信系统采用。

根据卫星与地球的空间位置关系,卫星运行轨道有如下分类方法:

1) 按卫星离地面高度分类

按卫星离地面高度可将卫星轨道分为低轨道、中轨道、高轨道三类卫星。

低轨道（Low Earth Orbit,LEO）卫星系统:高度为 500～5000km。

中轨道（Medium Earth Orbit,MEO）卫星系统:高度为 10000～20000km。

高轨道（High Earth Orbit,HEO）卫星系统:高度为 20000km 以上。

在 2000～8000km 的空间有一个由范·艾伦（Van Allen）带形成的恶劣的电辐射环境,这一高度范围的空间不宜于卫星的运行。

2) 按卫星运行周期及与地球相对位置关系分类

按卫星运行周期及与地球相对位置关系可分为同步轨道卫星和非同步轨道卫星。

同步轨道(Geostationary Earth Orbit,GEO)卫星:卫星运转周期与地球自转周期相同,卫星沿赤道上空 35786km(通常也被粗略地称为 36000km)高的圆形轨道与地球自转同向运行,地球在运行过程中与地球保持相对静止,故同步卫星系统也称静止卫星系统。

非同步轨道(NGEO)卫星:通信卫星运转周期不等于(通常小于)地球自转周期。其轨道倾角、高度、形状(圆形或椭圆形)因需要而不同。由于 NGEO 卫星与地球上的观察点有相对运动,为了保证对全球或特定地区的连续覆盖,以支持服务区内用户的实时通信,需要用较多数目的卫星组成特定的星座。比如,低轨卫星移动通信系统"铱"(Iridium)的星座由 66 颗高度 785km、倾角 86.4°的卫星组成;全球星(Globalstar)系统的星座由 48 颗高度 1414km、倾角 52°的卫星组成。低轨卫星的主要优点是信号传播距离相对短,链路损耗和传播延时小,对用户终端的天线增益和发射功率要求不高。

3) 按轨道倾斜角度分类

卫星轨道按轨道倾斜角度可分为赤道轨道、极轨道和倾斜轨道,如图 7-21 所示。

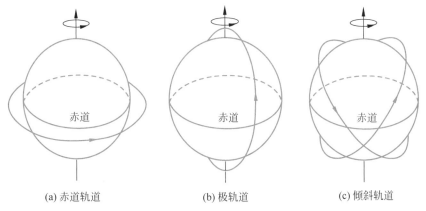

(a) 赤道轨道   (b) 极轨道   (c) 倾斜轨道

图 7-21 卫星轨道按倾斜角度分类

卫星在轨道上运行时除受地球(假定为理想球形)引力影响外,还将受到地球偏平度、大气阻力、太阳和月球引力等非理想因素的影响(对于 GEO,不存在大气阻力的影响),从而使卫星轨道偏离理想轨道,这种现象称为摄动。太阳和月球引力场的联合作用最终会带来静止轨道卫星倾角有每年 0.85°的平均变化速率;地球形状不规则产生的引力的变化将使轨道面发生旋转和轨道长轴在轨道面内转动;大气阻力将使轨道远地点不断降低,长轴缩短,运行周期减小,同时偏心率也不断变小,轨道高度越来越低,形状越来越圆。由于摄动等非理想因素的影响,卫星运行的轨道是不稳定的,必须加以控制,称为轨道控制。除轨道控制外,还必须对卫星的姿态进行控制,实现并保持卫星在空间的定向,以保证卫星天线或遥感器对准地面目标。为此,卫星必须携带一定的动力燃料,而携带的动力燃料是有限的,因此人造卫星是有寿命的。

卫星运行过程中,除摄动外,还会出现星蚀和日凌中断现象,发生星蚀和日凌中断时,卫星、地区和太阳的空间关系如图 7-22 所示。

卫星与太阳之间的直视路径被地球遮挡的现象称为星蚀。对静止轨道卫星而言,星蚀发生在春分和秋分的前后各 23 天内。因为这段时间内太阳、地球和卫星几乎处于同

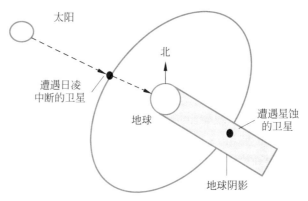

图 7-22　星蚀和日凌中断示意图

一平面内,遭遇星蚀的卫星只能使用星上电池维持工作,这就对星体设计提出了很多要求。

在春分和秋分期间,卫星不仅仅通过地球的阴影部分,还会穿越地球和太阳间的直射区域。由于太阳是非常强的电磁波源,在通信卫星使用的频段(4～50GHz)内,其等效温度为 6000～10000K。期间,卫星地面站的接收天线不仅接收来自卫星的信号,也接收来自太阳的热噪声。太阳直射带来的附加噪声温度会使得噪声功率超出接收机的衰落余量,从而发生通信中断。

7.3.3　卫星通信系统

1. 卫星通信系统组成

卫星通信系统主要包括通信卫星、跟踪遥测指令子系统、地球站和监控管理子系统,如图 7-23 所示。其中,通信卫星起着中继站的作用,通过星上转发器来转发地面、空中、海上固定站和移动站的信息。一颗卫星一般配有不同频段的多个转发器,每个转发器能同时接收和转发多个地球站或通信终端的信号,转发器数目越多,卫星通信系统的容量越大。通信地球站包括固定地球站、车载或机载的终端站。跟踪遥测指令系统负责对卫星进行跟踪测量,控制其准确进入轨道上的确定位置,并对在轨卫星的轨道、位置、姿态进行检测和校正;而监控管理子系统则对卫星的通信性能以及参数进行监测与管理,如对卫星转发器功率、卫星天线增益以及各地球站及通信终端发射的功率、载波频率和带宽等基本通信参数进行监控,以确保卫星正常运行和工作。

各地球站的用户信号通过微波发送到卫星,经卫星接收后再转发给其他地球站,由此来完成通信任务。在静止卫星通信系统中,通信线路大多是单跳工作的,即发送的信号只经过一次卫星转发就被对方地球站接收,但有时也有双跳工作的线路,即发送的信号要经过两次卫星转发才能完成通信过程。

在一个卫星通信系统中,上行链路是指从发送地球站到卫星的电波传播空间,下行链路是指从卫星到接收地球站的电波传播空间,上、下行链路使用不同的频率;星间链路是指从一颗卫星到另一颗卫星之间的通信链路,通过电波可以将多颗卫星连接起来。

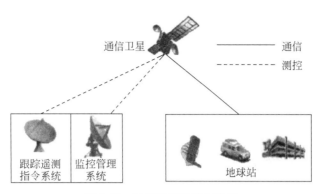

图 7-23 卫星通信系统示意图

2. 卫星的覆盖

1) 同步轨道卫星的覆盖

目前,卫星通信系统大部分是同步卫星系统。那么每一颗同步卫星理论上到底能覆盖地球多少范围? 如图 7-24 所示,图中阴影部分是卫星信号在地球上的覆盖区,其形状是一个球冠。

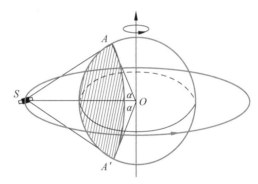

图 7-24 同步卫星覆盖区计算

由

$$\cos\alpha = \frac{OA}{OS} = \frac{R}{R+H} = 0.1511$$

可知 $\alpha = 81.31°$。

球冠的高度：$h = R(1 - \cos\alpha)$

球冠的表面积：$S = 2\pi Rh = 2\pi R^2 (1 - \cos\alpha)$

同步卫星信号覆盖率：$\eta = \dfrac{2\pi R^2 (1 - \cos\alpha)}{4\pi R^2} \times 100\% = \dfrac{1 - \cos\alpha}{2} \times 100\% = 42.45\%$

一颗卫星对地球表面的可通信覆盖区可达 42% 左右,地球上最远跨距达到 18000km,从理论上讲,只需要 3 颗这样的同步卫星就可以实现全球范围(除两极地区外)的通信。

由于同步卫星与地球相对静止,通信时地球站天线不需要复杂的跟踪系统,也不需要因为卫星的运动而更换不同的卫星来保持通信的连续性。另外,静止同步卫星的信号频率比较稳定,不会因为卫星与地球的相对运动而产生多普勒效应。但是,同步卫星也有固有的缺点:由于离地球比较远,信号在传输过程中的损耗和延时比较大;南、北两极是同步卫星的通信盲区;地球的同步轨道只有一条,可容纳的卫星数量有限;静止卫星的发射和在轨测控技术较复杂。

2) 中低轨道卫星星座网络的覆盖

同步轨道卫星覆盖区域广,但由于距离较远不能支持实时性强的业务,而且不能覆盖两极地区,因此,发展中低轨道卫星的区域覆盖、间断覆盖、极地覆盖和宽带实时通信成为卫星星座设计的重点。

当前主要卫星星座的设计有单层星座设计、多层星座设计和分布式卫星星座设计。

单层星座设计的应用比较广泛,可以分别在倾斜轨道、极轨道、椭圆轨道上设计单层卫星星座。采用倾斜轨道单层星座设计的系统主要有 Globalstar 系统、ICO 系统、LEO ONE 系统、Celestri 系统等;采用极轨道单层星座设计的系统主要有"铱"星系统、Teledesic 系统等;采用椭圆轨道单层星座设计的系统主要应用于高纬度地区,如 Ellipso 系统。单层卫星星座的主要缺点是卫星数量多,可能导致切换频繁,传输时延增加,抗毁性也相对弱。

多层卫星星座的提出是为了满足多业务、可靠的骨干传输和全球覆盖综合网络需求。主要系统有:波音公司提出的 SpaceWay 系统,包含 16 颗 GEO 卫星和 20 颗 MEO 卫星组成的网络;Motorola 公司提出的 Rosetelesat,包含 13 颗 LEO 卫星和 6 颗 GEO 卫星组成的网络;由 MEO 卫星和 GEO 卫星组成的网络 GESN、GNSS 和 WEST 等系统。

分布式卫星设计,即编队飞行卫星群设计,是为了降低单个卫星的信息处理负担,增强卫星通信的抗毁能力和抗干扰能力。分布式卫星设计需要建立在卫星自主定位、定规和运行技术以及编队管理之上。

LEO 通信卫星星座可以设计有星际链路(Inter Satellite Link,ISL),利用 ISL 进行组网,可以为地面用户提供方便快捷的全球性通信服务。ISL 是当前卫星骨干通信的重要模式,主要用于多层星座设计和分布式卫星设计,星际链路的建立可使航空卫星通信无须依赖地面网络传输,可以建立逐步脱离地面网络的独立卫星系统。

3. 卫星通信系统的工作频段

卫星通信应将工作频段选在电波能穿透电离层的特高频和微波频段。为了避免上、下行链路信号在空间相互干扰,需要将上、下行链路的频率错开,一般是上行链路使用较高频率,下行链路使用较低频率。

卫星通信工作频率的选择是一个重要问题,因为它将影响系统的传输容量、地球站与卫星转发器的发射功率、天线尺寸设计等。选择工作频率首先要考虑电波的传输衰减和其他损耗。当电磁波在卫星和地球站间传播时,要穿过地球周围的大气层,受到电离层中的电子和离子的吸收,还会受到对流层中氧、水汽等的吸收和散射,并产生一定的衰减。这种衰减的大小与工作频率、天线的仰角等有关系。地球站天线仰角越大,无线电波通过大气层的路径越短,则吸收损耗越小,当频率高于 10GHz,天线仰角大于 5°时,其影响基本上可忽略。此外,天线的外界噪声要小,这样才能保证接收机的灵敏度。从上述两方面考虑,卫星通信的工作频率一般选在 1~10GHz 范围内比较合适,理想的频段是 4~6GHz 附近。为了保证有较宽的可用频带以满足信息传输的要求,人们已经探索并应用更高的工作频率,如 20/30GHz 的 Ka 频段。

目前,大多数卫星通信系统的工作频率如下:

UHF 频段:400/200MHz。

L 频段:1.6/1.5GHz。

C 频段:6.0/4.0GHz。上行频率为 6GHz(5.925~6.425GHz),下行频率为 4GHz(3.7~4.2GHz),带宽 500MHz。大部分国际商业卫星通信都是用此频段。

X 频段:8.0/7.0GHz。上行频率为 8GHz(7.9~8.4GHz),下行频率为 7GHz(7.25~7.75GHz),带宽 500MHz。部分国家的政府和军事卫星通信使用此频段。

Ku 频段:14.0/12.0GHz;14.0/11.0GHz。上行频率为 14~14.5GHz,下行频率为 11.7~12.2GHz 或 10.95~12.2GHz 及 11.45~11.7GHz,带宽 500MHz。国际卫星通信从第五代开始使用此频段。一些国家的民用卫星通信和卫星广播业务使用此频段。由于频率高,天线增益可以得到提高。

Ka 频段:30/20GHz。该频段已经陆续开始用于卫星通信。

4. 卫星通信链路计算

在卫星通信系统中,电磁波信号传播路径很长,信号衰减很大。为了满足一定的通信容量和传输质量,对于一个卫星通信链路,必须使接收系统的射频载波功率远大于噪声功率。其中噪声功率主要由信号带宽和接收机系统决定,而信号功率(载波功率)则需要考虑卫星天线、发射功率、信号传输路径、接收天线等因素的影响。

1) 链路载波功率

设发射机发射功率为 P_t,发射天线的增益为 G_t,有效全向辐射功率为 $\text{EIRP} = P_t G_t$,接收天线增益为 G_r,接收馈线损耗为 L_{FR},大气损耗为 L_a,自由空间损耗为 L_p,其他损耗为 L_r,则接收机输入端的载波接收功率可表示为

$$C = \frac{P_t G_t G_r}{L_{FR} L_a L_p L_r} = \frac{\text{EIRP} \times G_r}{L} \tag{7-8}$$

其中:$L = L_{FR} L_a L_p L_r$,通常 C 用对数表示,需对上式取对数。

例如,Ku 频段 DBS-TV 接收系统,卫星转发器输出功率为 160W,卫星天线增益为 34.3dB,下行频率为 12.2GHz,38000km 上的路径损耗为 -205.7dB,大气吸收衰耗为 -0.4dB,接收天线增益为 33.5dB,则根据式(7-8)可得,DBS-TV 接收机收到的载波功率 C(即信号功率 P_t)为 -116.3dBW。

2) 链路噪声功率

如果接收系统输入端匹配,则各种外部噪声和天线损耗噪声综合在一起,进入接收系统的噪声功率应为

$$N_a = k T_a B \tag{7-9}$$

式中:N_a 为进入接收系统的噪声功率;T_a 为天线的等效噪声温度;k 为玻耳兹曼常数;B 为接收机的等效噪声带宽。

接收机的内部噪声包括放大器、混频器和无源网络的噪声,它们的性能一般用噪声系数来表示。由于天线噪声常用等效噪声温度表示,因此,为方便起见,当同时考虑外部噪声和内部噪声时,接收机内部噪声也常用等效噪声温度表示。

噪声系数 F 与等效噪声温度 T 的关系可以参考其他书籍。

3)链路载噪比

上行链路载噪比

$$(C/N)_U = \frac{EIRP_E \times G_{RS}}{L_U k T_{sat} B} \tag{7-10}$$

式中:$EIRP_E$ 为地球站的有效全向辐射功率;L_U 为上行链路总损耗(含传输损耗、大气损耗、卫星转发器接收机系统损耗);T_{sat} 为卫星转发器输入端等效噪声温度;B 为转发器接收机带宽。

若将噪声改为单边噪声功率谱密度 n_0 表示,则上式与 B 无关,可表示为

$$(C/n_0)_U = \frac{EIRP_E \times G_{RS}}{L_U k T_{sat}} \tag{7-11}$$

下行链路载噪比为

$$(C/N)_D = \frac{EIRP_S \times G_{RE}}{L_D k T_E B} \tag{7-12}$$

式中:$EIRP_S$ 为卫星转发器的有效全向辐射功率;L_D 为下行链路总损耗(含传输损耗、大气损耗、地球站接收机系统损耗);T_E 为地球站接收机输入端等效噪声温度;B 为地球站接收机的频带带宽。

同样,可以用单边噪声功率谱密度 n_0 表示噪声,即

$$(C/n_0)_D = \frac{EIRP_S \times G_{RE}}{L_D k T_E} \tag{7-13}$$

G_{RS}/T_{sat} 和 G_{RE}/T_E 分别称为卫星接收机品质因数和地球站接收机品质因数,简记为 G/T。G/T 值直接关系到接收机性能的好坏,G/T 值越大,接收性能越好。

5. 卫星通信体制

卫星通信体制的基本内容就是卫星通信系统采用的信号传输方式、处理方式和交换方式。除了一般通信系统涉及的各种问题外,卫星通信体制中还要解决一些其他特殊的问题,它所涉及的内容各不相同,但互相关联。表 7-5 描述了卫星通信体制的基本内容。

表 7-5 卫星通信体制的基本内容

基带信号形式		多路复用方式	调制方式	多址连接方式	多址分配方式
模拟制		SCPC	FM	FDMA	PA 或 DA
		FDM		SDMA	PA
数字制	DM PCM	SCPC	PSK	FDMA TDMA	PA 或 DA
		TDM		CDMA SDMA	PA

从表中可以看出,卫星通信体制涉及基带信号传输、信号调制方式、多址连接方式和

多址分配方式四方面。

基带信号采用单路单载波传输(Single Channel Per Carrier, SCPC)方式,即每一路基带信号对一个载波进行调制,调制后的信号再进行合路传输,也就是说每载波只携带一路基带信号。频分多路复用(FDM)多用于模拟信号传输,时分多路复用(TDM)多用于数字信号传输。

在调制方式上,模拟制通常采用调频(FM)方式,数字制多采用相移键控方式或其他先进数字调制技术,如 MSK、正弦移频键控(SFSK)、平滑调频(TFM)等。

预分配(Preliminary Assignment, PA)即在设计卫星通信系统时,将信道按地球站与其他站的通信业务量多少,预先进行分配,分配完成后信道的归属保持不变。按需分配(Demand Assignment, DA)即卫星的信道不是或不完全固定分配给各站专用,而是根据地球站的申请和需求进行临时分配,使用完后仍收回公用。为了实现按需分配,一般需要在卫星转发器上单独开辟一条专用信道作为公用信道,供各站申请、分配信道时使用。多址连接方式和多址分配方式合称为多址技术,是卫星通信中重要的关键技术。

6. 卫星通信系统的特点

从前面对卫星通信系统的基本技术分析可以看出,与其他通信方式相比,卫星通信系统具有一些独特的优势,具体如下:

(1) 超视距,广覆盖,不受地理条件限制。从理论上讲,一颗静止同步卫星能覆盖地球表面 42% 左右,采用三个相差 120° 的静止同步卫星就可以覆盖地球的绝大多数地域(两极盲区除外),若采用中、低轨道移动卫星,则需要多颗卫星覆盖地球。

(2) 多址连接灵活多样。卫星系统能同时实现多个方向、多个地球站之间的通信,即卫星具有多址连接特性。这一特性使得卫星通信可以不受地理条件的影响,和其他通信方式相比,具有很大的灵活性。

(3) 信道稳定可靠,通信质量高。卫星通信所经历的路径大部分在大气层外,属于自由空间传播。电波几乎不受季节、气候变化的影响,通信畅通率一般在 99.8% 以上。由于卫星通信是多点之间建立直达通信的唯一的中继站,而不像微波通信那样需要建立多个中继站,所以信号在传输过程中不会由于噪声叠加而造成通信质量下降。

(4) 通信成本与通信距离无关。卫星通信系统的建站成本与通信距离无关,这是其他通信方式做不到的。卫星地球站的建设速度快,因此不仅对于国际通信,即使是国内的有些区域,如农村、边远地区、山区等,也是一种经济、有效的通信手段。

(5) 频率资源丰富,通信容量大,传输业务类型多。卫星通信的工作频率使用微波波段,可供使用的频带很宽,因此能够提供大容量通信,可传输的业务类型很多。

卫星通信系统的主要局限性主要表现在以下方面:

(1) 通信卫星使用寿命短。通信卫星零部件多,科技含量高,一旦出现故障,维修基本不可能,为了控制通信卫星的轨道位置和姿态,需要消耗推进剂。而卫星携带的推进剂是有限的,一旦消耗完,卫星就失去了控制能力,变成太空垃圾。

(2) 卫星通信系统技术复杂。静止同步卫星的制造、发射和测控都需要相近的空间技术和电子技术。目前世界上只有少数几个国家能自行研制和发射静止同步卫星。

（3）卫星通信有较大的传播时延，尤其是对于距离地球较远的静止同步卫星。从同步卫星到达地球站大约需要 270ms，这是单向延迟，双向延迟时间还要增加 1 倍。

7.3.4 航空卫星通信系统构成

航空卫星通信是卫星通信领域的一个重要组成部分，在民航和军事航空系统中都有广泛的应用。民用航空领域主要依托 INMARSAT 来完成相关的航空卫星移动（航路）服务；在军事航空应用领域中，随着各国军用航空跨越地域越来越广泛，军事航空卫星通信系统在通信领域和指挥中的地位更加凸显，世界各军事强国，特别是美军在战斗机、直升机、侦察机、运输机等各种军用飞机上安装了不同类型的卫星通信设备。航空卫星通信系统的基本构成如图 7-25 所示，系统主要包括地面地球站（Ground Earth Station，GES）、协调控制站、飞机地球站（Aircraft Earth Station，AES）和通信卫星。地面地球站有民用和军用之分；飞机地球站包括民航飞机、军用飞机、高速飞行器、侦察指挥飞机等。直接参与通信的部分包括通信卫星、基地站和飞机站，协调控制站负责保障卫星通信正常工作。航空卫星通信系统的主要优势是通信覆盖范围广、经济效益高、可靠性高、功能多样。

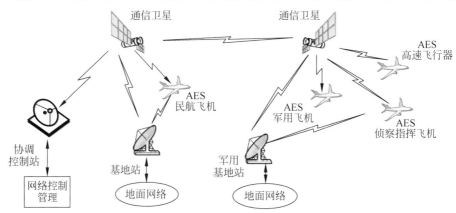

图 7-25　航空卫星移动通信系统的基本构成

航空卫星通信系统主要通过 GEO 卫星通信系统和 LEO 卫星通信系统进行组网通信。机载卫星一般采用窄带传输，地面与卫星之间的通信一般采用宽带传输，可使用的复合卫星信道分配主要包括：L 频段（1.5GHz 左右）用于机载移动通信部分；C 频段（3.4~3.8GHz）和 Ka 频段（19~22GHz）主要用于地面站通信。

航空卫星通信链路由发送端地球站、星-地传输路径、通信卫星转发器、空-天传输路径和飞机地球站接收终端构成，如图 7-26 所示。

在发送端地球站，信息通过多路复用构成基带信号，然后对基带信号进行编码、中频调制、上变频、功率放大、射频传输发送到卫星。在地-星传输路径中，存在噪声干扰和大尺度信号衰减，到达卫星时，需要对接收信号进行带通滤波和低噪声放大，然后进行混频、分路、中频放大、合路、再混频，然后转换为天-空下行载频信号，通过功率放大和滤波处理后下行传输到飞机地球站接收终端。天-空传输路径中信号同样受到干扰和大尺度衰减。由于卫星发射功率较小，天线增益低，因此，飞机地球站必须使用高增益天线和接

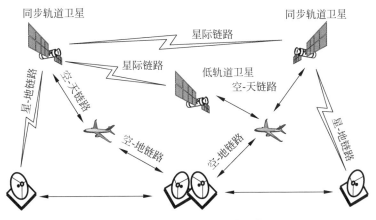

图 7-26 航空卫星通信链路示意图

收机。飞机地球站接收到卫星信号后,通过低噪声放大器和下变频得到中频信号,然后通过解调和解码得到基带信号,最后对信号进行分发和处理。链路信号传输流程如图 7-27 所示。

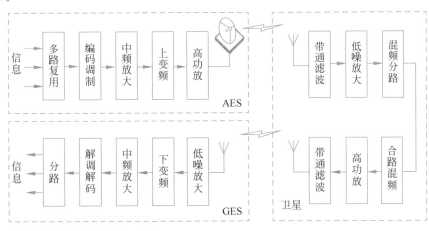

图 7-27 航空卫星通信链路传输流程

航空移动卫星通信有 P、R、T 和 C 信道,如图 7-28 所示。下面以数据业务和话音业务为例介绍。

数据业务。对于分组方式数据业务,有 P、R 和 T 信道。P 信道是分组方式时分复用信道,是 GES 采用单向传输模式连续向 AES 发送的数据信道,可以传输信令和用户分组数据。P 信道分为管理信道 P_m 和工作信道 P_d,分别用于系统管理和业务传输,根据业务量大小,P_m 和 P_d 可以是一条信道,也可以是多条信道。R 信道是时隙随机多址存取信道(S-ALOHA),由 AES 以突发方式向 GES 发送信息,也是单向传输,可以传输分组信令和分组数据(同一个

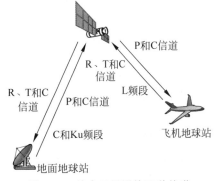

图 7-28 航空卫星通信四种信道

GES 管控范围内的多架飞机共用一条 R 信道)。与 P 信道一样,R 信道也有一条或多条的管理信道 R_m 和工作信道 R_d,分别用于系统管理和业务传输。T 信道是预约 TDMA 反向信道,仅用于飞机有较长报文发往地面时,可用 R 信道为 T 信道申请预约一定的时隙,GES 收到申请后,为该 T 信道预留所需数量的时隙,用 P 信道通知飞机,飞机收到通知后,在分配时隙内按照优先级发送报文。每个 GES 往往有多个 T 信道。

话音业务。话音业务采用 C 信道,是电路交换方式按需分配的 SCPC 信道,是一对双向信道。需要通话时,先通过 P 信道和 R 信道的传输信令,根据申请由 GES 分配一对 C 信道给主、被叫用户,通信完毕后释放信道,交换给 GES,以备下次有呼叫时分配。

1. 地面地球站

地面地球站是航空卫星通信系统中飞行器与地面进行通信的枢纽部分。由于卫星覆盖范围比较大,一般选择 8 个时区内部署 2～3 个地面地球站即可。通常选择交通方便、后勤供应条件好、靠近大型机场及管理局的地理位置建立地面地球站,有利于建立集中的飞机数据处理中心,能较好地解决与二次雷达、VHF 和 HF 数据链的相互备份,增强系统的可靠性。

航空通信中地面地球站可分为固定站和移动站(车载或舰载),国际上通用做法是根据天线尺寸和 G/T 值来划分地面地球站,有 A、B、C、E、F、G、Z。A、B、C 级大型站适用于全球范围内的航空卫星通信,E、F 中的 E-2、E-3、F-2、F-3 为中型站,适用于地区间航空卫星通信,其余型号为小型站,适用于区内通信。

地面地球站的主要功能是将来自地面网络的信息发送到卫星,有时也接收来自卫星的数据。地面地球站包括地面网络接口、基带信号形成/分离设备、编码/译码器、调制/解调器、上/下变频器、高功率放大器、低噪声放大器和天线组成,如图 7-29 所示。

图 7-29　地面地球站功能组成框图

国际通信卫星组织规定了地面地球站的性能指标:

(1)品质因数:地面站的品质因数表示了对弱信号的接收能力,根据不同的地面站类型,INTELSAT 规定了相应的品质因数,如表 7-6 所示,f 为载频(GHz)。

表 7-6　地面站 GES 品质因数(INTELSAT)

GES 类型	品质因数/(dB/K)	GES 类型	品质因数/(dB/K)
A 型	$G/T \geqslant 35+20\lg(f/4)$	E-3 型	$G/T \geqslant 34+20\lg(f/11)$
B 型	$G/T \geqslant 31.7+20\lg(f/4)$	F-1 型	$G/T \geqslant 22.7+20\lg(f/4)$
C 型	$G/T \geqslant 37+20\lg(f/11.2)$	F-2 型	$G/T \geqslant 27+20\lg(f/4)$
E-1 型	$G/T \geqslant 25+20\lg(f/11)$	F-3 型	$G/T \geqslant 29+20\lg(f/4)$
E-2 型	$G/T \geqslant 29+20\lg(f/11)$	G、Z 型	未统一规定

（2）EIRP 稳定度：GES 的 EIRP 值需保持在规定值的±0.5dB 范围内,目的是减小卫星接收的互调干扰。

（3）载波频率精确度：传输音频信号时,载波频率变化小于 150kHz；传输数据信息时,载波频率变化保持在 250kHz 以内。

（4）谐波辐射：谐波辐射会造成其他频段的干扰,因此限定带外 EIRP 小于 4dBW/4kHz。

（5）发射幅度特性：GES 发射信号必须有良好的幅度特性,以便减小转发器互调干扰。

2. 星载转发器

卫星上的通信转发器是一套宽带收发系统,转发器将卫星接收到的弱信号经过多次放大和变频处理后,再送到相应的发射天线。转发器的性能决定了卫星通信的质量,因此转发器设计基本需求是附加噪声小、信号失真小、工作频带宽、工作频率稳定、信号处理增益高。星载转发器有透明转发器和处理转发器两种形式。

1）透明转发器

透明转发器用于当前大部分卫星通信,在接收到地面信号后,透明转发器进行低噪声放大、变频和功率放大,然后直接发送给飞机,因此,转发器对于基带信号是透明的。透明转发器分为一次变频转发器和二次变频转发器。一次变频转发器是将输入信号直接放大,然后变频,这种方式的射频带宽可达 500MHz,且输入/输出特性的线性良好,允许多载波工作,适用于多载波连接。二次变频转发器是将输入信号先转为中频,然后再放大变频。这种方式的优点是中频增益高,转发增益可达 80～100dB；缺点是中频带宽较窄,不适合多载波传输通信,通信容量小。

2）处理转发器

处理转发器是数字卫星通信中最常用的,具有信号转发和处理的双重功能,其原理框图如图 7-30 所示。星上宽带接收机将接收信号变换为中频信号,星上处理器通过信号处理后再发射给飞机接收。星上信号处理功能包括时分信道的交换、窄带信道的选择和路由、数据流的解调和再调制,以及 FEC 解码和再编码等。实现这些处理技术设计高速 A/D 转换、快速傅里叶变换（FFT）、数字滤波、高速数据的缓存和编解码等。

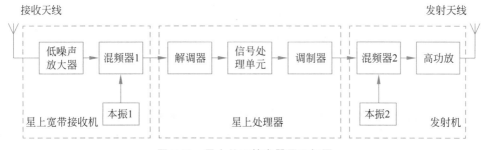

图 7-30　星上处理转发器原理框图

3. 飞机地球站

飞机地球站是安装在飞机上的小型卫星通信接收站,主要由天线、接收机、发射机和数据传输控制单元组成。机载天线接收到通信卫星下行的信号后,通过低噪声放大、混频处理得到中频信号,经中频放大后通过数字解调和解码得到基带信号,基带信号经过分路处理后送到数据传输控制单元进行分配。需要上行传输时,数据经过数据传输控制单元和多路复用后得到基带信号,经过编码调制、中频放大,然后上变频混频,最后经过功率放大由天线送出射频信号。飞机地球站原理框图如图 7-31 所示。

图 7-31　飞机地球站原理框图

航空通信的机载天线一般安装在飞机的背面,以提供最佳的 LoS 传输。天线系统包括天线和第一级低噪声放大器,评估参数为品质因数。机载天线通常安装全向天线,在飞机爬升阶段的接收角度为 $5° \sim 90°$,水平飞行时为 $-50° \sim -20°$,翻滚时为 $\pm 25°$。

卫星端包括高增益天线和低增益天线,分别用于传输不同速率的话音和数据。低增益天线的品质因数为覆盖的 85% 区域满足 $G/T > -26\text{dB/K}$,在其他区域满足 $G/T > -31\text{dB/K}$;高增益天线的品质因数为覆盖的 75% 区域满足 $G/T > -13\text{dB/K}$,在其他区域满足 $G/T > -25\text{dB/K}$。

7.3.5　航空卫星通信系统实例

1. VSAT 卫星通信系统

1) VSAT 简介

甚小天线口径终端(Very Small Aperture Terminal,VSAT)是 20 世纪 80 年代中期美国开发的一种卫星通信网络,是指利用大量小口径天线的小型地球站与一个或几个大站协调工作构成的卫星通信网,它以通信卫星为中继站,实现与主站或 VSAT 小站之间的通信,提供单向或双向的数据、话音、图像及其他电信业务。

VSAT 建造成本很低,安装快捷方便,一经面世,就得到了飞速发展。据不完全统计,我国已建成国际卫星通信主站和大中型国内地面站几十座,国内卫星专用通信网数百个,各类 VSAT 地球站近 4 万个,已经形成了卫星传输覆盖全国的网络。VSAT 卫星通信业务也得到了大力的发展,应用领域在不断扩大,尤其在远程应用、宽带数据广播和数据传送,以及卫星专用网服务等新业务中得到了广泛应用。

典型的 VSAT 网由主站、卫星和许多远端小站构成,通常采用星状网络结构,VSAT 网卫星通信示意图如图 7-32 所示。

主站又称中心站或枢纽站(HUB),是 VSAT 的"心脏",与普通地球站一样,配备大型天线,并配有高频功率放大器、低噪声放大器、上/下变频器、调制解调器及数据接口设

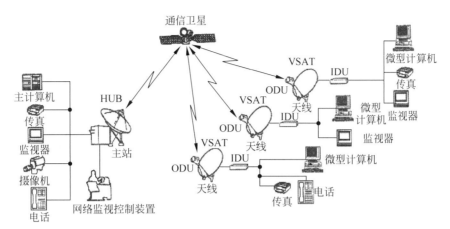

图 7-32　VSAT 网卫星通信示意图

IDU——室内单元；ODU——室外单元。

备等。主站通常与主计算机放在一起或通过其他线路与主计算机连接。

VSAT 小站由小口径天线、室外单元（Out-Door Unit，ODU）和室内单元（In-Door Unit，IDU）组成，如图 7-33 所示。

图 7-33　VSAT 小站

空间段指卫星转发器，一般是工作于 C 频段或 Ku 频段的静止卫星的透明转发器。第一代 VSAT 网主要采用 C 频段转发器，从第二代开始采用 Ku 频段为主。

一个 VSAT 网实际上包括业务子网和控制子网两个部分。业务子网负责交换、传输数据或话音业务，控制子网负责对业务子网的管理和控制。

话音 VSAT 网的业务子网是典型的网状网结构，目前实用的话音通信 VSAT 网主要采用 DAMA-SCPC 方式。另外，还有部分点对点预分配的信道预留给站与站之间的大业务传输。除 SCPC 外，TDMA 也是一种用于话音业务的多址方式。TDMA 方式按照时隙划分信道，当用于话音业务时，由于每载波容纳的用户数有限；当网内站数较多时，可以采用多载波方式。

数据 VSAT 网中，小站与小站通过卫星转发器构成星状网，主站是 VSAT 网的中心节点，所有小站均可与主站通信，小站之间不能直接通信，必须经过主站转发。数据 VSAT 网通常是分组交换网，数据业务采用分组交换方式，其工作过程：任何进入 VSAT 网的数据在发送前先进行格式化，把长数据分成若干数据段，再和地址及控制信息构成一个分组，传输和交换时以一个分组为整体来进行，到达接收点后，再把各个分组中的数据段取出来，恢复成原长数据报文。

主站通过卫星转发器向小站发送数据的过程称为外向传输，用于外向传输的信道一般采用 TDM 方式。小站通过卫星转发器向主站发数据的过程称为内向传输，信道一般采用随机争用的方式（如 ALOHA），或者 SCPC 方式和 TDMA 方式。

2）VSAT 系统在民航中的应用

民航卫星通信网络系统主要由民航 C 频段和 Ku 频段卫星设备组成。

民航 C 频段卫星通信网自 1995 年开始建设,至今已形成了一个遍布全国 300 多个民用机场的大型通信网络。卫星通信网络由电话地球站（Telephony Earth Station,TES）和个人地球站（Personal Earth Station,PES）两个网络系统组成,采用美国休斯网络系统公司的 TES 和 PES 卫星通信设备,其空间段采用"鑫诺"1 号和"中星"10 号通信卫星的 C 频段转发器。我国民航 C 频段卫星通信系统可以进行话音通信和数据交换,也可以实现分组交换和雷达数据传输等功能。

Ku 频段卫星通信网于 2005 年开始建设,2007 年建成并投入运营。Ku 频段可实现与 C 频段卫星通信网的互补,形成功能强大、可靠性更高的综合性民航专用卫星通信网络。此外,Ku 频段卫星通信网可以为部分 C 频段卫星电路提供备份手段,还能够实现对卫星通信网络和设备的集中监控和管理,提高网络运行维护的有效性。更重要的是,Ku 频段卫星通信网可实现部分 C 频段卫星通信网所没有的（如视频会议）新的功能。民航 Ku 卫星通信网利用 PolaSat 公司的 VSAT Plus II 组建基于跳频 TDMA 体制系统平台,网络的拓扑结构为全网状拓扑结构,并在此基础上支持单向广播回传的星状网络结构及星状/网状混合网络结构。

2. INMARSAT 系统与 AMSS

1）INMARSAT 系统

1979 年国际海事卫星组织宣布成立,旨在提供海上通信服务,但其开发的技术也适用于其他通信市场,1985 年决定把航空通信纳入业务范围,1989 年又把业务从海事扩展到陆地。其总部设在伦敦,该组织负责操作、管理、经营 INMARSAT 系统的政府间合作机构,是世界上唯一为海、陆、空用户提供全球移动卫星公众通信和遇险安全通信业务的国际组织。

INMARSAT 系统由卫星、网络协调站、地面站、移动站组成,如图 7-34 所示。INMARSAT 系统的卫星分布在地球同步轨道上,采用 4 颗地球同步卫星重叠覆盖的方法覆盖地球,4 颗卫星分别覆盖太平洋、印度洋、大西洋东区和大西洋西区。每颗卫星可覆盖经度 140°左右,纬度南北各 85°左右。在同一个覆盖区内,用户可选择不同的地球站进行通信,假如某一个地球站发生故障或遭受自然灾害,移动用户仍可经过同一个覆盖区内的其他地球站进行通信。

网络协调站（NCS）是整个系统的重要组成部分。每个洋区各设有一个 NCS,直接归 INMARSAT 总部控制运营,负责管理各自洋区的网络核心资源（如通信和信令信道）的分配。大西洋区的 NCS 设在美国的南玻利（Southbury）,太平洋区的 NCS 设在日本的茨城（Ibaraki）,印度洋区的 NCS 设在日本的纳玛古池（Namaguchio）。

地面站的作用是通过卫星和移动站进行通信,并为移动站提供国内和国际网络的接口。约有 40 个地面站分布在 31 个国家,每个地面站都有一个唯一的识别码。

移动站设于移动的车、船、飞机上,由收发机和计算机组成。

2）AMSS

航空移动卫星业务（Aeronautical Mobile Satellite Service,AMSS）是由 INMARSAT

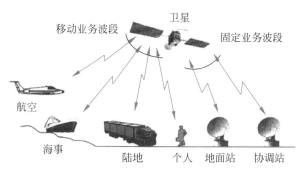

移动业务波段　卫星　固定业务波段

航空

海事　　陆地　个人　地面站　协调站

图 7-34　INMARSAT 系统

从海事卫星业务扩展来的,1990 年开始全球运行,主要用于飞机之间及飞机与地面用户之间的通信。AMSS 通信业务主要用于向机组人员、旅客提供卫星电话、传真,向航空公司提供用于航空运营管理(AOC)的数据通信服务。随着新航行系统的实施,AMSS 通信业务将主要应用于向空中交通管制(ATC)提供数据链通信服务。目前,AMSS 是唯一能够提供全球服务的航空卫星通信系统。

AMSS 系统中,飞机与卫星之间通信采用 L 频段,下行 1545～1555MHz,上行 1646.5～1656.5MHz,地面地球站和网络协调站与卫星之间通信采用 C、Ku 或 Ka 频段。

AMSS 系统中,每个飞机站 AES 为了进入系统,应向一个地面站 GES 注册。GES 保持一个已向其注册的各 AES 的最新状况表,并具有 GES 间和 GES 至 NCS 间的信令设备。这样,每个 GES 就能建立起任何 AES 的往返呼叫,并在移交过程中对各 AES 进行管理。对于注册和移交,有自动和用户指令两种工作方式。自动方式中,对于卫星系统注册和移交,AES 的操作是全自动的。用户指令方式中,机组或飞行控制系统可明确选择注册和移交卫星与 GES,并在任何时刻启动移交。正常工作方式是自动方式。

AMSS 卫星有两个独立的转发器:正向转发器,接收来自 GES 的 C/Ku 频段信号,下变频至 L 频段,转发给 AES;反向转发器,接收 AES 发来的 L 频段信号,上变频至 C/Ku 频段,发给 GES。

3. 低轨道航空卫星通信系统

适用于民航通信的低轨道卫星通信系统的主要有"铱"星系统、Globalstar 系统。

"铱"星系统由空间段、系统控制段、关口站和移动台四部分组成,可提供全球任何地点的话音和数据通信。"铱"星系统部署方式类似于地面蜂窝网,是 79 颗卫星组成的空中网(其中 13 颗为备用卫星,66 颗为工作卫星),使用了 Ku 频段星间链路技术。66 颗卫星分布在 6 个极平面上。卫星高度为 780km,轨道周期为 100min。每颗卫星与其他 4 颗卫星交叉链接,两个在同一轨道面,两个在临近轨道面。"铱"星系统最大的技术特点是通过卫星与卫星间的接力来实现全球无缝隙覆盖(包括两极)。

"铱"星系统服务已涉及航空、航海、石油、林业和经纪服务等多种行业。机载通信中使用的上行和下行频段分别为 1.4GHz 和 2.4GHz,终端到卫星的通信采用 L 频段(1616～1626.5MHz),卫星之间的通信采用 Ka 频段(23.18～23.38GHz)。与地面站的传输使用 5GHz 左右的 C 频段信道。低轨道卫星通信的容量比同步卫星高,而链路损耗与自由空间的损耗相似,因此在应用中有一定的优势,也是近年来航空通信发展的一个方向。

Globalstar 系统由 48 颗低轨道卫星组成,每个轨道平面有 6 颗卫星,卫星部署也采用小区设计,飞机在航行过程中,每隔一定时间会进行小区跨越切换。Globalstar 系统采用的是 CDMA 空中接口规范,允许 20 个移动用户同时连接。

习题

1. 为什么短波通信一般采用单边带调制方式? 如何才能得到单边带信号?

2. 短波产生多径传输的原因是什么? 不同通信距离上信道的多径时延有什么特点?

3. 短波数据传输面临的主要困难是什么? 可以采取哪些措施来克服这些困难?

4. 简述短波传输在航空通信领域(民用和军用)的应用。

5. 为什么超短波通信依然是航空通信的主流通信方式?

6. 结合超短波通信的优缺点及研究现状,试分析超短波通信的发展趋势。

7. 卫星通信中,一般选择上行链路的工作频率比下行链路的工作频率高,为什么?

8. 某静止卫星通信系统,地球站发射机的输出功率为 3kW,发射馈线系统衰减为 0.5dB,发射天线增益为 62dB,下行线路工作频率为 6GHz,地球站与卫星之间的距离为 40000km,卫星转发器接收天线增益为 5dB,接收馈线系统衰减为 1dB。试计算卫星接收机输入端的信号功率(dBm)是多少。

9. 卫星通信在民航中的应用有哪些? 分别提供什么服务?

10. 结合现代航空通信(军用和民用)以及短波、超短波和卫星通信等方式的特点,就如何充分发挥它们在航空通信领域中的作用,谈谈你的认识。

第8章

军用航空数据链系统

随着大量高科技手段在军事领域的广泛应用,新的作战模式应运而生,最为突出的特征是对信息的依赖性越来越强,因此,信息就成为信息化战场中战斗力的决定因素。军用数据链技术作为现代军事电子信息系统的核心技术,是各种军事信息系统、网络互连和信息业务互通的技术基础。通过数据链可以将信息获取、传递、处理、控制紧密地联系在一起,构成立体分布、纵横交错的信息平台,从而使陆、海、空、天的所有作战单元构成一体化的作战整体,极大地提高部队在联合作战中的协同作战指挥能力,增强部队的整体作战效能。

本章在阐述军用航空数据链基本概念的基础上,着重介绍美军和北约的指挥控制平台和武器平台上配备的几种典型的军用航空数据链体制。

视频

8.1 军用航空数据链概述

8.1.1 数据链概念

数据链(指军用航空数据链)是链接数字化战场上的不同类型作战平台(传感器平台、指挥控制平台、武器平台),按照一定的消息格式和通信协议,利用先进的信息传输、组网通信和信息融合技术,以面向比特的方式实时处理、传输和分发战术信息(态势信息、平台信息、指挥控制信息)的地-空、空-空、地-地间的数据通信系统。

数据链本质上是一种高效传输、实时分发格式化消息的通信链路,在陆、海、空、天、电(磁)多维战场空间,数据链能够实现态势共享、精确指挥控制和一体化武器协同等方面的作战能力。在现代数字化战场上,数据链已经成为联合作战体系的组成单元,是 C^4ISR 系统单元间的信息传输"纽带",是实现指挥自动化的通信基础设施。

1. 数据链的链接平台

根据作战平台的应用,通常将 C^4ISR 系统中的作战平台分为传感器平台、指挥控制平台和武器平台三类。

传感器平台是数据链系统的情报信息源,包括为数据链系统提供情报信息的雷达、侦察机、无人机、气球、卫星及其他技侦设备。传感器平台对战场环境进行不间断的侦察和监视,从而形成实时、完整、统一的战场态势图。

指挥控制平台是部队实施作战决策、指挥控制的核心,包括陆、海、空各级地面指挥所、机动指挥所以及预警机等。

武器平台是作战任务的具体执行者,包括陆基、海上、空中和天基武器平台。陆基武器平台以坦克、战车、火炮和导弹为代表,海上武器平台以舰艇和潜艇为代表,空中武器平台以各类飞机为代表,天基武器是指由在轨(地球轨道或其他星体轨道)武器搭载平台发射的,用于打击敌方各类目标的新概念武器,如天基动能武器、天基激光武器等。

2. 数据链的组成要素

数据链本质上是具有一定拓扑结构的数据通信网络,传输设备、消息标准、通信协议是数据链通信网络的三大组成要素。

传输设备是数据链通信的基础,链路中需要数据传输设备,通常是数据链终端或电台,如 Link-16 中的美国联合战术信息分配系统(JTIDS)终端和多功能信息分发系统(MIDS)终端,Link-11 中的 AN/USQ-125 数据终端和 HF/UHF 电台。传输设备根据所选择的信道、功率、调制解调、编解码、抗干扰、加密算法和天线,产生满足数据链消息传输需求的信号波形。不同数据链有相应的传输设备性能指标和波形标准。

消息标准是对数据链传输信息的帧结构、信息类型、信息内容、信息发送/接收规则的详细规定。传输的消息包含数据链真正需要交互的战术信息和帧头、校验码、信息类型等冗余载荷,将消息形成标准格式,以利于计算机生成、解析与处理。不同类型的数据链其消息格式(如帧结构、信息类型、信息内容等)不同,例如:Link-4A 数据链为 V/R 系列消息标准,消息长度固定;Link-11 数据链为 M 系列消息标准,消息长度可变;Link-16 数据链为 J 系列消息标准,消息长度可变。消息标准具有鲜明的数据链特点。

数据链通信协议是关于战术信息传输顺序、信息格式和信息内容及控制方面的规约,主要解决如何可靠地建立链路使各种应用系统的格式化消息能有效地进行交互的问题,主要包括频率协议、波形协议、链路协议、网络协议、加密标准、接口标准以及操作规程等。

通信协议标准是便于人们阅读和理解的文档形式,应用程序代码是通信协议的实现形式。在数据链各节点加载应用程序并初始化后,各节点按照通信协议的操作控制和时序规定,自动生成、处理、交换战术信息,建立通信链路,形成一定拓扑结构的通信网络,满足作战任务的实时、可靠通信需求。

3. 数据链传输的消息类型

数据链平台间传输的消息主要有战术消息和管理消息。

战术消息是数据链的主要消息,不同的战术任务,信息内容不同。数据链功能越复杂,所传输的战术消息种类就越多。数据链中常用的信息类型有态势信息、平台信息、指挥控制信息三类。

态势信息是指各种传感器平台获取的一定作战空间范围内的目标情报等探测信息,如目标位置、航向、速度等,经过融合处理后得到的相对精确的目标信息。

平台信息是指武器平台自身的状况参数,如位置、航向、速度、油量以及挂载式武器状态等。

指挥控制信息是指指挥人员向武器平台发送的引导控制指令信息。

图 8-1 描述了数据链的战术信息交互流程。传感器平台的目标探测消息通过数据链传输给指挥控制平台,经数据融合处理后生成战场态势消息,通过数据链传输给武器平台;武器平台将自身的平台消息通过数据链传输给指挥控制平台,指挥控制平台根据态势信息、平台消息生成作战指令(指控信息),通过数据链传输给武器平台。根据作战需要,传感器平台也可以直接将探测消息传输给武器平台。同类平台通过数据链也有战术消息传输,如协同消息、态势消息等。

管理消息是维护数据链系统正常运行的消息,一般由管理中心产生,如网络管理消息和信息管理消息。网络管理消息对数据通信网络进行初始化、模式控制、运行管理和维护,信息管理消息对情报消息进行合批、分批、变更等处理。

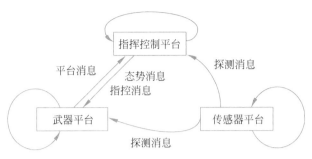

图 8-1　数据链战术消息交互流程

4. 数据链的功能

美国"爱国者"反导系统装备数据链后拦截率大增,由海湾战争中不足 10% 增至伊拉克战争中的 40%;一架装备了 Link-16 数据链的英国"旋风"战斗机,能同时击败 4 架只装备了话音通信设备的美国 F-15 战斗机。其原因是数据链的应用使独立的作战平台相互链接,通过平台间的优势互补,形成体系作战能力,从而大幅度提升了平台的作战效能。总结起来,数据链在现代战争中有三大功能:

(1) 实时的信息共享。数据通信技术使各类传感器平台能够快速生成和交互不同方向的多个目标探测信息,指挥控制作战平台自动、实时处理并生成统一的态势图,供战区内所有参战平台共享,从而形成信息优势。

(2) 高效的指挥控制。模拟通信体制下人工传递、人工处理等因素对指挥控制信息的处理、生成及传输时效性形成了制约,数据链通过自动生成指令和人工干预,能够实现高效、实时的战场指挥控制,从而形成决策优势。

(3) 精确的武器协同。各种武器平台利用数据通信技术,实时交互协同信息,实现信息协同、干扰协同、航迹协同、火力协同等精确的战术协同任务,从而形成打击优势。

8.1.2　数据链分类

1. 战术数据链

战术数据链是应用于战术级作战区域,传输数字信号(数据、文本和数字化话音等)的数据通信链路,提供平台间的准实时战术信息交换和分发。战术数据链的数据以态势信息、平台信息和指挥引导信息为主,信息传输速率较低(kb/s 量级),为窄带数据链。战术数据链多采用半双工的工作方式,工作频段主要有短波、超短波以及 L/S 频段,以视距通信为主。

由于不同军兵种的作战行动特点不同,各军兵种有各自的战术数据链(陆、海、空军数据链,如 Link-4A、Link-11 等)和三军联合数据链(如 Link-16)。随着战争理念的变化,在联合作战的军事需求牵引下,战术数据链逐步朝着支持三军联合作战和盟军协同作战的联合数据链方向发展。

2. 宽带数据链

战术数据链数据速率相对较低,无法满足情报、侦察、监视(ISR)等图像信息的宽带传输要求。美国国防部于 20 世纪 80 年代开发了传输 ISR 信息的宽带数据链。宽带数据链用于各种侦察平台(如侦察机、无人机、卫星等)对战场区域的侦察和监视,为战场纵深和后续部队的攻击提供支持。

宽带数据链具有高数据传输速率的特点,其速率最高可达 274Mb/s。宽带数据链多采用全双工的工作方式,工作频段主要有 C、S、X、Ku 频段。美军研制的宽带数据链很多,如通用数据链(Common Data Link,CDL)、战术通用数据链(Tactical Common Data Link,TCDL)和小型无人机数据链等。

3. 专用数据链

专用数据链应用于某个特殊的军事战术领域,如某个兵种或某型武器,是战术数据链的一个分支。与战术数据链相比,专用数据链的功能和信息交换形式单一且固定。例如,SCDL 是 E-8C 侦察机上的专用数据链,用于链接 E-8 侦察机与机动地面站,将飞机上的报文和雷达获取的动目标和图像数据发送给地面站使用,并将地面站的服务请求传输到 E-8C 平台,同时对地面站之间的数据进行中继。

8.1.3 航空数据链系统

1. 系统组成

数据链系统由通信子系统(包括信息处理、信息传输和通信管理三个分系统)和应用平台子系统(包括情报获取、信息融合处理、指挥控制和任务执行四个分系统)组成,其功能方框图如图 8-2 所示。

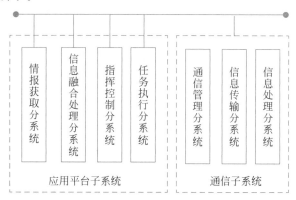

图 8-2 数据链系统功能框图

应用平台子系统中,情报获取分系统由地面警戒雷达、预警机和各类飞机的机载雷达构成;信息融合处理分系统由地面指挥所的计算机和机载数据处理计算机构成;指挥控制分系统由指令生成计算机构成;任务执行分系统由机载计算机所控制的屏显、声码器和各类飞行和火控设备构成。

通信子系统中,信息处理分系统、信息传输分系统和通信管理分系统由地面通信管理设备、通信信号处理设备、通信控制设备和数据通信电台以及机载通信处理设备、通信控制设备和数据通信电台构成。数据通信电台作为数据链的传输设备,其编码效率、调制方式、传输速率、抗干扰技术决定了信号传输波形。

通信子系统是确保通信质量和效率的关键,应用平台子系统中的情报获取分系统、信息融合处理分系统、指挥控制分系统生成待传输的数据链消息,它们是通信子系统的信源和信宿。通信子系统中各分系统负责合理选择通信链路,可靠完成信息分发和传输。任务执行分系统按照所接收到的信源消息执行飞行、攻击或拦截等任务。

数据链系统的组成框图如图8-3所示。其中,战术数据系统(Tactical Data System,TDS)对应应用平台子系统,是数据链的信源和信宿。其他部分对应通信子系统,主要由硬件和软件构成,即格式化消息、通信协议和传输设备三个基本要素。

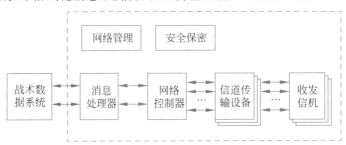

图 8-3 数据链系统的组成框图

战术数据系统产生信源信息,包括雷达、侦察卫星、预警机等传感器平台所搜集的信息、融合的态势信息,以及指挥员、操作员发出的各种数据;消息处理器将信源信息编码为标准的格式化消息;安全保密模块负责对发送的信息加密和对接收到的信息解密;网络控制器进行消息检错和纠错、信道接入控制和信息处理等,将格式化消息变成符合通信设备传输要求的数据信号,或者与指挥控制系统、武器控制系统进行信息交换;信道传输设备完成信号波形的处理、生成和信号传输;网络管理模块对整个航空数据链通信网络进行规划、设计和运行控制。

2. 系统特点

数据链系统有以下几方面的基本特点:

(1) 信息传输的实时性、准确性、安全性、可靠性。现代战争中,武器的高速机动性和隐蔽性对信息传输的实时性和精确性提出了很高的要求,对于目标信息和各种指挥引导信息来说,不但要强调信息能够实时或准实时传输,而且要求数据链能够提供精确的定时、定位信息,以满足火力控制的要求。数据链采用数据通信方式,对信息的误码率要求高,因此数据链采用了先进的纠错编码技术以降低航空信道中各种衰落带来的误码率。另外,为了不让敌方截获己方的信息,数据链一般采用数据加密和传输加密手段,确保信息传输的安全性。

(2) 格式化的战术消息。为避免信息在网络间交换时格式转换造成时延,数据链通常制定一套相对完备的消息标准,其中规定的参数包括指挥控制、侦察监视、武器协同、联合行动等信息的描述。指挥控制系统按格式编辑各种战术信息,从而为各作战单元的紧密链接提供标准化手段。

(3) 通信协议的有效性。根据不同的网络体系结构(如星状网结构或网状网结构),数据链系统采用相应的网络通信协议。

（4）多样化的传输方式。为适应各种平台的不同信息交换需求，保证信息快速可靠地传输，数据链可以采用多种传输介质和方式。既有点到点的单链路传输，也有点到多点和多点到多点的网络传输，且网络结构和通信协议也具有不同形式。在采用的传输手段上，数据链可以采用短波信道、超短波信道、微波信道、卫星信道以及有线信道，或者这些信道的组合。

（5）系统的抗干扰性和抗毁性。现代战场要求数据链系统具有电磁兼容性和抗恶劣环境的措施，即应具有很强的抗电磁干扰性和抗毁生存能力。

（6）半双工的工作方式。数据链通常采用同频半双工的工作方式。当某一用户发送数据时，网内任一用户都能接收到。用户发信时不能收信，收信时不能发信。

3. 典型系统

自 20 世纪 50 年代以来，世界各国发展的数据链有上百种，仅北约曾发展并赋予编号的数据链就有 10 多种。普遍使用的主要有美国和北约的 Link-4、Link-4C、Link-11、Link-16 和 Link-22，俄罗斯的蓝天、蓝宝石，以色列的 S 频段 ACR-740 数据链等。表 8-1 给出了典型战术数据链。

表 8-1　典型战术数据链

编号	用途	说　明	使用国家及地区
Link-4	空对地/空	北约标准空对地/空单向数据链	美军、北约
Link-4A	空对地/海	美军称 TADIL C，标准空对空、空对地双向数据链	美军、北约
Link-4B	地对地	地对地单元间通过地面线路进行通信的数据链	美军、北约
Link-4C	空对空	F-14 战斗机间空对空数据通信用数据链	美军
Link-11	海对海/地	美军称 TADIL A，北约标准，用舰对舰或舰对空的数据链	美、北约、日、澳、韩、新、以色列等
Link-11B	地对地	美军称 TADIL B，陆地单元使用的 Link-11	美军、北约
Link-16	海对空/地	美军称 TADIL J，多用途保密抗干扰数据链	美、北约、日、澳
Link-22	海对海	由 Link-16 衍生的数据链	美军、北约
Link-T	海对空/海	中国台湾地区使用的数据链，类似于 Link-11	中国台湾地区

8.2　Link-4A 战术数据链

视频

8.2.1　Link-4A 数据链概述

Link-4 是北约于 20 世纪 50 年代研发并装备的战术数据链，是一种提供传输战机引导指令和信息的数据链，设计初衷是用于舰对机数据通信。Link-4 工作在 UHF 频段，传输速率为 5kb/s，是使用较为普遍的空对空、空对地（舰）的非保密单向数据链。后经不断改进，逐渐发展成为支持双向传输的 Link-4A、用于地对地的 Link-4B 和适用于战机和战机之间通信的 Link-4C。其中 Link-4A 是改进后的 Link-4，适合于舰机双向链路通信，而 Link-4C 则是衍生出来的一种新型空对空通信专用的数据链，是专门为战机与战机之间的信息传输而制定的版本，相比 Link-4A 多了一些电子对抗能力，但与 Link-4A 链路的标准并不兼容。

Link-4A 是北约的名称,美国则称其为"战术数据链 C"(Tactical Digital Information Link-C,TADIL-C)。Link-4A 数据指令的长度是固定的,内容包括同步码和数据,具有纠错能力,其传输的信息格式采用 MIL-STD-6004 与 STANAG 5504 标准,可分为 70 位长的控制报文(V-message)与 56 位长的回答报文(R-message)两种,最多可同时在 8 个用户间建立互联网络,实施控制与实时交换战术信息。

Link-4A 数据链可提供舰载平台与机载平台之间的数据通信,即提供数字化的舰对空、空对舰以及空对空的战术通信。Link-4A 数据链具有可靠性高、易于维护和操作、连接时间短等优点;缺点是没有保密与抗干扰的电子对抗能力,还存在着与其他数据链共有的问题,即不能完全避免人为或机械的错误。

目前,美国海军、海军陆战队和空军都装备了 Link-4A 数据链。美国海军主要将 Link-4A 用于舰载飞机的空中控制;此外,具有 Link-4A 数据链设备的 E-2C"鹰眼"预警机可以控制其他海军飞机。美国海军陆战队部署 Link-4A 的目的是对其部署的 F/A-18 "黄蜂"和 EA-6B"徘徊者"飞机实施控制。美国空军和北约部队在 E-3"哨兵"飞机机载预警与控制系统中也使用了 Link-4A,利用它对其他飞机进行控制。

8.2.2　Link-4A 数据链功能

Link-4A 数据链系统支持以下五个战术功能:

(1) 航空母舰自动着舰(ACL)功能:航空母舰可以利用 Link-4A 数据链,向舰载机发送"自动着舰控制消息",对飞机着舰实施可靠的引导。通过 Link-4A,航空母舰控制台可以同时控制两架飞机在相隔 30s 内相继在航空母舰上着舰。Link-4A 只需采用单向工作方式,就可以引导舰载机自动着舰。

(2) 空中交通管制(ATC)功能:对某一空中区域的飞机进行精确指挥。航空母舰控制台向该区域内的受控飞机发送"交通管制消息",引导飞机按照作战意图飞行。所有受控飞机都必须对空中交通管制的指挥做出响应。

(3) 空中拦截控制(AIC)功能:Link-4A 承担防空作战中的拦截控制任务时,由空中拦截控制官指挥执行拦截任务的飞机对空中威胁(如敌方的飞机或导弹)进行探测、识别、拦截与摧毁行动而实施的控制,例如指挥飞机飞向选定目标进行拦截、识别或直接摧毁目标。

(4) 突击控制(STK)功能:通过 Link-4A 引导飞机对准目标并指挥摧毁这些目标的操作。这种任务通常只需 Link-4A 的单向通信功能,即从控制台(空中拦截指挥官)向保持静默的受控飞机(特种攻击机或轰炸机)发送"突击控制"的指令。无须通过话音,受控飞机通过 Link-4A 接收链路信息即可完成突击任务。

(5) 舰载飞机惯性导航(CAINS)功能:利用 Link-4A 链路传送舰载飞机惯性导航系统特别报文,把机载惯性导航系统校准到与航空母舰的飞机惯性导航系统相一致的水平上。每架出航飞机执行任务前必须进行校准,在校准过程中,Link-4A 链路报文以 2 倍常规速率进行数据传输。

8.2.3 Link-4A 数据链结构

1. 系统结构

Link-4A 数据链系统包括地面和机载两部分,其组成框图如图 8-4 所示。地面系统和机载系统均由用户应用设备和通信设备组成。

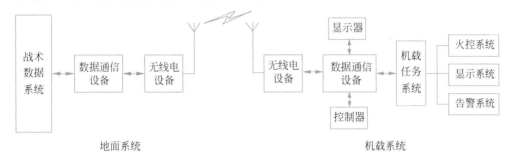

图 8-4 Link-4A 数据链系统组成框图

1) 地面系统

战术数据系统(TDS)是 Link-4A 通信设备的信源和信宿。在 Link-4A 中,TDS 由多部计算机组成,其中包括战术应用软件、信息处理软件和战术信息数据库。TDS 对来自机载系统的数据源进行处理后可显示区域态势并定期更新;待发送的信息经格式化处理,形成战术信息报文进行发送。

数据通信设备(Data Communication Equipment,DCE)是将战术数据转换成适合信道传输的数字信号,或将接收到的数字信号再生为原始数字脉冲。同时 DCE 还完成检错功能,它对战术数据进行奇偶校验编码,并采用自动重发请求(ARQ)方式传送。DCE 设备与 TDS 以串行方式连接通信。

无线电设备即 Link-4A 的收发信机,在控制台和受控飞机之间提供无线通信链路。Link-4A 无线传输基本参数:通信频段为 225～400MHz;信道传输速率为 5k/s;采用 FSK(频偏 20Hz)调制方式;话音无线电设备采用 AM/FM 模拟调制技术;发射功率为 50～150W;最大通信距离为 350km。

2) 机载系统

机载系统由天线、无线电设备、数据通信设备、控制器和显示器组成。由于飞机是主要的作战平台,其应用层对应的设备较多。无线电设备接收地面系统发送的战术数据,经数据处理设备处理后,根据信息类型将战术信息数据传送到火控、显示、告警等机载任务系统。

2. 网络结构

Link-4A 数据链网络拓扑结构为有中心控制的星状网络结构,如图 8-5 所示。Link-4A 数据链以数字化舰空指挥为目标,采用 TDMA 技术,以控制站(航空母舰,主站)集中控制的形式,通过控制站与不同被控站(从站)的多次点名呼叫/应答,形成 Link-4A 网络,提供航空母舰与其舰载机之间的信息交互,实现航空母舰与舰载机之间的数字化指挥。

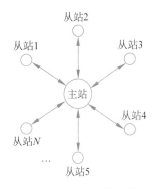

图 8-5　Link-4A 数据链网络
　　　　结构

被控站之间不直接进行信息交互。

Link-4A 数据链的通信是通过控制台发射含有飞行器地址的引导消息,飞行器发射应答消息循环实现双向通信。有单向链路和双向链路两种工作模式,并采用"引导/响应"式的链路接入协议支持这两种模式。

单向链路工作时,控制台采用广播方式向受控飞行器发送引导消息,受控飞行器只接收,不予响应。单向链路工作模式可支持的任务包括空中交通管制、自动着舰系统、引导对地攻击及舰载飞行器惯导系统的校准等。这时控制台发送的消息包括航向、速度、高度等指令以及目标数据等内容,共 12 种。

双向链路工作时,主要用于执行空中拦截控制任务,要求控制台和受控飞行器具有双工工作能力。控制平台根据需要向受控飞行器发送引导消息,受控飞行器使用应答消息作为响应。飞行器的应答消息中可以包含飞机的位置、燃料与武器状况以及自身传感器跟踪数据等消息,共 5 种。Link-4A 数据链的双向工作模式采用半双工工作方式。

8.2.4　Link-4A 数据链消息传输格式

Link-4A 中传送的消息分控制台发送的引导消息(V 系列消息)和飞机发送应答消息(R 系列消息)。具体的消息格式和消息内容在美国军标 MIL-STD-6004 和北约标准 ATANAG 5504 中进行了定义。

V 系列消息和 R 系列消息均采用固定帧长,其中 V 系列消息(引导消息)的帧长为 70 位,R 系列消息(应答消息)的帧长为 56 位。两种消息均由 5 部分组成,依次为同步脉冲串、保护间隔、起始位、数据、非键控发射信号。

同步脉冲串是 Link-4A 链路传输的起始部分,其作用是:一是为接收机的自动增益控制提供时间,确保接收信号强度不因接收距离的改变而发生变动;二是数据终端接收设备可利用它实现与发射机的同步。此后是保护间隔"0000"与起始位"1"组成的前置码,接着是数据,最后是非键控信号。

引导报文,同步脉冲串占 8 个时隙,保护间隔占 4 个时隙,起始位占 1 个时隙,数据段占 56 个时隙,非键控信号占 1 个时隙。应答报文,数据段只占 42 个时隙,其余 4 个部分所占时隙与引导报文相同。引导报文和应答报文的格式如图 8-6(a)和(b)所示。

Link-4A 数据链路中,一个双向通信周期是 32ms,即在 32ms 的固定时隙内完成一次点名呼叫/应答(引导/响应)。前 14ms 是控制平台发射引导消息,受控飞机接收,发送时间为 $70/5 \times 10^3 = 14(\text{ms})$;后 18ms 是飞机发送应答消息,控制平台接收,发送时间为 $56/5 \times 10^3 = 11.2(\text{ms})$。应答消息只占用了发射周期中的 11.2ms,剩余的 6.8ms 是预留给无线电应答信号从飞行器到控制台的往返时间。这一时隙内电波传输最大距离为 1000km,超过这个传输距离,控制台在接收应答信号和发射下一个引导消息之间就可能会出现重叠干扰现象。

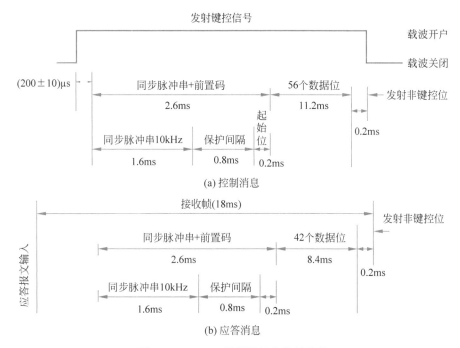

(a) 控制消息

(b) 应答消息

图 8-6 Link-4A 数据链消息的帧结构

为了给飞行器留出足够时间处理控制消息并生成应答消息,在飞行器收到消息后,通常滞后 1 个周期再进行应答,如图 8-7 所示。

14ms	18ms				
1号引导消息	空闲	2号引导消息	1号应答消息	3号引导消息	2号应答消息	…
32ms		32ms		32ms	

图 8-7 Link-4A 数据链发射/应答时隙配置

8.3 Link-11 战术数据链

8.3.1 Link-11 数据链概述

视频

Link-11 数据链被美军称为 TADIL A,是美国海军 20 世纪 70 年代投入使用的一种半双工、低速、保密的战术数据链。Link-11 用来建立地-空和空-空信息传输链路,实现舰船之间、舰船与飞机之间、舰队与岸上指挥机构之间的情报交换。Link-11 采用并行传输(广播式的一点对多点同时传输)和标准报文格式,通信标准由 MIL-STD-188-203-1A 定义。它通常在网络控制站的控制下,以轮询方式进行工作,也可以广播模式工作。Link-11 使用 HF(2～30MHz)和 UHF(225～400MHz)两个频段,使用 HF 频段时,能够覆盖周

围 550km 的区域,主要用于舰艇编队内部、舰艇与岸站之间的战术数据传输;使用 UHF
频段时,能够提供舰对舰 46km、舰对空 270km 的全向范围,主要用于舰艇编队内部、舰
艇与舰载飞机之间的战术数据传输。

Link-11B 被美军称为 TADIL B,是 Link-11 的陆基版本,是一条全自动、保密、全双
工、点对点的数据链路。在美国和一些北约国家,Link-11B 作为陆基战术控制系统的主
要数据链,在美国陆军、空军、海军陆战队和国家安全局之间提供战时战术防空和空中管
制信息。Link-11B 采用串行数据传输方式,通信标准由 MIL-STD-188-212 定义。Link-
11B 的信息标准与物理信道无关,可以在任何点对点数据链路上传输,包括通过调制解
调器在模拟话音信道和数据信道上传输。报文格式也是 M 序列报文,采用多种加密方
法。使用 VHF 和 UHF 频段,可采用微波接力、卫星信道进行传输,也可通过有线方式
发送信息,调制方式为 FSK 和 QPSK,有 600b/s、1200b/s、2400b/s 三种数据传输
速率。

Link-11 广泛应用于美国及北约国家,还有亚洲地区的日本、韩国、新加坡、菲律宾和
中国台湾。其应用平台包括海军战机、空军战机、预警机、区域空中作战中心、空军控制
报告中心等。本节主要介绍 Link-11 数据链。

8.3.2　Link-11 数据链功能

Link-11 支持战斗群各分队之间海军战术数据系统的数据传输,主要用于美国海军
的地面或海面单元与机载单元之间、空军单元之间,以及海军与海军陆战队单元之间的
信息交换,并用于反潜作战。Link-11 数据链系统支持美国海军如下四个战术功能:

(1)舰队区域控制与监视设施。在 Link-11 管辖区内,计划安排并协调舰队的全部
运行、试验和特别使用区域,同时负责本区域的空中交通管理工作。

(2)反潜作战中心。在飞机起飞前、飞行中和飞行后向飞机中队提供实时操纵控制、
任务计划、协调和评估支援,并通过 Link-11 在海上巡逻机和该中心之间传送数字信息。
反潜作战中心彼此之间也能交换信息。

(3)区域作战中心和防区作战控制中心。这一功能支撑北美防空指挥部的战略防空
任务。通过联合监视系统,依靠 Link-11 提供雷达跟踪数据,可保持一幅完整的美国实时
空间图像。

(4)海军陆战队空中指挥与控制系统。Link-11 是海军陆战队的战术空中指挥中心
和战术空中作战中心,承担着空中防卫和空中控制,并为海上飞机提供空中支援。

Link-11 数据链与 Link-4A 数据链的应用目的不同,需要在海上和运动速度较慢的
平台之间交换态势图信息。因此,Link-11 数据链系统的主要战术功能是态势共享和数
字化指挥引导。

8.3.3　Link-11 数据链结构

1. Link-11 系统结构

典型的 Link-11 系统由战术数据系统、通信保密设备、数字通信设备和无线电设备构

成,如图 8-8 所示。

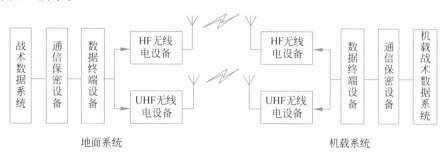

地面系统　　　　　　　　　　　　机载系统

图 8-8　Link-11 系统结构

Link-11 战术数据系统的作用是接收并处理由传感器和通信系统输出的战术信息,向所有参与单元提供实时态势图,并进行链路管理、执行识别功能、维护战术数据库、执行武器选择和管理功能、完成跟踪定位、处理和响应操作员的输入和询问信息、外围输入和输出等。Link-11 系统中的 TDS 还具有航迹处理和融合功能。

Link-11 通信保密设备是 KG-40A,KG-40A 连接计算机和数据终端机,是一种半双工的数字设备。

Link-11 数据终端设备是 Link-11 系统的核心,由调制解调器、网络控制器等组成。它控制整个 Link-11 链路的通信,实现 Link-11 所有的通信规程和报文协议,控制整个数据链的工作。数字通信设备可以完成检纠错、调制解调、网络连接控制、与 TDS 间的接口控制等工作,最终把加密后的数据转换成模拟音频信号,然后将该信号传输给 Link-11 无线电设备。美国海军 Link-11 最新型的数据终端设备的型号为 AN/USQ-125。

Link-11 数据链有 HF 和 UHF 两种无线电台,使用 HF 频段(2～30MHz)和 UHF 频段(225～400MHz)。HF 无线电台采用调幅 SSB 技术,可以调谐到 2～30MHz 频率范围内的任一 100Hz 的整数倍频率,对多音信号进行 SSB 调制,用于网内单元之间的距离在 46～550km 的组网;UHF 无线电台采用调频 FM 技术,可以调谐到 225～400MHz 频率范围内的任一 25Hz 的整数倍频率,用于网内单元之间的距离,舰对舰时小于 46km、舰对空时小于 280km 时的组网。

2. 网络结构

Link-11 数据链的网络拓扑结构为有中心控制的网状网结构,如图 8-9 所示。Link-11 以数字化舰对空指挥和态势共享为目标,采用轮询协议。通过网络控制站(主站)对前哨站(从站或参战单元)的依次轮询和从站的依次应答,形成 Link-11 网络,提供航空母舰、预警飞机或地面指挥所与舰艇、飞机或车辆之间的信息交互,实现网络成员之间的全网统一态势,并在充分感知态势的基础上,实现对舰艇、飞机等精确的数字化指挥。为了感知全网态势,各从站之间需要信息交互。美国军用标准 MIL-STD-188-203-1A 定义了 Link-11 的通信标准等技术细节。

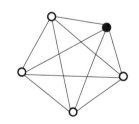

图 8-9　Link-11 数据链网络拓扑结构

8.3.4　Link-11 数据链网络工作模式

Link-11 数据链有 6 种网络工作模式。

（1）网络同步：用于建立网络统一的时间基准，仅网控站工作。网控站连续不断地发送连续的前置码，参战单元（前哨站）连续监视接收到的该前置码，随时对微小的差别进行修正，保持与接收信号同步。

（2）网络测试：用来完成网络同步后参战单元之间的连通性测试。由网控站发送一个已知的测试信号，该测试信号转换成十六进制单音调制信号，所有的参战单元接收到该信号后通过比较该信号和本地信号，根据误码率或其他准则来检测 Link-11 的无线网络性能。

（3）轮询：轮询呼叫是 Link-11 的常规工作方式。此模式下，指定一个网控站，其他入网单元为前哨站。网络控制中心是网络运行的核心，可以对整个网络实施管理。网控站按顺序询问每一个参战单元，而每个参与单元传输它们所要传输的数据作为对询问的应答。

轮询模式具体流程：首先它为所有参与单元建立一个轮询点名呼叫序列，网控站按照顺序逐个询问参战单元是否需要在网络中传输信息，询问信息中包含有网控站发出的战术信息以及被轮询单元的地址码。所有单元均可接收到这些信息，并把数据送到各自的战术计算机。所有的参战单元都会把自己的地址码与接收到的地址码相比较，如果两者相同，则该参战单元切换到发送状态，并在发送间隔发送应答消息（战术数据）。网中所有参战单元均能接收到它的应答消息，并把其中包含的战术数据送入战术计算机。如果该参战单元需要发送的数据较长，不能在分配给它的允许时间内发送完，它将停止并等待下一次轮询。如果该单元没有要发送的消息，它将使用特定的报文回应。参战单元回答信息结束后，网控站切换到发送状态并发送新的查询信息。此过程不断重复，当所有参战单元都被询问结束后就完成了一个网络循环，如图 8-10 所示。

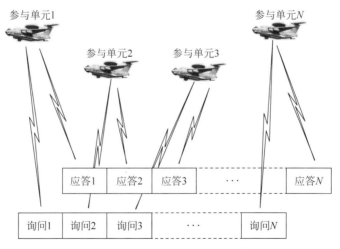

图 8-10　Link-11 数据链轮询工作模式

(4) 短广播：某个入网单元向其他网络成员发送单次数据报告(短广播消息)，报告完毕后自动转入接收状态。

(5) 长广播：某个入网单元连续向其他网络成员发送数据。长广播消息由连续的一系列短广播消息组成，无论是入网单元还是网控站发起的广播，都必须由操作员手动发起并手动停止。

(6) 无线电静默：无线电静默时，所有入网单元处于无线电静默状态，只接收信息，不发送任何信息，即使网控站询问也不应答。

8.3.5 Link-11 数据链消息传输格式

Link-11 数据链的报文标准是由美军标准 MIL-STD-6011 和北约标准 STANAG 5511 定义的 M 序列报文。Link-11 数据链的报文有两种格式：一种是数据报文，用于目标信息和态势命令的发送；另一种是控制报文，用于校准网络。每个数据报文由 60 位组成，位排列顺序是预先规定好的。60 位分两帧，每帧 30 位。每一帧中位从 0～29 进行编号，每帧中有 6 位用于检纠错，剩余的 24 位用于传输战术信息。Link-11 的消息格式如图 8-11 所示。

Link-11消息			
第一帧		第二帧	
信息位 (0~23)	检纠错码 (24~29)	信息位 (0~23)	检纠错码 (24~29)

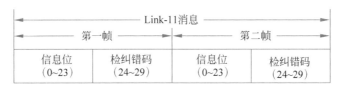

图 8-11 Link-11 的消息格式

Link-11 数据链的传输数据包括报头帧、相位参考帧、起始码、信息帧、终止码、地址码等，如图 8-12 所示。

报头帧 (5帧)	相位参考帧 (1帧)	起始码 (2帧)	信息帧 (不定)	终止码 (2帧)	地址码 (2帧)

图 8-12 Link-11 数据传输帧结构

报头帧占据每次传输的前 5 帧，仅包含多普勒单音(605Hz)和同步信号(2915Hz)。2915Hz 单音在每个帧结束时，相位偏移 180°，以便接收机能够检测到帧的跳变。为了使多普勒信号和同步信号在背景噪声中容易被识别，报头帧中 605Hz 和 2915Hz 的两个单音，发射功率比普通数据单音分别高 6dB 和 12dB。

相位参考帧紧随报头帧发送，由 16 个标称单音混合构成，并作为第一信息帧的相位参考基准。信息帧和控制码帧组成 16 个单音混合信号。

控制码帧控制链路运行。三种基本控制码包括起始码、终止码、地址码。每个控制码由 2 个 30 位帧构成，只要控制码中每帧出错的位数不大于 4，接收方就能正确识别控制码。起始码紧随相位参考帧，是信息段的头两帧，表明消息正文的开始；停止码紧跟最后一个数据信息帧，表示消息正文的结束；地址码表示网控站点名呼叫的前哨站的地址，有一个唯一的 6 位地址来标识，跟在停止码后面。

数据报文帧位于起始码和停止码之间,用来传输战术信息。根据战术数据信息的内容,报文数据用可变的多个数据帧表示。

Link-11 数据链采用了 π/4-QPSK 调制解调技术。24 位战术数据加密、纠错编码后形成 30 位数据,按顺序分成 15 对,每对二进制数据可表示四种不同的状态(00,01,10,11)。然后,15 对数据与 15 个不同的单音频信号进行调制,每个单音均采用 π/4-DQPSK 调制方式对两位二进制数据进行调制,再加上一个多普勒校正单音(605Hz),得到一个多音频 QPSK 信号,代表 30 位数据。Link-11 在 HF 频段使用 SSB 调制方式,在 UHF 频段采用 FM 方式。这样,接收机的接收信号是短波波段包含有 16 个单音频信息的 SSB 信号,超短波波段包含有 16 个单音频信息的 FM 信号。接收机对收到的合成信号多路解调,获得 30 位发送数据,经校验、解密后恢复 24 位战术数据。Link-11 数据链的单音频率如表 8-2 所示。

表 8-2　Link-11 数据链的单音频率

单音编号	单音频率/Hz	单音编号	单音频率/Hz	单音编号	单音频率/Hz	单音编号	单音频率/Hz
1	605	5	1265	9	1705	13	2145
2	935	6	1375	10	1815	14	2255
3	1045	7	1485	11	1925	15	2365
4	1155	8	1595	12	2035	16	2915

Link-11 有 1200kb/s 和 2400kb/s 两种数据速率,分别称为慢数据速率和快数据速率。慢数据速率以 45.45 帧/s 工作,因此实际速率为 1364b/s(45.45 帧/s,每帧 30 位,即每帧占 22ms)。快数据速率以 75 帧/s 工作,因此实际速率为 2250b/s(每秒 75 帧,每帧 30 位,即每帧占 13.33ms)。

8.3.6　Link-11 与 Link-4A 的性能比较

Link-11 与 Link-4A 具有一些相同的功能,同时也具有自己的特点。表 8-3 给出了 Link-11 与 Link-4A 性能比较。

表 8-3　Link-11 与 Link-4A 性能比较

特　　性		Link-4A	Link-11
连通性		只在飞机和控制台之间	每个入网单元和所有其他单元
入网单元数		1,2 或 3 架飞机和控制台	2～20 个入网单元
加密能力		未加密	专用设备加密
信号形式		串行数字	16 单音 π/4-DQPSK 调制
带宽/kHz		40	3
数据速率/(kb/s)		5	2.25
频段		UHF	UHF/HF
数据报告	要求	仅在要求时	除非无线电静默
	长度	固定	变化
	时间	固定	随入网单元号码、报告长度、距离而不同
人员配备		专用控制台上单人控制员	控制台和数据终端设备的多名人员

8.4 Link-16 战术数据链

视频

8.4.1 Link-16 数据链概述

Link-16 是美军根据未来作战的需要于 20 世纪 70 年代初期研制的用于指挥、控制和情报的战术数据链,它支持监视数据、电子战数据、战斗任务、武器分配和控制数据的交换。与 Link-11 和 Link-4A 相比,Link-16 具有拓展的数据结构,更先进的波形,战术交换能力更强,能支持跨军种的指挥、控制、通信、情报功能和海军战斗群作战行动。该系统北约称之为 Link-16,美国海军称为 TADIL J,即战术数据链 J。Link-16 是一种双向、高速、保密、抗干扰、无中心节点的数据链,它集通信、导航、识别三大功能于一体。

联合战术信息分发系统及其后继的多功能信息分发系统为其提供了无线电发送和接收能力。JTIDS/ MIDS 终端采用 TDMA 技术,每个入网单元都通过分配到的时隙实现数据传送。TDMA 技术提供了一种无节点的网络结构,与其他的数据链相比,不再需要网络控制站。

Link-16 数据链的通信频段为 960～1215MHz;视距通信距离,舰对空为 280km,空对空为 550km,舰对舰为 46km。Link-16 主要用于三军联合作战,在飞机、陆基和舰艇战术数据系统间交换数字信息,兼具相对导航和识别功能。其性能特点如下:

(1) 容量大。由于采用时分多址接入技术,信道传输速率最高可达 238kb/s,可容纳更多的用户成员,传递更完整、更精确的战术情报。

(2) 抗干扰能力强。Link-16 采用了 DSSS、纠错编码和信号交织等技术措施,系统具有很强的抗干扰能力。

(3) 保密能力强。Link-16 对消息数据进行消息加密和传输加密,敌方很难破获发送的信息,系统的保密能力大大增强。

(4) 组网能力强。Link-16 数据链允许多达 20 个网络在同一区域工作,这种多网工作方式使系统的容量成倍增加。在不同时隙内,这些网根据需要既可互联在一起,也可分开各自工作。这种灵活的组网方式允许根据战场实际情况和参战单元的组成进行网络管理设计,从而使系统发挥最大效能。

(5) 抗毁能力强。Link-16 系统中所有终端所完成的功能是相同的,时间基准和导航控制器可以任意指定,当它们受到破坏而停止工作时,系统会自动由另一端机接替它们的工作,使系统正常运行。

Link-16 数据链于 1994 年首次装备美国海军舰艇和航空兵部队,由于以 Link-16 数据链通信标准为基础的联合战术信息分发系统非常适用于美军绝大多数战术平台的数据传输要求,因而成为美国陆军、海军、空军和海军陆战队各级指挥所以及战术分队的战术通信装备,是美军现役装备量最大的航空数据链。北约一些国家的很多装备平台也都使用了 Link-16 数据链。

8.4.2 Link-16 系统组成

典型的 Link-16 系统由战术数据系统、指挥与控制处理器(Command and Control

Process,CCP)、JTIDS/MIDS 端 和 天 系 ,如 8-13 所示。TDS 和 CCP 提供
交 的 数 ,而 JTIDS 端 提供保密、抗干 和大容量波形。CCP 是 Link-16 独
有的 件,其功能主要是 报文格式,它使 Link-16 的 数 系 送的 数
不 可在其他 Link-16 系 上 使用, 可在 Link-11 或 Link-4A 上使用。JTIDS 是
Link-16 的通信部分,可起到 数 端机、无 电台以及加密机的作用。

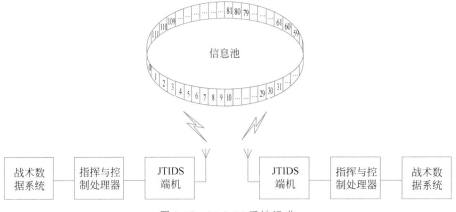

图 8-13 Link-16 系 组成

机 Link-16 系 主要包括任务计算机、JTIDS 端和天 。任务计算机提供要交
的 数 ,JTIDS 端提供保密、抗干 、大容量波形。机 平台没有指 控制 理
器,不能 发 路 的 数 。其任务计算机与 JTIDS 端直接相 。

8.4.3 Link-16 网 工作模式

Link-16 采用 TDMA 网 接入 ,各参与单元功能作用相同,无主站、从站之分,
形成分布式网 拓扑 构。整个网 就像一个巨大的环状信息池,网 所有参与单元都
将自己的信息 放到信息池中供网 所有单元共享,也可以从信息池中 取自己所需要
的信息。

1. TDMA 时 划分

JTIDS 是 Link-16 数 的 通 ,它决定了 Link-16 的 数 吞吐量、网 容量、
覆盖能力、抗干 能力和 保密性。

在 JTIDS 中,所有用户在一个共同的通 上进行发射,为了将不同的用户消息隔离
开,JTIDS 信号使用时分多址技 作为网 接入 ,将时 轴划分成时元、时 和时
,每个端机预先分得几组时 可以发射 数 或接收其他端机发 的 数 。时元、时
和时 的划分如 8-14 所示。JTIDS 信号将一天 24h 划分为 112.5 个长度为 12.8min
的时元,也是 TDMA 重复的 期,每个时元又划分为 64 个时 ,每个时 长度为 12s,每
个时 再划分为 1536 个时 ,每个时 7.8125ms,共有 98304 个时 ,并将所有时 分
成 A、B、C 三组,每组 32768 个时 。时 是 Link-16 信 接入的基本时 单位,每个时
发送一条或多条 J 系 消息,每个节点在一个时 内 得多个发送时 。根据时元号、
时 组号以及时 号,可以确定某个时 的具体位置。

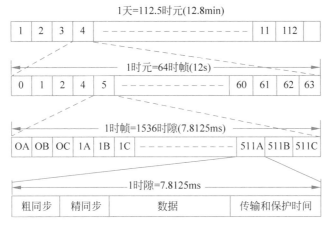

图 8-14 JTIDS/MIDS 时间轴划分

2. 网络结构形式

Link-16 的特点之一是具有灵活的组网方式,可以采用单网方式运行,也可以采用多网方式运行。

1)单网结构

Link-16 的基本网络形式是单网。所有参与单元工作在同一个网络中,统一划分时隙,每个单元跳频图案相同。单网网络通信频率为 969MHz。

Link-16 系统中最多可以使用网络时隙数的 40%,每个终端用户最多可使用网络时隙的 20%。这种限制使得本就不多的网络资源更为贫乏,因此单一网络时隙结构不能满足系统传输战术数据信息的要求,需要建立多重网络。

2)多网结构

Link-16 的特点之一是具有灵活的组网方式,网络结构形式多样。在单网结构基础上,通过堆栈、重叠可灵活构建多网结构,如图 8-15 所示。多网是若干单网叠加,并设定不同的网络编号而形成的网络。这些单网的时隙相互同步,因此某个网络中的一个时隙与其他网络中所对应的时隙完全一致,多网结构允许若干参与单元组在相同时隙内相互独立地交换信息。网络编号用 7 位表示,共 128 个网络编号。Link-16 的波形允许定义 127 个不同的网络。

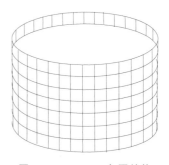

图 8-15 Link-16 多网结构

Link-16 将传输加密变量、消息加密变量、网络编号和时隙号的组合称为跳频图案。跳频图案的参数不同,跳频图案就不同;使用不同跳频图案的各个网络相互独立,这使得它们能并行操作,从而实现多种网络结构。加密变量和网络编号可在任意指定的时隙内实现 508 种不同的跳频模式。

尽管可能有上百个网络,不同编号的网络有不同的功能,但对于所有已定的终端,每个时隙只能在其中的一个网络上进行信息收发。

Link-16 的网络结构是与其完成的战术任务和功能紧密联系的,其中的基本功能是通过公共网络(0号网)实现的,一次作战中的多项功能需要通过多网(1~127号)实现。

3. 网络中继

在通信双方(指挥所、战斗机等)由于障碍物的阻挡或通信距离超出通信范围的情况下,Link-16采用中继方式构建超视距网络结构。中继不对消息内容和格式进行转换,仅采用存储转发的形式对消息进行超视距传输。中继平台在中继前对接收信息进行检纠错,对正确信息中继转发,对错误消息要求重发。话音中继不需要进行误差修正。由于需要预先分配专门时隙来完成相应的中继功能,因此中继必须在设计网络时加以考虑。

8.4.4 Link-16 数据链传输波形

Link-16 数据链系统的通信传输波形是低截获率、扩频、保密的无线信号,满足抗截获、抗干扰和防窃听的战术要求,适合在对抗的作战环境中确保可靠、高效地通信。

在 JTIDS 终端中,通过对战术数据信息进行检纠错编码、二次加密、交织以及扩频、跳频、跳时等环节形成 JTIDS 波形。同时,采用不同的数据封装形式,根据信道质量调整传输速率,提高波形传输的可靠性。

1. 编码数据的形成

首先将 245 位二进制信息按每 5 位分组,每 5 位为一个字符,共 49 个字符。这 49 个字符再分成 4 个组,第一组含 4 个字符(20 位),为报头部分(时隙号、用户号、信息类型),其余 3 组每组 15 个字符(75 位),为数据部分;然后利用 RS 纠错编码技术,报头部分进行(16,4)RS 纠错编码,数据部分采用(31,15)RS 纠错编码,从而得到 109 个字符(16+3×31=109),这 109 个字符就作为待发送的信息流。这样,245 位信源信息包括 20 位(4 个符号)的报头部分和 225 位(3×15=45 个符号)的数据部分,如图 8-16 所示。

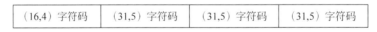

| (16,4) 字符码 | (31,5) 字符码 | (31,5) 字符码 | (31,5) 字符码 |

图 8-16　Link-16 的 RS 码结构

2. 交织

Link-16 数据链对纠错编码后的 1 个 16 字符报头和 3 个 31 字符消息进行交织,打乱符号发送顺序,从而提高信息传输的可靠性,同时提高消息的保密性和抗突发干扰的能力。

3. 软扩频

Link-16 的传输脉冲是扩频脉冲,它是由 32 个 PN 码以 5MHz 速率对载频进行 MSK 调制而形成的。31 位 m 序列扩展一位后构成 32 位序列进行循环移位,可以得到 32 种伪随机序列,正好可以和每个字符(5 位)的 32 种数据组合一一对应,从而可以将输入的每个 5 位信息码元扩展为一个 32 码片的伪随机扩频序列。表 8-4 给出了 5 位码元与循环移位码组之间的对应关系。这是一种软扩频技术,具有频谱效率高、低截获、低检测、误码性能优良、硬件实现简单、计算量小等优点,并且能抗多径干扰。

表 8-4　5 位码元与循环移位码组的对应关系

n	码　元	循环移位码组
0	00000	0111110011101001000010101111101100
1	00001	1111100111010010000010101111011000
2	00010	1111001110100100001010111101100001
⋮	⋮	⋮
30	11110	0001111100111010010000101011111011
31	11111	0011111001110100100001010111101100

5MHz 扩频速率的 PN 码片宽度为 $0.2\mu s$，32 位码片的 MSK 调制脉冲信号宽度为 $0.2\times 32=6.4(\mu s)$，即脉冲发送周期为 $6.4\mu s$。

4. 跳频

JTIDS 将 $960\sim 1215$MHz 频段划分为三段，即 $969\sim 1008$MHz、$1053\sim 1065$MHz、$1113\sim 1206$MHz，频率间隔为 3MHz，共 51 个频点。JTIDS 按照跳频图案随机选择 51 个频率作为 MSK 调制载波频率，进行 225MHz 的宽带跳频。跳频图案的变化规律由保密数据单元所存储的传输加密变量决定。跳频图案中，每个脉冲频率跳变一次，相邻载波间隔大于 30MHz。对于单脉冲信号，每 $26\mu s$ 换一次频率，跳频速率为 38461.5 跳/s；对于双脉冲信号，每 $13\mu s$ 换一次频率，跳频速率为 76923 跳/s。Link-16 信号的这种快跳频方式迫使敌方干扰机工作在很宽的频段上，从而降低了干扰效能。

对于跳频的主要干扰是跟踪和转发式干扰，Link-16 的脉冲跳频有效抗击跟踪转发干扰。Link-16 每个射频脉冲的持续工作时间为 $6.4\mu s$，对应电波往返传播距离为 3×10^5km/s$\times 6.4\mu s/2=0.96$km≈ 1km，即干扰机跟踪转发有效的条件是干扰机与发射机相距不能超过 1km，这在实际场景中难以实现。

跳频还需要信息传输实现快速同步，从而改善了系统的抗多径干扰的能力。

5. 跳时

Link-16 数据链终端(JTIDS)根据时隙分配方案，在分配给本终端的时隙内发送战术信息。每次发射脉冲的起点可以不与时隙起点对齐，而作为随机时延出现，其最大时延值可达 2.2575ms(抖动时间)。这种伪随机时延变化使敌方不易掌握发射时间的规律性。随机时延的长短随时隙号码而变化，其变化规律由密钥控制。

6. 信息加密

Link-16 数据链对消息数据进行两次加密，即消息加密和传输加密。消息加密在检纠错编码之后，传输加密在 FEC 编码和交织之后。消息加密是针对 75 位数据信息，根据保密数据单元中所存储的消息加密变量(密钥和加密算法)对其进行加密；传输加密针对的是交织后 RS 编码信息，上述软扩频、跳频和跳时过程实际上是对信息的二次加密。传输加密过程受保密数据单元中所存储的传输加密变量来控制，因为它决定了传输信号波形的伪随机扩频码、伪随机跳频图案以及跳时抖动时间。

Link-16 数据链中，发送信号的波形形成过程和接收端信息恢复过程可以用图 8-17 表示。

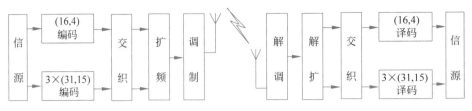

图 8-17   Link-16 物理层信号处理过程

8.4.5 Link-16 消息传输格式

1. 时隙结构

Link-16 数据链采用 TDMA 多址接入方式,因而信息将被封装在时隙中,采取射频脉冲串发射方式,其 JTIDS 时隙结构如图 8-18 所示。

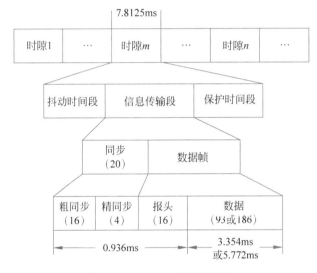

图 8-18   Link-16 的时隙结构

一个时隙一般分为以下阶段:

(1) 抖动时间段(起始段):Link-16 每次发射脉冲的起点可以不与时隙起点对齐,而作为随机时延(抖动)出现,最大时延值为 2.2575ms。抖动时间随时隙号码变化,变化规律由密钥控制。这种伪随机时延变化使敌方不易掌握发射时间的规律性,能有效防止对该系统实施的干扰。有些情况下,为提高传输效率,时隙结构中也可不设置抖动时间段。

(2) 信息传输段:主要用于传输战术消息。发送脉冲包括粗同步脉冲、精同步脉冲、报头脉冲和战术数据脉冲。同步脉冲共 20 个,前 16 个用作粗同步,后 4 个用作精同步;报头脉冲 16 个;数据脉冲是战术信息加入报头、编码、加密、调制后的码元脉冲流,表示战术消息帧,其数据脉冲形式和数量随着数据封装类型的不同而不同。对于设置有抖动时间段的数据封装,信息传输段占 3.354ms,发送 129 个脉冲串(20 个同步脉冲,16 个报头脉冲,109 个数据脉冲);对于无抖动时间段的数据封装,信息传输段占 5.772ms(20 个同步脉冲,16 个报头脉冲,186 个数据脉冲)。

（3）保护时间段：保护时间段使所发送的信号在下一时隙开始之前能传播到视距范围内的所有成员，以防止相互干扰。由于 JTIDS 的作用距离为 550km，只要保护时间段 T_3 不小于 2ms，就可以保证本时隙信号在下一个时隙之前到达所有参与单元。由于总时隙长度和信息段长度是确定的，保护时间和抖动时间总计为 4.4585ms，所以保护时间要随抖动时间的改变而相应改变。对于无抖动时间段的数据封装类型，保护时间为 2.0405ms。

2. Link-16 消息格式与封装

JTIDS 射频脉冲的数据部分一般包含标题、武器、任务代号、位置、油耗等信息。标题指明消息类别、源码编号、消息识别号的二进制信息及待译码的加密信息，除标题以外的信息为数据信息。数据信息按 5 位分组、编码构成数据字符，数据字符在通信过程中具体的数量、含义、比特量、用途、脉冲形式等与消息类型以及消息的封装形式有关。

Link-16 共定义了数据帧、入网消息帧和往返时间（RTT）帧三种帧格式，如图 8-19 所示。数据帧和入网消息帧都包含有粗同步域、精同步域、报文头域和数据域；RTT 帧则不包含帧头域，仅有同步头和数据域，其中同步头是用来实现帧同步的。终端节点接收到消息时，首先检测同步头，确定一帧的起始位。只有这样，才能保证严格的帧同步并正确识别出帧中定义的域，从帧中提取出所需要的信息。

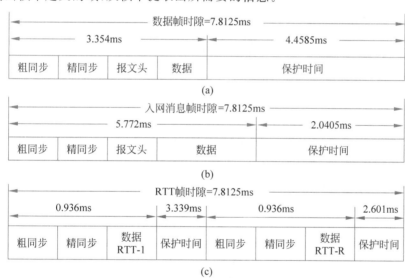

图 8-19　Link-16 的三种帧格式

粗同步是网中所有参与单元获得系统时间，但达不到网络运行所需的同步精度，需要将进行精同步，以消除粗同步留下的同步误差，使时间同步精度小于 100ns。

Link-16 数据链中，针对编码报文、非编码自由报文、固定格式报文、RTT 报文四种类型的消息，为了提高信号传输的吞吐量和抗干扰能力，对不同类型的消息数据进行标准封装、声音消息封装、组 2 封装、组 4 封装。不同的消息封装方式使 Link-16 数据链存在 28.8kb/s、57.6kb/s、119kb/s、238kb/s 四种数据传输速率。关于 Link-16 消息类型和数据封装方式的详细内容可参考相关资料,限于篇幅,这里不展开阐述。

8.4.6　Link-16 数据链终端设备

Link-16 数据终端是高度集成的模块化结构,它将 Link-4A 和 Link-11 系统组成设备的所有功能集成在一个操作平台上,实现战术情报的交换。但同时又是 Link-4A 和 Link-11 的发展,Link-16 数据终端还具有多种方式的抗干扰数据通信、精确定位与识别以及相对导航等新的功能,因此比前两种数据终端复杂。

Link-16 数据终端设备主要包括 JTIDS 1 类、JTIDS 2 类和 MIDS,可以认为这是三代战术数据终端设备,如图 8-20 所示。终端设备发展的特点是功能更加复杂、体积和质量更小、支持平台更加广泛。主要的终端设备 MIDS 包括 MIDS 小体积终端(MIDS LVT)、MIDS LVT2 终端、MIDS FDL 终端。三代设备的主要技术性能见表 8-5。

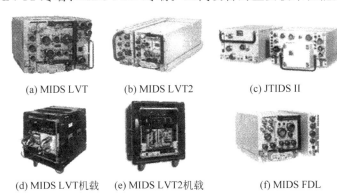

(a) MIDS LVT　　　(b) MIDS LVT2　　　(c) JTIDS II

(d) MIDS LVT机载　(e) MIDS LVT2机载　　(f) MIDS FDL

图 8-20　Link-16 数据链终端设备

表 8-5　战术数据链典型设备性能比较

终端类型	技 术 指 标
JTIDS 1	工作频段:960～1215MHz。入网方式:TDMA 话音传输速率:16kb/s。数据传输速率:2.4kb/s 消息格式:IJMS,具有保密功能
JTIDS 2	工作频段:960～1215MHz。入网方式:TDMA 数据传输速率:28.8～238kb/s。声音封装,28.8kb/s;标准封装,57.6kb/s;分组 2 封装,119kb/s;分组 4 封装,238kb/s 话音通信:双通道数字话音(4 路 16kb/s VSD 或 2.4kb/s LPC) 抗干扰措施:FFH、DSSS、检纠错码 通信保密:外部加密设备 消息格式:TADIL J、IJMS
MIDS	工作频段:960～1215MHz。入网方式:TDMA 数据传输速率:238kb/s(115kb/s),FDL 终端可扩展到 2Mb/s 抗干扰措施:FFH、DSSS、检纠错码 加密:嵌入式加密,传输和通信保密 消息格式:TADIL J、IJMS 注:MIDS FDL 终端组网能力更强

8.4.7 Link-16 数据链性能特点

1. Link-16 数据链的主要性能

Link-16 数据链的主要通信性能如表 8-6 所示。

表 8-6 Link-16 数据链的主要通信性能

组网方式	工作方式	消息标准	通 信 性 能
TDMA	半双工	J 系列	通信频段：L 频段(960～1215MHz) 通信距离：舰对空 280km,空对空 550km,舰对舰 46km。 数据传输速率：28.8～238kb/s 调制方式：MSK 信道编码：RS 编码和交织 抗干扰：直扩、跳频、跳时 保密：消息加密和发射加密 网络规模：不少于 100 个单元

2. 典型数据链性能比较

Link-16 数据链在继承 Link-11 和 Link-4A 数据链战术数据交换特点的同时,由于采用了 TDMA 技术体制、灵活地网络结构以及抗干扰的通信波形,因而是一种高性能、多功能、安全和抗干扰的战术数据链。Link-16 数据链支持监视、电子战、任务管理、武器协同、空中管制、导航、识别和飞机间联络等大量战术功能,其战术功能涵盖并超过了 Link-11 和 Link-4A 数据链系统。表 8-7 给出了 Link-4A、Link-11、Link-16 三种数据链的性能比较,可以看出,Link-16 数据链具有显著的性能优势。

表 8-7 Link-4A、Link-11、Link-16 数据链性能比较

特性	Link-11	Link-4A	Link-16
数据功能	目标监视、位置报告、电子战、任务管理/武器协同	对空控制	目标监视、位置报告、电子战、任务管理/武器协同、对空控制
频谱	HF(2～30MHz) UHF(225～400MHz)	V/UHF(225～400MHz)	L 频段(960～1215MHz)
信道间隔	3kHz,25kHz	25kHz	3MHz
调制方式	HF：AM。UHF：FM	FSK	MSK
编码方式	奇偶校验	无	RS/奇偶校验
报文标准	M 序列	V 序列(控制)；R 序列(应答)	J 序列
消息类型	呼叫报文	控制报文 应答报文	编码、非编码自由报文、固定格式报文、RTT 报文
业务类型	数据业务	数据业务	2 个保密话音通道 126 个数据子网/通道
接入协议	轮询	指令/应答	TDMA 预定时隙
组网方式	有中心星状网	有中心网状网	无中心网状网
相对导航	无	无	有

续表

特性	Link-11	Link-4A	Link-16
抗干扰性	无	无	组合抗干扰
保密性	较好	无	好
覆盖范围	HF：550km UHF：270km	海空：320km 空空：550km	视距：550km 中继传输：920km

视频

8.5　Link-22 战术数据链

8.5.1　Link-22 数据链概述

Link-22 原先称为"北约改进型 11 号数据链"（NATO Improved Link Eleven，NILE）项目，是一种可通过中继系统进行超视距通信的保密抗干扰数据链。Link-22 可在地下、水面、水下、空中或太空各平台间交换目标跟踪信息、实时传递指挥控制指令与警报信息，主要应用在海上舰队，可选择 HF（3～30MHz）或 UHF（225～400MHz）频段工作。

Link-11 存在无抗干扰能力、低传输速率、不支持精确打击、网络结构单一等诸多不足，并且与 Link-16 数据链不兼容。美国、英国、法国、德国、意大利、荷兰、加拿大 7 国制定了改进 Link-11 数据链的 NILE 项目，共同定义出下一代战术数据链，命名为 Link-22。它为战术指挥官提供可靠、保密、实时的战术图像，并且可使指挥官能够对其他作战单元进行有效的指挥。

Link-22 数据链系统的战术功能在包含 Link-11 数据链系统功能的基础上进行了扩展，以适应新的作战需求，例如：将"监视"功能扩展到水下监视、空间监视及地面监视；扩展"电子战"功能，并增加"电子战控制和协调"功能；增加"威胁警告"功能；将"武器和控制"功能扩展为"武器协同与管理"功能等。

Link-22 数据链融合了 Link-16 与 Link-11 的功能特点，属于 TADIL J 战术数据链家族。采用由 Link-16 衍生出来的 F 序列报文标准（STANAG 5522）、时分多址体系结构、特殊的通信媒体和协议以及特殊的操作规程。Link-22 能够在 UHF（225～400MHz）和 HF（3～30MHz）频段使用定频和跳频波形。在 UHF 频段工作时传输速率可达到 12.6kb/s 以上，HF 频段工作时为 500～2200b/s。使用 HF 频段，能够提供 555.6km 的无缝覆盖；使用 UHF 频段，覆盖范围仅限于视距。HF 和 UHF 都能够通过中继扩大覆盖范围。

虽然 Link-22 和 Link-16 都是 J 系列数据链，但它们具有不同的特点，从而相互补充。Link-16 数据链多用于空战场景中的战术信息视距传输，并依靠空中中继扩展通信距离；而 Link-22 数据链多用于对海/反潜作战场景中的战术信息视距传输，很少依靠空中中继，而是依靠 HF 远距离通信或舰-舰中继来扩展通信距离。不同的应用使 Link-22 和 Link-16 构成互补关系，在联合作战中各司其职；通过指挥控制处理器（CCP），完成 Link-22 和 Link-16 之间的消息转发。

在 Link-22 设计中，网络管理和超级网络管理得以简化，一个 Link-22 单元最多可同时操作四个网络,每一个网络都工作在不同的媒体上,作为超网的一部分,任一网络的任一参与者都可互相通信,再加上向其他数据链路的数据转发。在未来的网络中心战时代,Link-22 将承担重任,发挥重要作用。

8.5.2 Link-22 系统结构

Link-22 系统利用无线链路将一组至多 125 个 NILE 单元(NU)连接成为一个超级网络(SN)。SN 任命一个 NU 单元作为超级网络管理单元(SNMU),图 8-21 为三个子网组成的超级网络。超级网络最多能被分割成 8 个子网,也称为 NILE 网络(NN),一个 NN 网络指定一个 MU 单元作为它的网络管理单元(NMU),同一个 NN 网络的 NU 单元使用相同的射频信道。

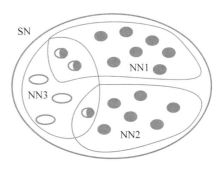

图 8-21　三个子网组成的超级网络

图 8-22 为两个 NU 单元分别接入 Link-22 网络的组成方框图。各个 NU 单元能够在 HF(3~30MHz)或 UHF(225~400MHz)频段以固定频率和电磁保护措施模式工作。一个 NU 单元同时提供 4 对无线收发信道,也就是说,能够同时接入 4 个 NN 网络。

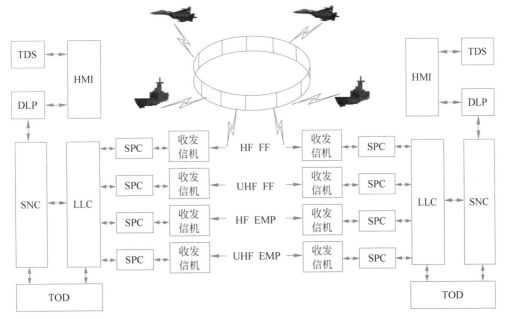

图 8-22　Link-22 数据链系统组成框图

组成 NILE 单元的逻辑模块包括战术数据系统(TDS)、数据链处理器(DLP)、人机接口(HMI)、系统网络控制器(SNC)、链路层通行安全(LLC)、4 个信号处理控制器(SPC)以及无线收发设备和一天时间(TOD)基准源。

(1) 战术数据系统:完成应用层功能,是 Link-22 数据链的信源/信宿和数据库。

（2）数据链处理器：Link-22 终端提供对外接口，连接 TDS 和其他战术数据链；完成表示层功能：产生和构造战术报文、数据翻译格式化处理和语法选择。

（3）人机接口：控制、初始化和必要时重新初始化网络操作模式、协议和无线电台；网络级和平台级的故障诊断与隔离；平台和网络的监视与管理。

（4）系统网络控制器：其提供消息的可靠传输和网络服务，完成数据链路层和网络层的功能例如网络及单元管理，动态 TDMA，中继或路由，流量控制等。

（5）链路通信安全：通信加密模块提供消息加密处理，并提供数据的完整性验证。LLC 支持 SNC 与 4 个信号处理控制器的接口服务，支持至多 4 个网络的并行操作。

（6）信号处理控制器：根据误码率的要求，SPC 选择不同的 RS 码和调制方式，完成传输信号的调制解调和检错纠错编码。

（7）收发信机：无线收发信机支持网络单元实现无线链路的连接。Link-22 有 HF 频段和 UHF 频段两个收发信机，均提供定频和跳频工作模式。其中 HF 跳频模式由慢跳频电台实现，UHF 跳频模式由快跳频（SATURN）电台实现。每个 NU 的 NILE 通信设备最多配置 4 套通信信道（多网配置），最少配备 1 套通信信道（单网配置）。单网配置的 NU 只能在一个网络上工作；多网配置的 NU 能同时参与多个网络，提供多个网络的并发操作以及网络中继。

链路通信安全（加密）、信号处理控制器和收发信机构成 Link-22 的通信信道。SNC 由 4 个信道接口，允许接入 4 路通信信道。通信信道共同完成 Link-22 空中链路的物理层功能，并产生传输波形。

Link-22 系统在 HF 频段提供 550km 的通信覆盖区域，在 UHF 频段提供 380km 的通信覆盖区域。中继设备能将中继数据分别扩展至 1852km 和 550km。中继设备单元把接收到的中继数据在其指定的中继时隙重新发射。中继操作既可以在一个 NILE 网络内进行，也可以在多个 NILE 网络间进行。

8.5.3　Link-22 数据链网络工作模式

从前面介绍的三种战术数据链的性能可以看出，基于 TDMA 接入协议的 Link-16 的性能明显优于基于轮询协议的 Link-11 的性能，同时，考虑到与 Link-16 的兼容性，Link-22 系统采用时分多址访问协议构建网络。另外，针对 Link-16 网络灵活性差、网络管理复杂等问题以及信息快速接入等新要求，Link-22 在网络设计时采用动态时分多址（DTDMA）接入协议，按需为网内 NU 分配信道资源。

1. 网络访问与管理

Link-22 数据链将时间划分为时帧、时隙和微时隙，以网络循环结构（Network Cycle Structure，NCS）运行网络，如图 8-23 所示。

微时隙为最小时间单位，其大小由通信信道性能、最大通信距离等因素综合确定。时隙是 NU 的消息发送单位，由整数个微时隙组成，微时隙个数根据 NU 业务量决定。时帧是 Link-22 网络的时间循环单位，有多个 NU 发送时隙组成。

时隙分为传输时隙和中断时隙两类。大多数时隙为传输时隙，按照时隙分配算法预

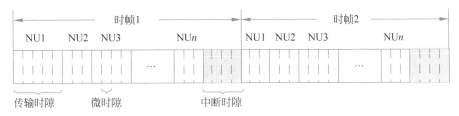

图 8-23　Link-22 的网络循环结构

先分配或动态按需分配给网内各 NU；在某一分配时隙中只有分配了该时隙的 NU 才发送消息，其他 NU 接收消息。Link-22 网络的信息交互主要在传输时隙中完成，其信息交互流程与 Link-16 相同。少量的中断时隙被插入到指定时隙内，用于发送高实时性的紧急消息，由于它中断了正常的消息发送流程，因而称为"中断时隙"，NU 以竞争的方式使用中断时隙。

与 Link-11 网络中的轮询协议相似，Link-22 网络中的 NU 指定时隙的顺序不固定，可根据网络中 NU 数量的变化、消息优先级以及作战态势等改变信息交互顺序。

Link-22 网络拓扑结构为无中心节点的网状网拓扑结构，具有分布式的特点，从而改进了 Link-11 数据链抗毁性差的缺点。

当多个 NU 设定一组专用的网络参数，利用单一通信信道进行信息交互时，所形成的 Link-22 网络为单网。单网是全连通网络，网络拓扑结构与 Link-16 相同，为分布式网状网结构。由于每个 NU 最多配备 4 个通信信道，可以形成 4 个网络同时工作，从而组成超级网络（超网）。

时分多址访问是一种无中心节点结构，也就是说，它的运作不依赖于特定节点的控制。系统在没有网络管理节点时，也能照常运作数小时。然而，Link-22 指定网络单元负责管理网络。超级网络的管理单元是它的最顶层管理单元。它负责整个网络的关闭命令、重新配置或重新初始化命令、网络单元脱离或加入网络命令、加密命令、迟到单元加入超网命令、监视下层网络管理单元、设置网络单元中继功能、无线电静默和通告改变单元状态的命令。超级网络的下层网络管理单元分别管理各自的网络，它们执行伤及网络管理单元命令。

2. Link-22 报文

Link-22 采用 STANAG 5522 定义的 F 或 F/J 系列报文标准。F/J 系列报文是在 Link-16 的 J 系列报文再加上 2 位的报头而形成，每个报文长度 72 位。F 系列报文和 J 系列报文采用相同的数据元素和大地坐标系，简化了 Link-22 和 Link-16 之间的数据转发。

数据链处理器（DLP）承担了 Link-22 和 Link-16、Link-11 的报文翻译转换工作。除翻译转换报文外，DSP 还需要进行适当的低层处理和用无线设备收发 Link-16、Link-11 报文。STANAG 5616 包含 Link-22 与 Link-11 和 Link-16 的数据转送和报文翻译规则。

报文传输是以 DLP 向系统网络控制器发送传输服务请求为起点。传输服务请求包含描述传输请求参数。按传输优先权，它被放进 4 个不同优先权的队列。只有更高优先权的请求被服务后,才轮到对它的服务。

8.5.4 Link-22 数据链功能特点

Link-22 数据链的性能在 Link-11 数据链基础上进行了改进和提高,并且与 Link-16 数据链保持兼容。其主要通信性能如表 8-8 所示。

表 8-8　Link-22 数据链的主要通信性能

通信频段	组网方式	消息标准	通 信 性 能
HF	TDMA/ DTDMA	F 或 F/J 系列	通信距离:550km(单跳),1850km(中继) 传输速率:1493~4053b/s(定频),500~2200b/s(跳频) 调制方式:单载波串行调制,SSB 抗干扰性:低速跳频 保密性:现代加密技术 检错:CRC-16 纠错:RS 码/卷积码
UHF			通信距离:370km(视距),550km(中继) 传输速率:12.667kb/s(定频) 调制方式:QPSK,8PSK 抗干扰性:高速跳频 保密性:现代加密技术 检错:CRC-16 纠错:RS 码/卷积码

8.6 通用数据链

8.6.1 通用数据链概述

通用数据链是一种宽带数据链,是美国国防部于 1991 年开始研制的,作为卫星、侦察机及无人驾驶飞机与地面控制站间传输图像和军事情报的标准链路。CDL 以高速传输为主要特征,一般工作在微波频段,在传感器、情报处理、指挥控制、火力单元等实体间传送情报、监视、侦察、指控等战场信息,是战场态势感知、协同作战中重要的信息传输纽带,是信息化战场上多战斗单元协同作战的重要保障。

CDL 是一个全双工、保密、抗干扰、点到点微波通信系统,在飞机和舰船之间或飞机和地面基地之间提供全双工、宽带、点对点数据通信链路。它可以从空中平台上传输雷达、图像、视频和其他传感器信息,并把控制数据传输给空中平台。

CDL 不同于 Link-16 和 Link-22,它主要是为了满足特殊应用,传的数据是不经过处理的原始数据,这一点与传输处理数据的 TADIL 数据链不同。Link-11、Link-16 和 Link-22 数据链能够向网络中的众多平台发送各种战术信息,换句话说,这些链路很灵活,可满足各种需求,但它们的传输带宽较窄,而 CDL 的带宽很宽。

CDL 提供标准化的上行链路和下行链路服务,工作于 X/Ku 频段。上行链路(命令链路)采用扩频技术,可把数据从地面传送给空中平台,以 200kb/s 数据率工作,并可扩展到 45Mb/s。下行链路(返回链路)可把数据从空中平台传送到地面,以 10.71Mb/s、21.42Mb/s、44.73Mb/s、137Mb/s 和 274Mb/s 等数据率工作,但目前只有 10.71Mb/s 下行链路是保密的。CDL 包括用于视距和超视距传输的一系列可互操作的数据链路,通过指定数据链路的波形和选择硬件配置,可以实现 CDL 数据链路系列的互操作。

通过卫星的 CDL 通信链路采用不同于视距 CDL 的数据率。下行链路以 3.088Mb/s、1.544Mb/s、772kb/s 和 386kb/s 数据率工作。上行链路通过 X 频段的卫星传送时,其数据率范围为 200～6kb/s;通过商用 Ku 频段卫星传送时,数据率达 64kb/s。

CDL 数据链的主要功能包括:高速飞行平台数字侦察信息的实时回传;飞行参数和飞行平台上设备工作状态的实时回传;具有保密、抗干扰的前向指令传输;飞行参数、定位参数注入;跟踪定位飞行平台;空中平台的数据交互和协同网络;战场侦察信息分发;空中数据中继;等等。

8.6.2　CDL 系统组成

CDL 系统包括发射系统、接收系统、天馈系统、信号处理系统、显示系统。从链路的出发位置看可以分为机载设备和地面设备。CDL 机载设备和地面设备都主要由复接/分接器通信保密机、编译码器、交织/去交织、扩频调制/解调器、上/下变频器、行波管放大器、低噪声放大器、双工器以及天馈系统等功能模块组成,如图 8-24 所示。

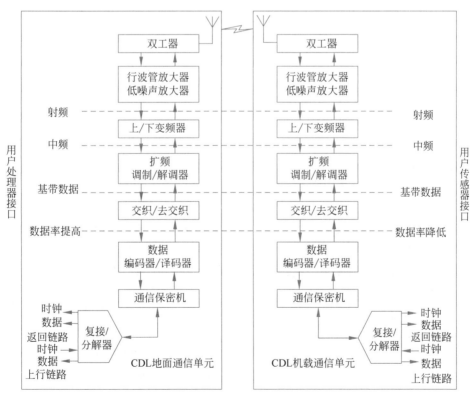

图 8-24　CDL 数据链系统组成

8.6.3 CDL 网络工作模式

CDL 网络拓扑结构有两种类型：一种是中心控制网络；另一种是无中心的自组织网络。在数据链传输时，可以使用点到点和广播两种传输模式。

1. CDL 的网络模式

1) 中心控制网络

有中心控制的 CDL 网络的结构特点是有一个核心节点，其他节点通过这个核心节点进行数据通信。在网络中，除核心节点外，其他节点之间不能直接进行数据通信，同时一个普通节点是不知道其他节点是否在发送数据的。在网络组建方式上一般采用 TDMA，也可以采用 CDMA 组网。

在 TDMA 模式下，所有节点在时隙管理下收发数据，节点的发送时隙动态变化，以解决某个节点需要发送大量数据以及网络效率的问题。在 CDMA 模式下，所有节点收发数据随机，也可以通过控制帧，改变节点的发送速率，以满足不同节点的数据发送量的问题。这两种模式下，网络协议的主要区别在数据链路层。同时，在可靠传输模式下，由于两种模式下数据链路层协议的差异，将会引起传输层的协议变化。

2) 自组织网络

无中心控制的 CDL 网络的结构特点是网内每个节点平等，某两个节点可直接通信，也可以通过某一个或多个节点间接实现通信。这种类型的网络一般采用 TDMA 方式组网，由于网络拓扑的特点，其数据链路层协议较为复杂。

2. CDL 的传输模式

CDL 的传输模式在 STANAG AR 7085 标准中提供，主要包括模拟传输模式、点到点数字传输模式和广播数字传输模式，这里仅简单介绍数字传输模式。

1) 点到点数字传输模式

点到点数字传输模式支持单工和双工传输，主要用于将来自机载终端的综合孔径雷达、机载侧视雷达和自动目标指示雷达或者光电和红外传感器的数据传输到地面处理中心。数据传输速率为几百 kb/s 到几百 Mb/s，链路传输具有抗干扰能力。点到点的数字传输可以根据任务范围、传输安全、干扰环境和数据质量需求来选择使用天线和功率放大器。天线可选用定向天线提高链路传输的保密性和可靠性。点到点数据传输模式的前向链路可向传感器、飞行器、飞行员和操控人员提供指挥和控制信息，也可以向机载数据链终端提供控制信息改变工作模式、数据容量以及进行状态检查。

2) 广播数字传输模式

广播数字传输模式用于机载平台向多个地面站传输图像、侦察数据或相关辅助数据，而地面站则用于发送控制命令。

广播模式也支持单工和双工模式，当存在指挥链路时，可向以下节点或终端提供指挥和控制信息：传感器、飞行器、飞行员和操作人员；机载数据链终端。广播传输可用于综合孔径雷达、红外和光电传感器，其数据率小于 1Mb/s，从而可以采用跳频等信息保护措施。广播传输模式支持实时和非实时的数据传输。

3. CDL 的典型协议

CDL 的应用非常广泛,包含战术、监控和侦察领域。下面介绍几种当前主要的 CDL 体制。

1) 战术通用数据链

战术通用数据链(TCDL)是一系列遵循通用数据链标准的数据链,用于有人和无人驾驶的飞行器之间及其陆/海之间提供安全、可互操作的宽带数据传输。TCDL 工作在 Ku 频段,其上行链路频率范围为 15.15~15.35GHz,传输速率为 200kb/s;下行链路频率范围为 14.4~14.83GHz,传输速率为 1.544~10.71Mb/s,可扩展到 45Mb/s、137Mb/s、274Mb/s。TCDL 具有保密功能,覆盖范围可达 200km。

2) "鹰链"

"鹰链"(HawkLink)是 TCDL 派生出来的一条全双工空-舰宽带数据链,工作在 Ku 频段,下行链路速率为 10.71~45Mb/s,传输距离为 200km。它被设计成可配套使用的通用数据链,因而可以与其他通用数据链之间实现互通。

3) 多平台通用数据链

多平台通用数据链(MP-CDL)是美国空军开发的一种新型多平台抗干扰通用数据链路,目的是在网络环境下提供经济可承受且作战有效的视距、宽带、空-空或空-地的数据链路。MP-CDL 安装在"全球鹰"无人机和其他平台上,其首选机型为多任务指挥与控制、情报、侦察飞机。

MP-CDL 可工作在 X、Ku、Ka 频段,传输速率为 10~274Mb/s,具有很强的抗干扰能力。MP-CDL 具有"网络广播"和"点到点"两种工作模式。采用网络广播模式时能够将数据同时发送给 32 个用户(最多 50 个),采用点到点模式时可用更强的信号将数据传送到地面、海上或空中的一个特定的用户。

4) 监视控制通用数据链

监视控制通用数据链(SCDL)是联合监视与目标攻击雷达系统最重要的保密、抗干扰、动态可变的双向监视和控制数据链,专用于美国 E-8 飞机与陆军机动地面站之间,下行传输机载 AN/APY 23 雷达图像数据,上行发送地面站对雷达的需求指令。

SCDL 主要包括机载数据终端和地面数据终端两部分。SCDL 工作在 Ku 频段,采用 TDMA 方式,采取了加密、高速跳频、纠错和数据冗余等保密、抗干扰措施。它以最高 1.9Mb/s 的传输速率将机载传感器获取的数据传送到机动地面站,将地面站对雷达服务的要求上传到空中平台。

8.7 数据链发展趋势

视频

当今信息化形势下,全球化战争的特性已经发生了很大的变化,尤其是联合作战,将面临更加复杂的战场环境,指挥控制的稳定性、实时性、可靠性受到严重的挑战,数据链作为信息基础设施的重要组成部分,将广泛应用于航天器、飞机、舰船、地面武器等作战平台以及指挥自动化系统的数据通信网,其可靠性和实时性需求对建设和发展提出了很高的标准。纵观外军在数据链方面的发展历程和发展趋势,未来数据链将主要呈现以下发展趋势：在使用现有数据链的基础上，应用新技术升级目前军队装备的数据链；着眼未来战场需求，加大研制开发功能更加全面的新一代数据链，尤其是重点加大空基和天基信息获取能力；借助卫星信道及其他远距离传输信道，形成一体化的数据链系统。

1. 升级原有数据链，研发新一代数据链

当前数据链总的发展趋势是在兼容现有装备的基础上，积极开发新的频率资源，提高数据传输速率，改进网络结构，增大系统容量，提高抗干扰、抗截获以及数据分析能力，从战术数据终端向联合信息分发系统演变，并在与各指挥控制系统及武器系统链接的同时，实现与战略网的互联互通。

2. 多数据链协同

目前，美军及北约多数据链的协同工作主要是通过数据转发来实现。具体做法就是将某一数据链接收到的数据，经过一定的格式转换后再发送到另一数据链中，在此过程中，一条数据链收到的报文不仅被转译为适用于另一数据链的报文，而且报文中的可用数据段也被转译成其他相应报文的数据段，但是这两种报文不一定存在一一对应关系。从应用上看，美军及北约承担多数据链部队数据转发功能的设备只有联合信息分发系统转发设备。

军用数据链的发展趋势之一就是多数据链协同工作。随着数据链的开发应用，新型数据链的传输速率、系统容量、抗干扰和保密能力、抗毁性、能传输的信息种类与粒度、导航与识别功能等都在逐步提高，但新型数据链的出现并不意味着旧的数据链被立即取代，相反，在相当长的时间内它们是共存的，将共同出现在战场上。

多数据链协同工作是指多个数据链通过共享指挥与控制处理器，构成完整的联合数据链体系，为作战指挥系统提供统一的、完整的战术信息。多数据链工作的成员必须预先设计，在包括所有平台的共同战术意图下工作。如装载了 Link-16 的 E-2C 战斗群和 F-14D 改良飞机等平台仍然保持原有的 Link-4A 和 Link-11 功能能够实现多种数据链操作，保证战术资料在这三种数据链上同时使用。系统功能上，要充分考虑继承和发展，如 Link-16 在研发时，就融合了 Link-4A 和 Link-11 的各种作战功能的基础上，通过联合战术信息分发系统的使用，进一步完善了数据链的作战功能，并在保密、抗干扰等战术性能上不断加以完善。

3. 一体化数据链系统

现代战争不仅要防空，而且要防导弹（包括弹道导弹和巡航导弹），还要防遥控飞行器和无人机，这就对战场的范围、自动化指挥系统的数据通信速率、容量等都提出了更高的要求，因此，战术数据链的另一个发展趋势就是借助于卫星通信以及其他远距离传输信道，形成一体化数据链系统。

一体化数据链系统将包括陆、海、空、天、电、网等多维空间的作战应用单元，在各应用单元间实现互联互通。体系结构大体上分为三个层次：最底层是陆、海、空等军兵种本身的为一个局域服务的数据链，数据链服务范围有限，不利于军种间的联合作战；中层为联合战术数据链（如 Link-16），达到互联互通，为战场态势了解和开展一体化指挥作战提

供支持；上层为远距离数据链，把各个 Link-16 数据链连成国家甚至世界范围的数据链体系，在统一的网络管理下工作，为开展国家级的联合作战提供支持。因此，数据链体系结构一体化将是未来数据链发展的一个趋势，这是信息化条件下战争的必然要求。

习题

1. 简述军用数据链的概念及其分类。

2. 美军研制 Link-4 和 Link-11 数据链是基于什么军事战术目的？

3. 为什么 Link-4A 数据链的网络结构是星状网结构，而 Link-11 的网络结构是网状网结构？

4. 与话音通信系统相比较，Link-4A 和 Link-11 数据链系统的结构组成有哪些特点？

5. Link-16 数据链的传输波形采用了哪些抗干扰技术？

6. Link-16 数据链的信道资源是如何划分的？

7. 试分析对比 Link-16、Link-11、Link-4A 数据链的通信性能。

8. 与 Link-11 相比，Link-22 数据链有哪些改进？

9. 分析 Link-16 与 Link-22 数据链组网协议的特点。

10. 试从军用数据链的功能特点出发，论述军用航空数据链在现代战争中的作用。

第9章

民用航空数据链系统

随着航空技术的发展,民航飞机飞行高度不断升高,飞行速度不断提高(低速→亚声速→声速→超声速),雷达、传感器等平台广泛应用,信息种类和信息量迅速增加,单纯依靠话音传输,不管是模拟还是数字形式都远远达不到大容量、多类型、高速运动场景下的通信需求,需要采用自动化程度高的数据通信来完成。20 世纪 50 年代后,在计算机技术和数字通信技术的支持下,航空数据通信系统应运而生。

民用航空通信数据链,实质上是一个通信信息管理系统,采用无线网络的通信方式与协议,完成地面管理系统以及飞行器间的数据交互。通过地空数据链信息管理系统,可有效地将飞行器信息和地面信息联系到一起,为机组人员、地面管制人员、航空公司调度人员提供及时安全的飞行信息,提高运营效率。

本章在阐述民航空中交通管制相关概念的基础上,介绍二次雷达监视系统和 ADS-B 空管监视数据链系统,然后介绍民航广泛应用的 ACARS 地空数据链系统。

9.1 空中交通管制

视频

航空运输业的蓬勃发展,导致空中交通呈现出繁忙、无序的状态,因此出现了"空中交通管制"的概念。空中交通管制是指利用通信、导航技术和监控手段对飞机飞行活动进行监视、控制和管理,保证飞行安全和飞行效率。根据国际民航组织(ICAO)的规定,空中交通管制的主要任务是防止飞机在空中相撞,防止飞机与障碍物相撞,保证空中交通无阻和有序的飞行。

9.1.1 空中交通管制发展阶段

1. 目视飞行管制

1934 年以前的民航活动初期,由于飞机数量少,飞机飞行距离短、飞行速度慢,且只在白天和好天气的情况下飞行,所以执行的是目视飞行管制,即空管员凭目视掌握飞机的位置、航迹和飞机的相互间隔,驾驶员依靠视觉来判断和发现其他飞行物和地面障碍。目视飞行规则的基础就是飞机能"看见"和"被看见"。目视飞行规则对能见度和天气情况做出了严格的规定,如果天气状况不达标,飞机就不能放飞。

2. 程序管制

随着飞机性能的提高及机上无线通信和导航设备的应用,1934—1945 年,各国相继建立了使用仪表完成安全飞行的规则,同时沿航路建立了航路交通管制中心,空管员根据驾驶员的位置报告将其填在飞行进程单上,然后确定飞机间的相互位置关系,再发布命令、实施管理,于是形成了以程序管制为核心的空中交通管制。程序管制是指机组使用导航设施报告飞行中的位置和状态,空管员根据飞行的时间、机长的报告以及精确的计算来掌握飞机的位置、航迹和相互间隔。相比目视管制,程序管制大大降低了天气可能对飞行造成的影响,扩大了管制区域的范围,但要求飞机之间的间隔还比较大,只适用于飞行流量小的情况。

3. 雷达管制

20 世纪 50 年代中期,雷达技术尤其是二次雷达的出现,加上地空通话系统的快速发展,使雷达管制成为现实。雷达管制是指空管员利用雷达对飞机进行监视,随时掌握飞机的位置、航迹和有关飞行数据,并主动引导飞机飞行。雷达管制使空管指挥更加灵活、高效,对航空器限制少,而对雷达设备和陆空通话系统要求高。驾驶员使用雷达提供的飞机相互之间的位置信息,有比较充裕的时间来判断和避免可能发生的安全事故。雷达管制可以适用于飞行流量较大的情况。

程序管制和雷达管制最明显的区别在于两种管制手段允许的航空器之间最小水平间隔不同。程序管制要求同航线同高度航空器之间最小水平间隔为 10min(对于大中型飞机,相当于 150km 左右的距离),雷达监控条件下的程序管制间隔只需 75km。而雷达管制间隔仅需 20km,而且间隔还在缩小。显然,允许的间隔越小,越有利于保持空中航路指挥顺畅,更有利于提高飞行效率。

在雷达管制出现的同一时期,出现了仪表着陆系统(Instrument Landing System,ILS)。该系统使用无线电信号引导,飞机可在能见度和云层高度很低的情况下着陆,极大地提高了航班正常性和安全性,并使航空运输进一步摆脱了天气的限制。

4. 空中交通管理

从 20 世纪 80 年代开始,为适应飞机航速航程的扩展和日益增长的空中交通量,ICAO 于 1983 年成立了一个未来空中航行系统(FANS)特别委员会,提出了新航行系统的综合概念。新航行系统有通信(C)、导航(N)、监视(S)和空中交通管理(Air Traffic Management,ATM)四大要素,简称 CNS/ATM。通信、导航和监视系统是基础设施,空中交通管理是管理体制、配套设施及其应用软件的组合。

空中交通管理的任务是有效维护和促进空中交通安全,维护空中交通秩序,保障空中交通畅通。空中交通管理包括空中交通服务(Air Traffic Service,ATS)、空中交通流量管理(Air Traffic Flow Management,ATFM)和空域管理(Air Space Management,ASM)三大部分。

空中交通服务主要包括飞行情报服务(FIS)、空中交通管制(ATC)服务和告警服务(ALS)。其中,空中交通管制是核心内容,主要任务是防止航空器与航空器相撞及与障碍物相撞,包括塔台管制服务、进近管制服务和区域管制服务。飞行情报服务的任务是向航空器提供有助于安全和有效地实施飞行的建议和情报,包括航站终端自动情报通播(ATIS)及空中交通咨询服务(ATAS)。告警服务的任务是当航空器处于搜寻和救援等紧急状态时,向有关组织发出通知,并给予协助。从此,空中交通管制成为空中交通管理的内容之一。

9.1.2 空中交通管制区域

民用空中交通管制的区域通常分为机场管制、进近管制和航路管制。

1. 机场管制区

机场管制由机场塔台提供,因此空管员也称为塔台管制员,空管员又分为机场地面交通空管员和机场空中交通空管员。塔台空管员在塔台楼的高层上,可以透过宽阔的玻璃窗把机场和周围空域看得清清楚楚,这个区域中主要使用目视飞行规则,管制的对象多半是目视可见的飞机。机场地面监视雷达的使用使空管员的工作质量和效率大大提高。机场管制服务的范围：航空器在机场管制区的空中飞行；航空器的起飞和降落；航空器在机坪上的运动；防止飞机在运动中与地面车辆和地面障碍物的碰撞。机场管制的区域范围是机场以及起落航线，半径不超过 50km，高度 6000m 以下。

2. 进近管制区

进近管制由进近管制室提供，也称终端管制，这个区域中主要使用仪表飞行规则，管制的对象是依仪表飞行的飞机。进近空管员依靠无线电通信和雷达设备来监控飞机，不需要凭借目视看到飞机。进近管制室一般设在塔台楼的下部，便于和机场管制协调，根据繁忙程度，也可与机场管制合为一个单位。由于交接的需要，这几个区域之间是部分重叠的。进近管制的范围为中间环节，下接机场管制区，上接航路管制区。一般进近管制的范围在以机场为中心的 90km 半径之内，高度在 6600m 以下。

3. 航路管制区

航路管制的区域范围是高度在 6600m（含）以上大范围飞行的航空器。区域空管员的任务是根据飞机的飞行计划，批准飞机在其管制区域内飞行，保证飞行的间隔，调配飞行冲突，然后把飞机移交到相邻空域，或把到达目的地的飞机已交给进近管制。区域空管员依靠地空通信、地面通信和远程雷达设备来确定飞机的位置，按照规定的程序调度飞机，保持飞机飞行的间隔和顺序。

9.1.3 空管监视系统

空中交通流量的迅猛增加，给空中交通管制带来越来越严重的难题，空域日益拥挤，航班延误数量和延误时间日益增长，造成了较大的事故隐患和经济损失。空中交通管制的基本任务就是监视航空器的活动，监视系统主要用于航管中心掌握航空器的飞行轨迹和飞行意图，保障空中交通秩序安全、通畅。

先进的空管监视手段是有效实施空中交通管制的基本保障。目前，可用于空中交通管制的空管监视系统主要有空管 S 模式二次雷达系统、自动相关监视系统（Automatic Dependent Surveillance，ADS）和多点定位（Multilateration，MLAT）技术等。在新航行系统的监视系统中，经济发达地区的繁忙空域可采用二次雷达监视系统，其他空域采用自动相关监视系统，并将二者的数据融合。通过自动相关监视，可以克服海洋/荒漠等空域航线少、飞机间隔大的缺点，提高空域利用率。

随着雷达技术、计算机技术、机载设备等的发展，空管雷达开始实现了自动化联网，将计算机技术、雷达技术和卫星技术完美地结合起来，可以构成完整的空中交通管制系统，将更加有效地实施空中交通管理。

9.2 空管监视雷达系统

视频

空管监视雷达包括一次雷达（Primary Surveillance Radar，PSR）和二次雷达（Second Surveillance Radar，SSR）。空管监视雷达是保障飞行安全、实现雷达管制、提高空域流量和空域资源利用率的基础,是实时提供空中航行情报及飞行态势的重要信息源之一。

9.2.1 一次雷达

空管一次雷达是通过接收航空器对雷达自主发射的询问电磁波的反射波,经过检测处理从而对航空器进行定位的雷达系统。一次雷达可分为航路监视雷达和机场监视雷达。

目前的航路监视雷达一般工作在 L 频段,频率为 1250~1350MHz,兼顾了方位分辨力、天线尺寸、传输损耗、发射功率、经济指标等因素,作用距离为 300~500km,雷达探测到的飞机位置信息以适当的数据格式通过调制解调器传送给空管中心。由于空管的航路监视雷达与地面军用警戒/引导雷达的性能要求比较接近,在实际雷达对空监视网的配置上,常将空管的航路监视雷达与地面警戒/引导雷达用同一部雷达来实现,这样既节省了投资,又有利于军航和民航之间的协调,能快捷地把雷达对空监视网纳入国家的空防系统。而空管雷达通常设计成双机冗余热备份系统,可以每天 24h 工作,所以有条件的国家也直接采用空管雷达设站。

机场监视雷达所监视的区域通常是飞行的密集区和繁忙区,其管制的范围有限,雷达作用距离为 100~150km。对机场监视雷达的要求更主要的是目标分辨力、低空杂波中检测目标的能力、多目标的处理能力和数据更新能力等,按照 ICAO 的规定可选用 L 频段或 S 频段。目前,机场监视雷达多工作在 S 频段,频率范围为 2700~2900MHz,天线水平宽度通常约为 1.4°。机场监视雷达提供了精确的飞机位置信息,空管人员据此通过数据传输或网络引导飞机以适当的距离和高度接近并进入机场的着陆跑道,随后飞机将在仪表着陆系统、微波着陆系统或精密着陆系统等的引导下安全着陆。机场监视雷达的另一个重要任务是及时提供终端管制区域内的有关气象数据。

一次雷达主要优点:独立非协同式监视;对机载设备没有任何要求;可对不具备机载应答机功能的航空器实现监视;各地面站可独立运行。缺点:仅有目标距离和方位信息;无航空器识别能力;覆盖范围小;建设和运行维护成本高;地面站建设受地形限制。

9.2.2 二次雷达

1. 二次雷达工作原理

二次雷达是通过地面雷达询问机发射询问信号,空中机载应答机接收到该询问信号并发射一个应答信号,从而实现航空器定位与识别的雷达系统。它最初是为了解决空战中一次雷达只能发现目标而不能判别目标这一问题,使雷达能分辨出敌我双方的飞机而发展起来的敌我识别系统,当把这个系统的基本原理和部件经过发展后用于民航的空中交通管制,就成了二次雷达系统。二次雷达探测飞机是由地面询问机和机载应答机合作完成的,有时也称二次雷达探测的飞机为合作飞机。

空管二次雷达系统工作原理如图 9-1 所示,空管雷达常将一次雷达和二次雷达合装(通常二次雷达在上,一次雷达在下),以便将一次雷达和二次雷达探测到的同一飞机的点迹或航迹综合后再传到空管中心。二次雷达发射不同模式的询问脉冲串,询问载频确定为1030MHz。安装在飞机上的应答机接收到询问信号后进行相应的回答,应答载频确定为1090MHz,应答信号脉冲链长度达到15个脉冲,具有分选识别能力。地面二次雷达接收到应答信号,经过译码,就在一次雷达屏幕出现的这架飞机的亮点旁边显示出飞机的二次雷达代码、飞行高度、飞行速度、航向等参数,从而使雷达由监视的工具变为空中管制的手段。

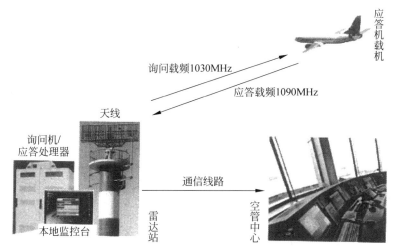

图 9-1 二次雷达系统工作原理图

2. 系统组成

典型的 PSR/SSR 系统协同工作的组成框图如图 9-2 所示。其中,地面二次雷达包括发射机、定时器编码器、显示器和接收机,机载应答机包括接收机、译码器、编码器和发射机。

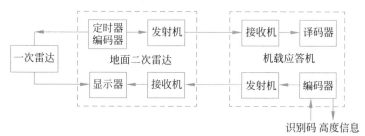

图 9-2 二次雷达系统组成框图

空中和地面的数据通信由三个子网组成:连接地面上各个计算机的地面网络;连接各个飞机上的计算机的空中网络;支持地面和空中通信的地-空网络。地面和空中数据处理量的增加使得更多的飞行数据要以数字形式传送。采用数字数据链路的方式能更有效地实现这些数据的传输,从而减轻了空管员和飞行员的负担,也消除了相互之间的误解。

3. 询问和应答信号格式

二次雷达的询问模式/应答模式是通过将上行询问内容/下行应答内容进行脉冲编

码来实现的。飞机的进港、出港以及在航线上飞行过程中,空管员想知道的内容很多,如飞机的二次雷达代码(由飞行管制部门掌握)、驾驶员姓名、飞行高度、飞行速度油量以及飞机有无故障等。若将这些内容均编码——予以询问和应答,则是很复杂的。根据实际需要,ICAO 规定了多种询问模式,传统模式的二次雷达仅仅用到 A 模式和 C 模式,有时又习惯称 A/C 模式的二次雷达。A/C 模式的二次雷达询问/应答主要是飞机的二次雷达代码和高度这两项内容。不同的询问模式,由间隔不同的脉冲对组成,A/C 模式脉冲对时间关系如图 9-3 所示。

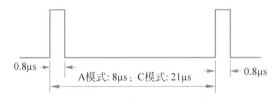

图 9-3　A/C 模式询问信号格式

二次雷达的 S 模式是在传统模式基础上发展起来的。A/C 模式二次雷达发射询问脉冲时,凡处在雷达询问波束范围内的飞机都会对询问做出应答,若两架以上飞机距离相近,接收到它们的应答脉冲会重叠,造成雷达无法辨别相邻的飞机。为了克服这一弊端,在二次雷达中引进了选择地址的询问/应答概念,即世界上每一架飞机赋予一个唯一的 24 位二进制 S 模式地址,或称 ICAO 地址,并将其刻在机身内,在雷达询问信号中加入这一地址,当它收到询问脉冲中的编码地址与自身的地址相同时才做出相应的应答。这种可以对被监视的飞机进行有选择性的询问的雷达称为 S 模式二次雷达。从 1999 年起,传统模式的二次雷达系统将逐步被 S 模式的二次雷达系统所代替,目前欧洲很多国家的空管二次雷达已普遍使用 S 模式。

S 模式二次雷达询问和应答信号格式如图 9-4 和图 9-5 所示。

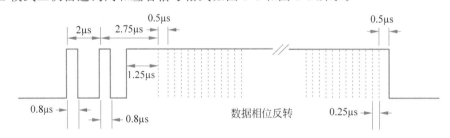

图 9-4　S 模式询问信号格式

使用 S 模式需要更新原 A/C 模式的系统设备。在 S 模式出现之前,空管二次雷达系统已在世界各国通用,所以 S 模式取代 A/C 模式的过程只能是逐步进行,在相邻国家和地区可能同时使用了不同的询问和应答信号,并且这种模式共存的局面将会有一个较长的时间。因此,S 模式的询问和应答信号必须能与 A/C 模式的询问和应答信号相兼容。S 模式与 A/C 模式兼容呼叫方式和全呼叫询问/应答信号格式这里不再讨论。

4. 二次雷达系统的优势

二次雷达系统具有许多一次雷达所没有的优点,具体如下:

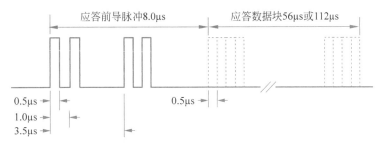

图 9-5　S 模式应答信号格式

（1）二次雷达询问/应答信号均为单程传输，发射功率比一次雷达的发射功率小得多，体积、质量也相应小得多；接收机灵敏度也可比一次雷达低。

（2）询问频率和应答频率不同，避免了一次雷达的地物杂波和气象杂波的干扰。

（3）二次雷达的高度信息由飞机上气压高度表测量，空管员与飞行员掌握的高度数据一致，便于空中交通管制及飞机间飞行高度安全。

（4）二次雷达能提供目标识别信息，即飞机的二次雷达代码。当飞机发生故障、通信系统失灵或遇到非法干扰时，能提供危机告警信息。

（5）空管 S 模式二次雷达可提供大量的飞机飞行数据，用于空中交通管制，并可以与飞机交换气象数据、飞行计划等信息。

（6）二次雷达还能对另一飞机的机载防撞系统的询问进行应答，从而使机载防撞系统能为可能发生的碰撞提供防撞飞行建议。

二次雷达的出现是空中交通管制最重大的技术进展，在和平时期世界各国大力发展民用空中交通管制系统的同时，又反过来促进了敌我识别系统的进步，二者相辅相成，共同发展。二次雷达已经在空中交通管制、敌我识别、信标跟踪等方面得到了广泛应用。我国民用航空空中交通管理规则做出规定，一次监视雷达和二次监视雷达用于提供空中交通管制时，可单独使用或结合使用。二次雷达监视系统，特别是具有单脉冲技术及 S 模式和数据链能力的系统，可作为主要雷达监视系统单独使用。

国际民航组织在新航行系统的规划中认为，今后地空通信将存在 VHF 地空通信、航空卫星移动通信（AMSS）、HF 地空通信、SSR 的 S 模式数据链四种通信方式，并且它们可以交互操作。除二次监视雷达的 S 模式数据链外，其他三种通信方式都包含数据和话音通信，并且以数据通信为主，话音通信将逐渐减少，最终话音通信只在紧急状态下使用。在陆地上空以 VHF 数据链为主要方式，跨洋飞行采用卫星或 HF 数据链，而在高密度的经济发达地区，则以二次雷达数据链作为传递信息的方式。

9.2.3　空管 S 模式二次雷达系统

1. S 模式二次雷达系统组成

根据飞机平台的特点，考虑到飞机机体对应答天线有一定的遮挡，为保证应答天线对地面二次雷达询问信号的全空域接收，在整机架构设计中采用两个应答天线的方案，分别安装在飞机机头和机尾，避免飞机机体遮挡造成应答天线无法正常接收二次雷达询问信号情况的发生。

典型的空管 S 模式应答机组成框图如图 9-6 所示。其主要由终端模块、射频收发模块、电源模块、应答天线等组成。

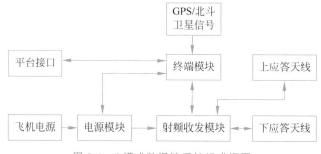

图 9-6　S 模式数据链系统组成框图

终端模块是整个设备的核心，主要完成航管询问应答信号处理功能、实时时钟功能、自检功能、与机上综合显示控制器的通信功能、对射频收发模块的通信控制功能、掉电保存功能、对输入输出信号的滤波功能。

射频收发模块包括上、下变频通道，功放单元可同时接收上、下应答天线所接收到的询问信号，经过放大滤波处理后送给终端模块解码。

电源模块连接飞机 28V 直流电源，为整机提供所需的各种电压、电流，并进行隔离、滤波处理，应满足电磁兼容性的要求。

应答天线分为上、下应答天线，分别安装在飞机的机头和机尾，以实现对询问信号的全向接收，避免飞机机身对询问信号的遮挡。

2. 数据结构与格式

ASTERIX 是欧洲民航合作组织为了使雷达监视设备与自动化处理系统之间的数据通信标准化而提出的传输规程，ASTERIX 标准在制定过程中提倡在网络节点间传送数据时采用通用的高级数据链路控制（High-Level Data Link Control，HDLC）协议，为不同生产厂家提供统一的标准。

在 HDLC 协议中，数据被组成一个个单元（帧），通过网络传输。HDLC 的帧格式如图 9-7 所示，它由 6 个字段组成，这 6 个字段可以分为 5 种类型。

标识 8位	地址 8位	控制 8位	信息 $8n$位	帧校验 16位	标识 8位
F	A	C	I	FCS	F

图 9-7　HDLC 帧结构

标识字段 F：HDLC 指定采用 01111110 为标识序列，用于帧的开始和结束。

地址字段 A：表示链路上站的地址，每一站都被分配一个唯一的地址。

控制字段 C：用于构成各种命令和响应，以便对链路进行监视和控制。

信息字段 I：携带高层用户数据，可以是任意的二进制比特串。

帧校验字段 FCS：使用 16 位 CRC，对两个标识字段之间的整个帧的内容进行校验。

ASTERIX 数据封装在 HDLC 帧的信息字段中,每个 HDLC 帧一般封装一个 ASTERIX 数据包,但也可以封装多个数据包,如图 9-8 所示。

标识	地址	控制	信息	帧校验	标识
0x7E	8位	8位	长度不定	16位	0x7E

ASTERIX数据包1	...	ASTERIX数据包n

图 9-8 ASTERIX 帧结构

9.3 空管 ADS-B 数据链系统

视频

9.3.1 ADS 数据链系统

自动相关监视技术是一种基于全球定位系统的空-地、空-空通信数据链,其核心是把来自机载导航和卫星定位系统的飞机位置等相关数据通过地空数据链自动传送到地面交通管理部门,供管制人员监视飞机的运行状态。ADS 系统由导航卫星、地空数据链(卫星数据链、甚高频数据链和 S 模式数据链)、地面信息处理网络组成,如图 9-9 所示。ADS 系统可用于雷达无法覆盖的洋区、远端区域和空域,改善现有监视手段的不足。

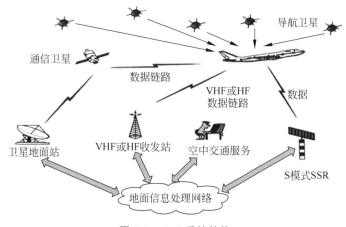

图 9-9 ADS 系统结构

ADS 定义中包含了以下几层含义:A(Automatic,自动)是指无须人工干预进行数据传送;D(Dependent,相关)是指数据的发送依赖于机载设备;S(Surveillance,监视)是指提供监视到的飞机识别号、速度和位置等信息。

自动相关监视技术有合同式自动相关监视(ADS-C)和广播式自动相关监视(ADS-C)之分。ADS-C 是指飞机与地面站按照约定的合同,通过双向数据链发送与接收位置报告。通常,在启动 ADS 应用后,地面系统首先根据管制要求发送位置报告命令(即合同),飞机接受该合同并根据合同要求向相应的地面站发相应的信息。广播式自动相关监视,顾名思义,即无须人工操作或者询问,可以自动地从相关机载设备获取参数向其他飞机或地面站广播飞机的位置、高度、速度、航向、识别号等信息,以供空管员对飞机状态进行监控。ADS-B 与 ADS-C 之间除合约和通信协议的管理控制方式不同外,目标下传的位置、姿态和航行信息的内容基本一致。

9.3.2 ADS-B 系统组成与工作原理

ADS-B 基于全球定位系统,以地-空、空-空数据链为通信手段,以导航系统和机载产生的信息作为数据源,通过自身对外发送状态参数,并接收其他航空器的广播信息,从而实现航空器间状态信息的互知,达到了解周边空域的详细交通状况。ADS-B 可在无雷达覆盖区域提供机场场面监视、ATC 监视以及未来的空-空监视等应用服务,已成为 ICAO 未来航行系统方案中的一个重要组成部分。

典型的 ADS-B 系统由 ADS 信源、传输信道和信息处理与应用三个模块组成,如图 9-10 所示。ADS-B 信源包括各种机载导航传感器和接收机以及大气数据传感器;传输信道包括卫星数据链、VHF 数据链和 S 模式二次雷达数据链。ADS-B 信息处理与应用包括地面的通信终端和显示终端。

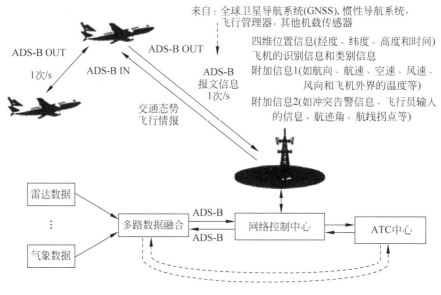

图 9-10　ADS-B 系统组成与工作原理示意图

ADS-B 系统工作过程:①装备了 GPS 的飞机从导航卫星接收授时信息从而精确地确定飞机的位置和速度。②ADS-B 发送设备从关联机载设备获取所需参数信息,通过地空数据链,向地面的 ADS-B 接收机和其他飞机广播精确的位置和速度以及飞机识别信息、航班号、空地状态等数据。③ADS-B 信号接收方(如地面 ATC 系统)向使用者提供实时的空中交通状态。

ADS-B 系统包含机载和地面设备两部分,机载设备以 GPS 进行实时定位后,以 1s

的时间间隔(1 次/s)把飞机的位置、速度、高度等数据向外广播(ADS-B OUT 数据),其周围的飞机和地面基站都能收到这些数据,同时该飞机也能收到其他飞机的相关数据(ADS-B IN 数据)。

ADS-B 信息以报文的形式通过地空数据链传到地面 ATC 中心,最终用户是交通管制员。传输的报文数据至少包括识别标识和四维位置信息,还能提供附加数据,如飞行趋向、飞行速度、气象等信息。

9.3.3 支持 ADS-B 服务的数据链技术

ADS-B 的 OUT 和 IN 功能都是基于数据链通信技术,目前 ADS-B 技术可选择的数据链技术有三种。

1. 1090ES 数据链

1090ES(1090MHz Extended Squitter)数据链是 ICAO 推荐的基于 S 模式应答机基础上发展起来的数据链系统。系统传输数据采用 1Mb/s 的速率,信息格式采用脉冲位置编码,工作频率采用 1090MHz。

1090ES 数据链的 S 模式 ADS-B 长应答信号由 112 个信息脉冲构成,每隔 1s 通过机载设备广播一次,采用扩展型断续振荡的传播方式。112 位信息脉冲由两部分构成:消息位占用前面的 88 位,奇偶校验位占用后面的 24 位,信息的具体内容如图 9-11 所示。

图 9-11　1090ES 的消息格式

1090ES 数据链主要用于承载 ADS-B 报文,由 4 个前导脉冲和 112 位的报文序列组成,如图 9-12 所示。

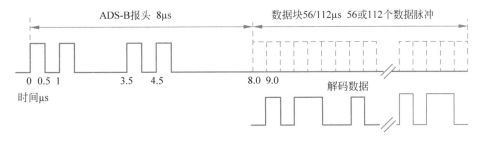

图 9-12　1090ES 数据链信号格式

2. VDL-4 数据链

甚高频数据链模式 4(VDL-4)起源于瑞典,是欧洲电信标准协会(ETSI)推荐的规范化 VHF 数据链技术。其工作方式是首先进行时间同步和定位,然后将这些利用 GNSS 获得的信息由数据链进行广播。系统传输数据采用 19.2kb/s 的速率,占用 25kHz 的带宽，工作频率采用118～137MHz。

VDL-4主要应用了超长帧技术和自组织式时分多路（STDMA）技术，STDMA的原理是依据时间将一个通信波道分成许多时间片段，为了达到不同的使用者共享同一通信波道的目的，用户将要传输的信息放入不同的时间片段中，这样信息之间互不影响，所有的使用者以绝对的时间点作为存取时间片段的依据，从而提高通信容量。

3. UAT 数据链

通用访问收发（UAT）数据链是美国最早为支持ADS-B而着手研究的数据链系统，系统传输数据采用1Mb/s的速率，工作频率采用978MHz。

UAT的工作原理：采用时分复用的接入方式，每一帧从一个协调世界时（UTC）开始，时长为1s，分为两部分：地面站发送第一部分，占用时长为188ms；地面车辆或飞机等移动用户发送用第二部分，占用时长为812ms。UAT最小的时间度量单位为MSO（Message Start Opportunity，信息起始时机），一帧共有4000个MSO，每个MSO时长为250ms，如图9-13所示。

图 9-13　UAT 的帧格式

UAT是美国联邦航空局为满足自身发达的通用航空的发展需要，专门设计用来支持ADS-B功能的数据链，但是由于UAT方式综合性能好，正在成为事实上的通用航空的标准。

9.3.4　ADS-B 功能和特点

ADS-B与话音通信相比减小了飞行间隔，增加了空域容量，但其飞行间隔仍然大于雷达管制所需的飞行间隔，所以ADS-B在进近和终端区以及一些流量较大的航路上仍然不能取代雷达管制，只能是雷达管制的辅助手段，并且主要运用于边远及海洋地区空域的监视。

ADS-B具有以下主要功能：

（1）通过对雷达覆盖区以外的飞机提供ADS监视手段来加强飞行安全。

（2）及时检测到航路点引入差错和ATC环路差错。

（3）对当前飞行计划进行符合性监督和偏离检测，及时发现飞机对航迹的偏离情况。

（4）管制员可以根据发现的问题及时提出相应的修正措施。

（5）与其他监视、通信、数据处理与显示设备配合，可有效缩小飞行的间隔标准。

（6）提高战术处理能力，使空域利用更为灵活。

（7）加强了冲突检测和解脱能力。

（8）在紧急情况下及时得到飞机精确的位置信息和通知。

ADS-B 有以下技术优点：

（1）与现行雷达相比，ADS-B 无须询问/应答方式便可获得实时、准确、全面的监视信息；ADS-B 的建设成本只有雷达系统的 10% 左右，并且维护成本低，使用寿命长；使用 ADS-B 可以解决非雷达覆盖区的监控问题，且可以与雷达系统结合使用。

（2）该技术提高管制员的工作效率。使管制员能清晰地看到冲突，准确及时地采取避让措施，大大提高了飞行安全。

（3）通用航空飞机使用该技术也可以接收天气、地形、空域限制等飞行信息。

（4）该技术可用于机场场面监视，为地空交通提供低成本、高效率的监控。

ADS-B 主要有以下局限性：

（1）机上信息处理和报文传输需要时间，从数据采集到发送至少需 64ms。

（2）通信滞后，报文从飞机传到地面需 45～60ms。

（3）相关监视，依赖飞机报告，完全依赖机载导航信息源。

（4）地面站和 GNSS 要使用相同基准，否则精度变差。

9.3.5 ADS-B 应用状况

鉴于 ADS-B 的各种优势，世界范围内都在积极推进 ADS-B 系统的建设。目前已知最早的 ADS-B 强制要求是在 2010 年 11 月的加拿大哈德森湾，在那里尾随间隔将从 80nmile 缩小到 5nmile。澳大利亚西部大部分空域于 2013 年 12 月开始强制实施 ADS-B 运行。由于澳大利亚西部大部分空域没有被雷达系统覆盖，所以他们选择了 ADS-B 监视，以避免昂贵的雷达系统建设和维护费用。欧洲计划 2015 年对进入欧洲空域的飞机强制实施 ADS-B OUT，且自 2013 年起对生产线上飞机强制要求满足 ADS-B OUT 运行。美国计划到 2020 年 1 月对所有飞机，包括商用飞机和通用航空，强制要求使用 ADS-B OUT。

我国在 ADS 技术的应用方面起步并不晚。1998 年，中国航空为了探索新航行系统的发展之路，启动了第一条基于 ADS 技术的新航行航路（L888 航路）建设。2004 年，北京、上海、广州三大区域管制中心相继建成，为三大区管中心配套的空管自动化系统都具备了 ADS 航迹处理能力。当今，中国民航 ADS-B 监视技术已经在逐渐走向实用阶段，尽管我们在 ADS 的实用技术研发、机载设备配备、地面系统建设、飞行和管制人员的操作技能培训等多方面还有待提高。

9.4 飞机通信寻址与报告系统

9.4.1 ACARS 概述

飞机通信寻址与报告系统（Aircraft Communication Addressing and Reporting System，ACARS）由美国航空无线电公司（ARINC）在 20 世纪 70 年代初开发，该系统于

视频

1978 年引入民航，并在全球投入使用，是最早的甚高频地空数据链通信系统，也是目前世界范围内使用最普遍的、面向字符传输的地空数据通信系统。ACARS 主要由机载设备系统、地面应用系统和地空数据通信服务提供商三部分组成，用于飞机与地面之间的双向数据传输。ACARS 的机载系统能够收集机载传感器提供的各类信息，按照规定的格式装配成 ACARS 报文，将报文作为传输单元通过地空数据链（包括 VHF、卫星和 HF 数据链）发送到地面；也可以将地面系统发送的控制命令和数据等信息装配成 ACARS 数据报文，通过相同的地空数据链路发送到飞机。

ACARS 具有自动报告功能，报文可以由系统自动发送，也可以根据需要由人工发送，报文中含有许多重要的数据和信息，如飞机的当前位置、发动机数据、气象信息、管制指令等。

面向字符传输的 ACARS 数据链功能最初是为航空公司进行航务管理通信（AOC）而建立的。典型的应用是传送推出登机门—离地—着陆—停靠登机门（Out of gate—Off the ground—On the ground—Into the gate，OOOI）信息，即在主要飞行阶段变化时由飞行人员向航空公司签派部门报告的信息。随着签派部门与飞机维护和机组管理部门之间联系的加强，ACARS 传送的数据类型和内容不断增加，系统功能也得到不断扩展。目前，ACARS 已成为飞机与机场部门、航空公司、空管部门等用户进行有效地联系的纽带，从而使用户对飞机的运行管理与控制、状态监控与故障远程在线诊断等一系列功能的实现更加方便、快捷，并且可有效降低航班运行费用、提高航班运行效率。

相对于传统的地空话音系统，ACARS 具有以下优点。

（1）提高了数据传输的准确性和快速性。频繁使用话音通信容易使人产生误解和错误，ACARS 数据传输可以自动进行，减少了飞行人员所需的话音通信，降低了人工干预所造成的误差，提高了地空通信的准确性。另外，使用 ACARS 可避免话音通信存在的 VHF 频道拥挤和阻塞以及 HF 系统通信质量差的问题。

（2）改善信息的实时性，增加信息量。ACARS 能够传送一些飞行员没有觉察而系统自动探测出来的故障信息到地面，这种实时确认信息的能力减少了工作负荷，增加机组效能，提高签派和维修效率，从而降低了航空公司的维修成本。

（3）资料数据易于共享。话音信息很难分配到航空公司的各个部门，而 ACARS 按照标准的报文进行信息交流，提供的信息是基于字符的完整、准确的数据信息，易于分析和保存，可随时翻阅和供事后查询，也可经由地面网络实时传送给其他相关部门。

在不同国家和地区，ACARS 数据链网络的运行由不同的数据链服务提供商（Datalink Service Provider，DSP）管理与控制。国际上主要的数据链服务提供商有美国的 ARINC、欧洲的 SITA、中国的民航数据通信公司 ADCC（Aviation Data Communication Corporation）、日本的 AVICOM、加拿大的 CAN 以及泰国的 AEROTHAI 等。ARINC 和 SITA 是全球两个最主要的数据链服务提供者。

中国民航于 1995 年开始着手建设 VHF 地空数据链网络系统，1996 年，ADCC 引进 ARINC 公司的数据链技术，并配合国内开发的配套网关和应用软件系统，组成适应中国航空用户使用需求的数据链网络。截至 2005 年 5 月，国内加装 ACARS 的飞机突破 500

架,目前几乎所有的大型民航客机都加装 ACARS 机载设备。2011 年,数据链地面站总数达到 120 座,中国航空地空数据链网络成为世界航空专用数据通信网络中的重要组成部分。

如今新一代航空数据链网络已经开始建设,不同的通信技术、协议和系统结构被引入数据链领域以支持未来的空中交通航行系统,但 ACARS 得天独厚的优势在短时间内还没有被替代的可能。甚至有些时候,业内仍然把 ACARS 作为整个地空数据链系统的代称。

9.4.2　ACARS 组成

ACARS 是一个综合地空通信系统,从数据传输的角度可将 ACARS 分为机载子系统和地面子系统,其组成如图 9-14 所示。

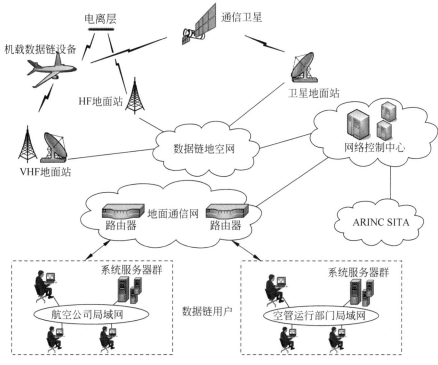

图 9-14　ACARS 组成

由于 VHF 频段只能实现信号的视距传输,当飞机飞行在海洋上空或边远地区上空的空域时,由于没有视距范围内地面站的支持,VHF 数据链无法使用,与地面的数据通信可采用卫星数据通信链路 SATCOM 和 HF 数据链路,特别是在两极地区,HF 数据链已成为主要的地空数据通信方式。ACARS 的地空数据传输可以通过 VHF 数据链、SATCOM 和 HF 数据链,满足超视距航空通信的要求。目前,ACARS 主要是基于 VHF 链路实现数据传输。本节仅讨论 VHF 方式传输的 ACARS。

ACARS 的机载设备与 VHF 地面站、HF 地面站和卫星地面站进行空地数据交换。ACARS 数据链服务提供商管理地面远程无线电台,将接收到的来自机载子系统的

ACARS 数据报文送到网络管理与数据处理系统,经过处理后的数据按照不同分类通过地面数据通信网进一步传送到航空公司、空中交通管理部门等各个 ACARS 数据地面终端用户。反之,来自地面用户的需求、命令、数据等信息经过网络管理与数据处理系统处理,再通过远端地面站发送到机载 ACARS 子系统。

ACARS 不但用于数据传输,也可以进行话音通信,因而其机载子系统与传统的机载 VHF 话音系统共存。ACARS 使用专用的 VHF 收发器(通常是第三套 VHF 收发器)发送和接收数据。在有些机载设备组件中,安装有话音/数据开关,使得 ACARS 使用的 VHF 信道像其他传统的 VHF 话音系统一样适用于话音通信。机载子系统中的通信管理单元(Communication Management Unit,CMU)负责控制 VHF 话音通信方式和数据通信方式之间的切换。

ACARS 地面子系统主要由 VHF 远端地面站(Remote Ground Station,RGS)、地面数据通信网络、网络管理和数据处理系统以及用户子系统组成。RGS 是 VHF 数据链系统的地面节点,用于飞机与地面数据网连接,负责接收来自机载设备发送的下行数据报文,并通过地面数据网络发送至网络管理与数据处理系统。同时也负责接收来自网络管理与数据处理系统的上行数据报文,并通过地空数据链发送至机载设备。

为了保证一定飞行高度的飞机能够与地面进行可靠的通信,需要在航路上建立多个 RGS,以保证信号在高空的连续覆盖。在机场也必须建立 RGS 站。在不同高度层 RGS 具有不同的覆盖区域,如在 3000m 高度层时其覆盖范围为 240km,6000m 高度层时覆盖范围为 330km,9000m 高度层时覆盖范围为 400km。由于 VHF 地面站架设位置可能有建筑物等设施的遮挡,通常认为一个 RGS 的实际覆盖范围约为 370km。

若 ACARS 使用卫星数据链和 HF 数据链,则地面系统相应的地面站还包括卫星地面站和 HF 地面站。

ACARS 用户子系统按照应用对象可分为面向航空公司的飞行监控与服务系统、空中交通服务系统、机场运行保障系统以及其他应用系统。其中,飞行监控与服务系统实现飞机动态监控与服务、双向地空数据通信、飞机发动机状态监控、飞机远程在线诊断、地面服务与支持功能;空中交通服务实现飞机起飞前放行(PDC)、数字式自动化终端区信息服务(D-ATIS)、航路气象信息服务(D-VOLMET)、管制员飞行员数据链通信(CPDLC)、合同式自动相关监视(ADS-C)等功能;机场运行保障系统完成航班运行监视,飞机到港和预计到港情况等信息发布等功能;其他应用系统可实现航空器气象数据下载等服务。

9.4.3　ACARS 报文类型及结构

1. ACARS 报文的种类

按传输方向,ACARS 报文可分为上行链路报文和下行链路报文。按应用角度,ACARS 报文大致可分为:面向航空公司应用的航空运营与控制(AOC)报文、面向空中交通管制与服务的空中交通服务(ATS)报文和航空行政管理控制(AAC)报文。

AOC 报文主要有 OOOI 报、故障报、发动机报和位置报等;ATS 报文主要包括 PDC

报、ATIS 报、ADS 报、CPDLC 报等；AOC 及 AAC 报文用于飞机与航空公司之间通信，这些报文主要按照 ARINC 618/633 规范定义。

2. ACARS 报文的基本结构

ACARS 报文格式基于航空无线电技术委员会(RTGA)的建议设计。ACARS 采用面向字符的通信协议，飞机和地面用户生成的信息按照 ICAO 附件 10 中定义的 7 位 ISO-5 字符集编码，再增加 1 位奇校验位，形成 8 位字符，而后按照标准的格式装配成数据报文传输。

由于 VHF ACARS 地空通信报文格式(ARINC 618)和地地通信的报文格式(ARINC 620)不同，相应的处理程序也不同，所以在实际的 ACARS 通信过程中必须由数据链服务提供商进行报文格式的转换，如图 9-15 所示。

图 9-15　ACARS 数据链信息传输路径

这里以 VHF ACARS 为例，简单介绍 ACARS 基于 ARINC 618 的地空通信报文结构，如图 9-16 所示，图中给出报文各字段名称缩写、长度以及部分字段的示例。

Name	SOH	Mode	Address	TAK	Label	DBI	STX	MSN	Flight ID	Text	Suffix	BCS	BCS Suffix
Size	1	1	7	1	2	1	1	4	6	0-210	1	2	1
Example	\<SOH\>	2	..N3872		5Z	2	\<STX\>	M01A	XX0000		\<ETX\>		\<DEL\>

(a) 下行报文的一般格式

Name	SOH	Mode	Address	TAK	Label	UBI	STX	Text	Suffix	BCS	BCS Suffix
Size	1	1	7	1	2	1	1	0-220	1	2	1
Example	\<SOH\>	2	...9X032A		5Z	2	\<STX\>	UPLINK	\<ETX\>		\<DEL\>

(b) 上行报文的一般格式

图 9-16　地空数据链报文一般格式

(1) 起始标识符(SOH)：1B。报文起始标识符以 ISO-5 字符集中的控制字符"SOH"表示。

(2) 模式(Mode)：1B。区分 ACARS 所支持的两类(A 和 B)网络运行模式。所有的数据链服务提供商都支持 A 类运行模式，B 类运行模式只限于部分型号的 CMU。

(3) 地址(Address)：7B。也称飞机注册码，用于标识正在与地面系统通信的飞机。

(4) 技术确认(TAK)：1B。包含"肯定"与"否定"确认信息。

（5）报文标签（Label）：2B。表明报文的类型和内容，也可用于路由和寻址，地面站和机载的通信管理单元通过识别报文的标签内容来确定如何进一步转发或处理该报文。

（6）上下行链路块标识（UBI/DBI）：1B。上下行链路块标识是某个具体的上、下行报文的身份标识，以区别于其他的上、下行报文。下行该字段（DBI）为"0～9"中的一个单字符，上行该字段（UBI）为"A～Z"中的一个单字符，或由控制字符"NUL"构成。

（7）前导结束标识符（STX）：1B。正文开始的标识字符。只有报文中含有正文信息时才有该字符，没有正文（如确认报文）时，则用控制字符"ETX"作为报文结束的标识。

（8）正文（MSN）。ACARS报文正文必须由ISO-5字符集中的非控制字符构成，长度为220个字符。通常，正文的前几个字符用来传递某类信息传输时所必须报告的固定参数，余下的字符用来进行自由通信。如果正文长度超过220个字符，信息将被分成多块报文进行传递，但最多不超过16个分块。因此，每个分块下行传输的报文正文中都包含一个报文序列号MSN（Message Sequence Number）（4个字符）和飞行标识（2个字符航空公司代码及4个字符的航班号）。

（9）正文结束符（ETX）：1B。对于单块报，用控制字符"ETX"表示；对于多块报，用中间各块报文以控制字符"ETB"结束，最后一块报文用"ETX结束。"

（10）块校验序列（BCS）：2B。该字段按照循环冗余校验原理，利用CCITT的生成多项式 $P(x)=x^{16}+x^{12}+x^5+1$ 生成该校验码，以保证报文的准确性和完整性。

（11）块校验结束：1B。按照ACARS系统的调制方案，为了保证BCS字段的最后一个比特可以被解码，必须增加BCS结束标识字符。

ACARS的地地通信的报文格式（ARINC 620）与地空通信的报文格式有所不同，这里不再赘述。

9.4.4 ACARS物理层通信技术

ACARS数据链作为面向字符的数据链系统，其通信协议不满足ISO的OSI7层协议体系结构，但其物理层通信原理与其他通信系统基本一致。考虑到我国主要采用VHF ACARS，这里仅介绍VHF ACARS的相关物理层通信技术。

1. ACARS射频频率分配

ACARS使用国际航空专用的VHF通信频段，频率范围为117.975～137MHz，信道间隔为25kHz（中心频率为1XX.X00MHz、1XX.X25MHz、1XX.X50MHz、1XX.X75MHz），总信道数为760个。ACARS采用半双工工作方式，系统地空通信的数据传输速率为2.4kb/s，地地通信的数据传输速率为9.6kb/s。

当需要与地面进行数据传输时，VHF通信收发机频率是由机载系统中的通信管理单元（CMU）自动控制，具体频率依地区而定。国际上主要的数据链服务提供商（DSP）都有各自不同的数据链覆盖服务区，在每个独立的区域内都设有一组VHF频率，分为基频和信频。基频是飞机与地面网络建立连接时使用的频率。在通信负荷较低的情况下，飞机在服务提供商所提供的覆盖区域内以基频通信；通信负荷较大时，为了避免信道拥塞，飞机可选择可替换的其他频率（信频）通信。每个航空公司可以选择不同的ACARS数据链服务提供商为自己提供服务。

为了及时告知飞机已进入某数据链服务提供商提供的服务区域,方便飞机获取基频,地面数据处理中心会产生特定的断续报文,通过所在区域边缘的地面站,利用基频周期性向飞机广播。

当飞机飞越不同的覆盖服务区时,需要通过国际网关进行信息的传递。而在海洋上空或边远地区上空的空域时,需要采用航空卫星数据链或航空短波数据链通信,要求飞机装有支持短波数据链和卫星数据链通信的机载电子设备,系统工作频率相应为卫星波段和短波波段。目前,我国民航数据通信只使用基于 VHF 的 ACARS。

2. ACARS 的调制机制

输入 ACARS 的信号有两种类型,分别为离散数字信号和话音模拟信号。对于这两种源信号,ACARS 采用不同的调制方式,最终均借助 VHF 收发器发送出去。

尽管数字信号在传输过程中具有抗干扰能力强、误码率低、数字式设备易于集成化、微型化等优点,但鉴于模拟信号比数字信号频带窄,所以在 ACARS 内话音信号仍采用模拟信号幅度调制方式。在地面站发送的启动 ACARS 的上行链路报文中约定了话音通信所使用的载波频率。对于输入系统的离散数字信号,先对各码元进行最小移频键控调制,再用一个固定分配的频率(如我国基频为 131.45MHz)作为载波进行调幅,最后将该二次调制波经过 VHF 天线发送出去。ACARS 发送与接收过程如图 9-17 所示。

图 9-17 ACARS 信号的发送与接收过程

ACARS 数字信号使用两种子载波,频率分别为 2400Hz 和 1200Hz,通过这两种频率的不同组合,表示二进制信号"0"和"1",如图 9-18 所示。对于子载波频率 2400Hz,一个周期的波形代表一个二进制位。当在一个码元周期内起始相位为 0 时代表"1",起始相位为 π 时代表"0"。对于子载波频率 1200Hz,半个周期的波形代表一个二进制位。在一个码元周期内起始相位为 0 时代表"0",起始相位为 π 时代表"1"。

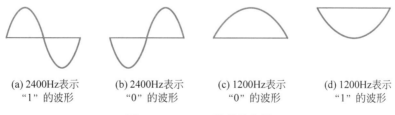

(a) 2400Hz表示
"1" 的波形

(b) 2400Hz表示
"0" 的波形

(c) 1200Hz表示
"0" 的波形

(d) 1200Hz表示
"1" 的波形

图 9-18 ACARS 子载波信号

对于以上两种子载波信号波形,也满足规则:当一个周期的波形结束,其波形走势为正斜率时,表示二进制信号"1",负斜率时表示二进制信号"0"。可见,ACARS 信号时通过载波频率与相位的不同组合实现编码。图 9-19 为 ACARS 的 MSK 调制波形示例。可以看出,1200Hz 的载波信号所表示二进制位与其前面的二进制位不同,即出现位翻转,而 2400Hz 的载波信号所表示二进制位与其前面的二进制位不同,这使得信号的解调过程非常简单。

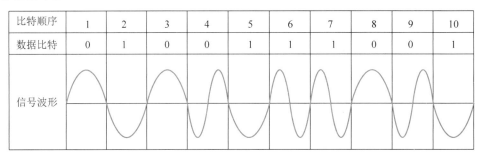

比特顺序	1	2	3	4	5	6	7	8	9	10
数据比特	0	1	0	0	1	1	1	0	0	1
信号波形										

图 9-19　ACARS 的 MSK 调制信号波形

9.4.5　ACARS 链路控制技术

1. ACARS 系统媒体访问控制(MAC)协议

ACARS 属于多用户访问网络,机载 CMU 和 VHF 地面站必须按照一定的媒体访问算法检测信道状态,获得物理链路的使用权,为了保证在有效的频率上发送数据,CMU 在发送报文前必须获得下行发送数据的许可,飞行人员人工命令、一些用户定义的命令或逻辑、通过频率管理或数据链服务提供商的自动换频命令可使 CMU 获得发送下行数据的许可。在获得下行发送数据许可之后需要执行下面的媒体访问控制算法,从而确定是否可以占用信道发送数据。ACARS 地空双向无线信道中进行数据通信时采用“非坚持 CSMA”多路访问通信协议。控制算法步骤如下:

(1) 如果信道空闲,则立即发送数据。若在 ACARS 的 VHF 收发器模拟接口检测到有 MSK 调制的载波频率(1200Hz 或 2400Hz)信号存在,则认为射频信道被占用;若两种频率都没有检测到,则认为信道空闲。

(2) 如果信道被占用,CMU 等待一段随机的时间,该等待的时间在 30～300ms 均匀分布。

(3) 等待时间到后,返回步骤(1),CMU 重新检测信道状态,直到信道空闲,然后发送数据。

一旦检测到信道空闲,CMU 会立即键控机载 VHF 收发器启动发送,与此同时输出前导数据序列、同步字符,随后发送 ACARS 报文数据。发送结束,CMU 会立即键控机载 VHF 收发器停止发送。

ACARS 没有提供避免访问冲突的机制,当负载较重时冲突会加剧,整个系统工作性能会降低。

2. ACARS 链路控制(LLC)协议

ACARS 使用“停-等”方式的链路控制机制,即每份报文发出后,必须在收到其确认报文后才能将下一份报文发出,如图 9-20 所示。序号为“0”的数据 Data(0)发送后,只有收到其相应的确认 ACK(1)报文后,才可以发送新的数据报文。如果数据报文丢失或者确认报文丢失,在规定的时间内(机载重发计时器设置的时间)报文发送方无法收到预期的确认,则会自动重传已经发送的报文,直到收到正确的确认报文,或者重发次数超过规定的次数后,系统认为当前的链路不可靠,重新建立通信链路。使用"停-等"方式可以有效地实现链路的流量控制。

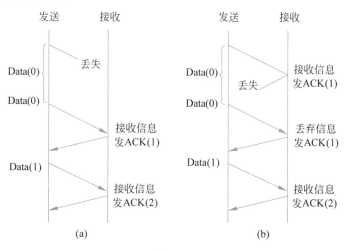

图 9-20 "停-等"方式链路控制协议

每个 ACARS 报文最大可支持 220B。对于长数据块,由 ACARS 通信处理器将其分成数段,按照报文格式要求,每个数据段编成一份报文并依次通过无线链路发出。

9.4.6 ACARS 的特点与应用

ACARS 作为一种地空数据链系统,最初用于数据服务提供商向航空公司提供相关服务,目前已扩展到空中交通管理与服务领域。提供的服务包括空中交通服务(ATS)、航务管理通信(AOC)和航空管理通信(AAC)。

尽管 ACARS 具体应用随航空公司或空中交通管理服务的不同而不同,但是有许多应用是所有 ACARS 用户普遍使用的。图 9-21 为航空公司 ACARS 在各飞行阶段可以提供的服务。图 9-22 为空中交通管制与服务中 ACARS 在各飞行阶段可以提供的服务。从图中可以看出,在飞机飞行的不同阶段,针对不同服务部门,ACARS 传输的业务信息类型是不同的。

9.4.7 VDL-2 数据链系统简介

虽然 ACARS 在业界获得了广泛应用,但是 ACARS 存在以下不足:

(1) ACARS 报文采用明文传输,保密性差;ACARS 不具备对航空安全通信的保证和优先等级。

(2) ACARS 链路传输延迟大,传输效率低。

(3) ACARS 频谱利用率较低。

(4) ACARS 不支持数字话音和数据流文件传输,如气象云团等。

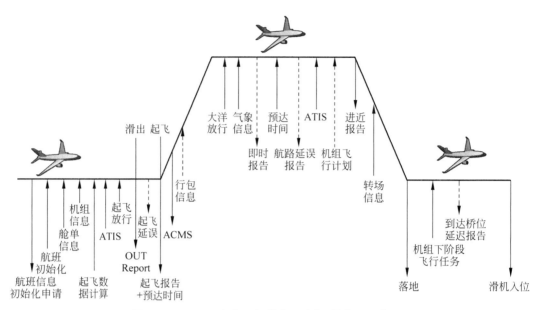

图 9-21　ACARS 在各飞行的应用阶段(航空公司应用)

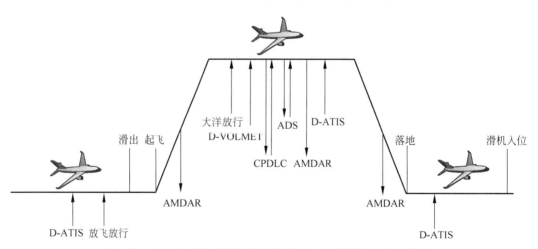

图 9-22　ACARS 在各飞行的应用阶段(空中交通管制与服务应用)

　　(5) ACARS 与预定用于航空电信网(ATN)的开放系统互联体系不完全兼容。

　　尽管经过改善数据传输的完整性,当前 ACARS 可同时支持 AOC 和 ATC 应用,但是,ACARS 作为一个以面向字符为基础,向面向比特为基础发展的过渡性的数据通信系统,无法适应未来新航行系统地空通信的需求。为了更好地解决地空数据日益增长带来的问题,国际上在 VHF 地空数据通信中先后出现了甚高频数据链模式 2(VDL-2)、甚高频数据链模式 3(VDL-3)、甚高频数据链模式 4(VDL-4)。这三种工作模式均是以 ACARS 为基础,在功能上扩展和增强,主要体现在传输速率的提高以及使用频率、编码方式和通信方式的不同,从而使地空数据通信效率大大提高。目前,全球范围内民用航空广泛使用 ACARS 与 VDL-2。这里仅对 VDL-2 系统做简单介绍。

VDL-2 系统采用的主要传输技术：甚高频数据链系统 VDL-2 工作频段为 119.000～136.975MHz，传输带宽为 25kHz，调制方式采用 D8PSK，码元速率为 10500Baud，传输速率为 31.5kb/s，采用透明面向比特传输协议，媒体访问控制协议采用自适应 P 坚持载波侦听多址（P-CSMA），数据链路层采用航空甚高频链路控制（Aviation VHF Link Control，AVLC）协议，地空链路间采用可交换虚电路连接方式，数据链可提供 ATN 子网服务，数据分组的比特差错性能达到 10^{-6}，可用性达到 99.9%。

ICAO 专家预测未来较长一段时间内民用航空地空数据通信将出现多种工作模式并存的局面。我国 VDL-2 远端地面站等网络工程还处于建设之中。

9.5　航空电信网

9.5.1　航空电信网概念与特点

航空电信网（Aeronautical Telecommunication Network，ATN）是新航行系统的重要支撑部分，是一个由通信卫星子网、无线移动子网和地面子网等多种网络组成的全球互联复杂网络。航空电信网支持所有航管飞行安全保障应用系统间的通信，可以为行政管理部门、航空管制部门和操作人员提供服务。

航空电信网是国际民航组织推行的新航行系统、航空服务和航空管制的支撑网络，类似于广泛应用的因特网，但是在协议体系上并不相同。航空电信网采用 ISO 的 7 层协议体系，因此，可以看作是国际互联网的一种专用网络。航空电信网将航空领域的机载计算机系统与地面计算机系统连接起来，能够支持多国家、多组织的运行环境，航空运行过程中可随时交互信息。

航空电信网的主要功能是进行数据通信服务，面对复杂的用户群体和航空通信的特殊要求，航空电信网在设计上具有许多特殊的要求和特点，具体如下：

（1）航空电信网是专门用于航空的数据服务网络，使用者包括空中交通服务（ATS）的用户和行政管理部门的用户。

（2）既提供地面与机载设备的通信服务，又提供地面设备之间的通信服务，对用户来说，路由器选择和其他一些网络层功能是透明的。

（3）提供应用服务的安全和保密通信。

（4）支持不同应用类型的服务与报文，采用不同的传输层和优先级以及相同的网络层。

（5）充分利用现有的网络，实现研究资源的充分利用。

（6）将各种航空、商用和公共数据网络融为一体，形成全球一体化的航空通信网络。

（7）航空电信网的绝大部分应用采用面向连接的传输层协议，数据在传输前要先建立连接，完成传输后要拆除连接，在传输过程中还要进行确认。

9.5.2　航空电信网结构

航空电信网从结构上看，由端系统（ES）、中间系统（IS）和子网络三部分组成，如图 9-23

所示。ES包括行政管理部门和空管机构的应用终端以及飞机上的机载终端。ES以航空电信网互联为基础,为用户提供各种ATC服务。IS主要为航空电信网路由器,是连接各航空电信网各个部分的节点,完成路由、转发和子网接入等功能,是航空电信网传输网络的核心。IS需要将航空固定电信网(Aeronautical Fixed Telecommunication Network,AFTN)、AMSS数据网络和HF、VHF数据链等异构网络连在一起。航空电信网子网包括固定子网和移动子网,固定子网可以是面向连接的网络,也可以是面向非连接的网络。移动子网有四种,分别是VHF移动子网、卫星移动子网、S模式二次雷达子网和HF移动子网。各种网络之间都具有自己的特性,但是可以通过统一的接口实现无缝连接。

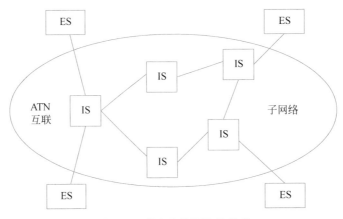

图9-23 航空电信网结构组成

1. 子网络

子网络是基于特殊通信技术的独立通信网,用于航空电信网系统间的信息传输。不同的地-地子网络和空-地子网络在终端系统之间提供多重数据传输路径。按工作属性子网络可以分为移动数据网和固定数据网。其中移动数据网是指空-地数据子网,固定数据网是指地-地数据子网和航空电子设备网络。按工作范围可以分为局域网、广域网,局域网在局部范围内连接ES、IS,广域网是在不同域中IS的远程连接。

空-地数据子网络包括四种数据链路系统,即HF、VHF、AMSS、SSR数据链各自组成的子网。ATN空-地网络是一个协调系统,在ATN上建立一个基本的框架,如果这些不同的数据链融入ATN中,将最大程度地发挥空中交通管理的优势。地-地数据链子网允许在ATN中心内部和ATS中心的终端之间进行通信。

2. 端系统

ATN终端系统可以与其他ATN终端系统通信,以便实现ATN应用所需的端到端通信服务。为了实现这一目标,ATN的终端系统包括了完整的7层协议栈,从而可以有合适的通信服务支持一种或多种ATN应用。ATN终端也是自动控制系统和人机接口。

3. 中间系统

ATN的中间系统即路由器,由OSI参考模型的底部三层组成。根据不同的路由器类型,应用不同的路由协议。路由器的作用是通过适当的途径,根据服务需求封装数据包,将用户数据向目的地传输。飞行器是移动的载体,因此通过网络到达飞行器的路径是变化的,所以要求 ATN 支持动态路由处理。ATN 路由器会与邻近的路由器交换路由信息,即可用路由器的特征以及通过此路径是否达到目的地等信息。

9.5.3 子网络通信连接关系

ATN 融合地面通信数据和空-地数据通信为一体,能够实现飞机通过卫星、VHF、HF 和二次雷达的地-空数据链与地面空中交通管制中心和行政管理部门航务管理中心计算机系统的通信,能够在地面各空中交通管理计算机之间以及地面各空中交通管理计算机系统与行政管理部门、民航当局、航空通信公司计算机系统之间进行高速的数据交换。

ATN 子网连接关系如图 9-24 所示。整个 ATN 是由机载电子设备子网络、地面子网络和地-空子网络三种形式的数据通信子网络相互连接组成的互联网络。

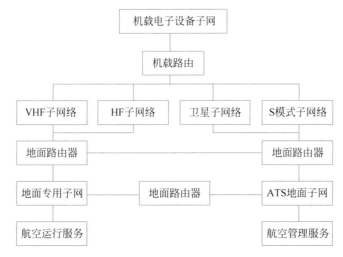

图 9-24 ATN 子网连接关系

飞机内部通信子网络将飞机上的各种应用处理器连接构成机载电子设备子网络,主要应用包括显示、数据输入、飞行管理等,它们与飞行器数据通信处理相连接。

地面子网络提供各种地面数据处理设备中服务应用所需的连接,通常对本地处理器采用局域网形式连接。地面子网络还提供连接机上应用处理的地面处理器与地面数据通信处理相连接的能力。

地-空子网络提供地面子网络的终端用户与机上电子设备子网络用户之间的互联,负责执行地面子网络与机载子网络之间的信息交换功能。地-空子网络本身包含 S 模式二次雷达数据子网络、VHF 数据子网络、卫星数据子网络、HF 数据子网络四种类型的子网络。相互连接的子网络在物理上、逻辑上和行政管理上都是独立的,它们的互联一体化是通过各个互联节点之间设置路由来实现的。网间路由器在网络中是指一个通信单元,该单元可以处理和承转多种形式的数据子网络的数据包,使它们沿着规定的传输路径到达目的主计算机。

习题

1. 简述空中交通管制的发展阶段,以及各阶段的特点。

2. 简述雷达管制的含义。

3. 二次雷达具有哪些一次雷达所没有的优点?

4. 雷达天线架高 30m,飞机航行高度 10000m,二次雷达对该飞机的视距为多少米?

5. 简述 S 模式二次雷达应答信号格式以及空管 S 模式二次雷达的优点。

6. 简述空管 ADS-B 数据链的基本原理。

7. 简述 ACARS 的特点及系统功能。

8. ACARS 采用哪种调制技术? 对于比特序列"1001011011",试画出 ACARS 调制信号波形。

9. 简述 ACARS 和 ADS-B 的区别。

10. 简述航空电信网概念、功能和特点。

参 考 文 献

［1］ GRACE D，MOHORCIC M. 基于高空平台的宽带通信［M］. 陈树新，吴昊，赵志远，等译. 北京：
国防工业出版社，2015.

［2］ Rappaport T S. 无线通信原理与应用［M］. 周文安，付秀华，等译. 2 版. 北京：电子工业出版
社，2012.

［3］ Rappaport T S. Wireless Communications Principles and Practice［M］. 2rd ed. Prentice Hall，2001.

［4］ 许晓丽，赵明涛. 无线通信原理［M］. 北京：北京大学出版社，2014.

［5］ 陈树新. 通信原理［M］. 北京：清华大学出版社，2020.

［6］ 彭木根. 无线通信导论［M］. 北京：北京邮电大学出版社，2011.

［7］ 谢益溪. 无线电波传播原理与应用［M］. 北京：人民邮电出版社，2008.

［8］ 庞宝茂. 移动通信［M］. 西安：西安电子科技大学出版社，2009.

［9］ Stacey D. 航空无线电通信系统与网络［M］. 吴仁彪，刘海涛，等译. 北京：电子工业出版社，2011.

［10］ 汪涛. 无线网络技术导论［M］. 北京：清华大学出版社，2008.

［11］ 张传福，赵立英，等. 5G 移动通信系统及关键技术［M］. 北京：电子工业出版社，2019.

［12］ 王映民，孙绍辉，等. 5G 传输关键技术［M］. 北京：电子工业出版社，2017.

［13］ 季福坤，钱文光. 数据通信与计算机网络［M］. 北京：中国水利水电出版社，2020.

［14］ 周一宇，安玮，等. 电子对抗原理与技术［M］. 北京：电子工业出版社，2014.

［15］ 张永顺，童宁宁，等. 雷达电子对抗［M］. 西安：西北工业大学出版社，2019.

［16］ 严鹏涛. Link-16 数据链及抗干扰技术研究［D］. 西安：西安电子科技大学，2012.

［17］ 王坦. 短波通信系统［M］. 北京：电子工业出版社，2012.

［18］ 郭勇，吴广恩. 短波通信系统［M］. 西安：西安交通大学出版社，2021.

［19］ 邬正义. 现代无线通信技术［M］. 北京：高等教育出版社，2011.

［20］ 郭庆，王振永，等. 卫星通信系统［M］. 北京，电子工业出版社，2010.

［21］ 吕娜. 数据链理论与系统［M］. 2 版. 北京：电子工业出版社，2018.

［22］ 孙继银. 战术数据链技术与系统［M］. 北京：国防工业出版社，2009.

［23］ 寇明延. 现代航空通信技术［M］. 北京：国防工业出版社，2011.

［24］ 孙明义. 信息化战场中的数据链［M］. 北京：人民邮电出版社，2005.

［25］ 刘海涛，王晓亮，等. 航空移动通信系统［M］. 北京：清华大学出版社，2015.

［26］ 王继岩. 航空移动通信系统［M］. 北京：科学出版社，2014.

［27］ 张军. 现代空中交通管理［M］. 北京：北京航空航天大学出版社，2005.

［28］ 张尉，何康. 空管二次雷达［M］. 北京：国防工业出版社，2017.

［29］ 康南，刘永刚. ADS-B 技术在我国的应用和发展［J］. 中国民用航空，2011，11(131)：36-38.

［30］ 张力支. 机载甚高频 ACARS 数据链系统及通信管理单元设计［J］. 电讯技术，2011，51(12)：
101-104.